Gustav

Berichte über die biologisch-geographischen Untersuchungen in den Kaukasuslanndern

Gustav Radde

Berichte über die biologisch-geographischen Untersuchungen in den Kaukasuslanndern

ISBN/EAN: 9783741144172

Hergestellt in Europa, USA, Kanada, Australien, Japan

Cover: Foto ©berggeist007 / pixelio.de

Manufactured and distributed by brebook publishing software (www.brebook.com)

Gustav Radde

Berichte über die biologisch-geographischen Untersuchungen in den Kaukasuslanndern

BERICHTE

ÜBER DIE

BIOLOGISCH-GEOGRAPHISCHEN UNTERSUCHUNGEN

IN DEN

KAUKASUSLAENDERN,

im Auftrage der Civil-Hauptverwaltung der kaukasischen Statthalterschaft

AUSGEFÜHRT

VON

Dr. Gustav Radde.

ERSTER JAHRGANG.

Reisen im Mingrelischen Hochgebirge und in seinen drei Längenhochthälern (Rion, Tskenis-Tsqali und Ingur).

Nebst 3 Karten und 9 Tafeln in Ton- und Schwarzdruck.

TIFLIS.

BUCHDRUCKEREI DER CIVIL-HAUPTVERWALTUNG.

1866.

SEINER EXCELLENZ

DEM HERRN STAATS-SECRETAIREN

Baron ALEXANDER von NIKOLAI

Im Gefühle tiefster Dankbarkeit gewidmet

vom

Verfasser.

Wem anders, Hoher Herr Baron, als Ihnen, schulde ich die erste Frucht meiner kaukasischen Reisen. Nur die gütige Befürwortung, welche Sie den projectirten Arbeitsplänen zuwendeten, liess dieselben zur Reife gedeihen und ermöglichte den Beginn ihrer Ausführung. Es blieb die begeisternde Idee, mich dem Studium des vielgestalteten organischen Lebens der Kaukasusländer ganz widmen zu dürfen, kein unerfüllter Wunsch. Er wurde verwirklicht. Ew. Excellenz geneigtes Wohlwollen und Ihre tiefe Einsicht in die Forderungen der Gegenwart, zu denen ja auch die wissenschaftlichen gehören, schafften jener Idee die Möglichkeit zur That zu werden.

Dem einen gewaltigen Werke: der endlichen Unterwerfung des Kaukasus, folgte ein zweites, ebenso grosses und schönes: die vollkommene Umgestaltung der socialen Verhältnisse seiner Bewohner. Der Krieger wird auf dem Isthmus ruhen nach langer Mühe; der bisdahin gefesselte Vasall, der gedrückte Leibeigene wird frei. Ein neues Leben, im Schoosse des Friedens, des Gesetzes, der Milde geboren, erblüht in Vorder-Asien. Unter solchen Bedingungen ist auch der Wissenschaft ein ersprieszliches Feld gesichert und die Erforschung des eigenen Landes wird ihr nächstes Ziel sein, das sie sich stellen muss. Die breite Basis, auf welcher der Ausbau des biologisch-geographischen Gebäudes der Kaukasusländer erfolgen soll, entspricht nur der grandiosen Natur dieser Länder. Ein kleines Stück derselben, die Alpenscenerien der Mingrelischen Hochthäler in sich schliessend, bildet den Gegenstand meiner ersten Arbeiten.

Wem anders, als Ihnen, Herr Baron, könnte ich sie, ein Zeichen der tiefsten Dankbarkeit, aneignen. Die huldvolle Entgegennahme derselben wird meinem Streben die süsse Genugthuung geben, dass es Ihrerseits gewürdigt wird.

Dr. Gustav Radde.

Tiflis im Februar 1866

Vorwort.

Zu Anfang des verflossenen Jahres wurde ich seitens der Regierung mit Untersuchungen der Kaukasusländer beauftragt, welche biologisch-geographische Zwecke verfolgen sollen. Dergleichen Untersuchungen haben einen zweifachen Charakter. Entweder betrachtet man irgend ein vorliegendes Thier oder eine Pflanze an und für sich, ohne der allgemeinen und besonderen Bedingungen zu gedenken unter denen es wurde und existirte: oder man untersucht Thier und Pflanze in Rücksicht auf die physikalischen Bedingungen unter denen ihr Leben stattfindet. Man stellt im ersteren Falle solchen Objecten, gleiche, ähnliche, verwandte zur Seite, erörtert ihre Eigenthümlichkeiten, beschreibt diese nach den vorwaltenden Merkmalen, studirt, falls Reihen von Individuen vorliegen, eindringlicher ihren Entwickelungsgang: mit einem Worte, man verfolgt den Weg speciell systematischer Arbeiten und bewegt sich auf dem weiten Felde vergleichender Formenlehre. Ein grosses Material, umfangreiche Sammlungen, eine erschöpfende Literatur und möglichst voluminöse Collectionen aus Nachbarsgebieten, sind nöthig, um in der Stille des Studirzimmers mit Erfolg die biologisch-systematischen Arbeiten zu Ende zu bringen. Vom Kaukasus liegen solche Materialien nur in mehr oder minder zusammenhängenden Bruchstücken vor: sie sollen während der Reisen, die ich mache, im Verlaufe mehrerer Jahre erst gestapelt werden. Im Schoosse der Kaisl. Akademie der Wissenschaften haben sich nach und nach die werthvollen Vorräthe von Thieren und Pflanzen gehäuft, welche die erwähnten

Vergleiche gestatten. Dort auch befindet sich die erschöpfende Literatur, dort auch ist der Rath von erfahrenen Gelehrten zu hören. Es wird also auch nur dort eine umfangreiche, eingehende, tüchtige Arbeit, welche systematisch-biologischen Inhalts ist, geschrieben werden können.

Im zweiten Falle ist der Ausgangspunkt aller Untersuchungen und das gesetzte Ziel ein ganz anderes. Daher ändern sich auch die Mittel es zu erreichen. Thier und Pflanze werden in ihrer Lebenserscheinung in Beziehung zum Boden und Klima gesetzt. Ein Heer interessanter Fragen drängt sich dem Reisenden auf. Er hat es nicht mehr mit dem todten, wohlconservirten Körper zu thun. Er schärft sein Auge nicht mehr durch die Entdeckung geringfügiger Abweichungen. Die Geheimnisse des Lebens selbst sollen möglichst klar erkannt werden. An die Stelle der todten Materie tritt als Gegenstand der Arbeit ihr belebendes Princip in den Vordergrund. Man bewegt sich auf dem gleichfalls unbegrenzten Felde physikalischer Geographie im weitesten Sinne des Wortes. Die gesunde Basis solcher Untersuchungen kann nur in der genauesten Kenntniss der physikalischen Grundzüge der Länder liegen, denen die Forschungen gelten. Ein Gebirgsland von so colossaler Entwickelung, wie es der Kaukasus ist, wird so viele locale Abänderungen in Klima und Boden aufweisen können, und in seiner Reliefbildung so grosse Variation besitzen, dass die Lebensweise seiner Thiere und Pflanzen dadurch ebenfalls vielfach modificirt werden muss. Das Studium der Abhängigkeit des organischen Lebens von den physikalischen Bedingungen unter denen es sich zeigt, bildet den Gegenstand der biologisch-geographischen Untersuchungen. Bei ihnen wird Alles von der richtigen Auffassung der physikalischen Grundzüge des Landes abhängen, dem sie gelten und von der Fähigkeit des Reisenden, aus den erkannten Grundzügen die richtigen Folgerungen in Bezug auf Thier- und Pflanzenleben zu ziehen. Bei solchen Arbeiten hat man nicht nöthig ein Raritätenjäger zu werden. Es handelt sich auch nicht darum neue Thier- und Pflanzenformen zu entdecken. Ist die Beute gut, so reiht sich das Seltene, Neue an das Längstgekannte und Alles erweckt ein gleich grosses Interesse. Das längstgekannte Object, dessen äusserer und innerer Bau bis in die kleinsten Details untersucht wurde, bietet in seiner biologisch-geographischen Stellung oft eine ganz neue Reihe von Gesichtspunkten fernerer Beobachtungen und Untersuchungen dar. Ein Beispiel möge das erläutern. Die Frage lautet z. B. einfach so: Welche Sperlingsart ist im Freien-Swanien, der Hauptkette des Kaukasus folgend, verbreitet? Die Beobachtung hat ermittelt, dass der Haussperling nur in den tiefstgelegenen Dörfern, und hier nur selten existirt. An den Quellen des Rion sieht man ihn in wenigen Exemplaren noch in Gebi (4397' engl.), an denen des Tskenis-Tsqali ist er bei Laschketi (5135' engl.) noch häufig, an denen des Ingur wurde er bei Jibiani (7064' engl.), nicht mehr bemerkt. Doch aber baut man in Jibiani ebensogut Cerealien als in Gebi und Laschketi. Warum, so fragt man weiter, fehlt dieser Vogel, der dem Menschen fast überall hin folgt, wo er die Cultur des Getreides noch betreiben kann, im hochgelegenen Jibiani? Ist ihm der dort so kurze Sommer vielleicht hinderlich, um das Brutgeschäft zu beenden? Wie verhalten sich in dieser Hinsicht andere Vögel, welche bei Jibiani gesehen wurden? Wird überhaupt die Dauer des Brutens klimatisch beschleunigt oder verzögert? Wie wanderte der Haussperling einstmals in das überall geschlossene obere Swanien? Das Hochgebirge im Norden und das Hochgebirge im Süden vom obern Ingur versperrten ihm doch wohl den Weg in diesen Richtungen. Er muss thalaufwärts aus der colchischen Ebene durch die enge Ingurschlucht gewandert sein. Ist endlich der kaukasische Spatz eine „Varietät der typisch europäischen Form? Liegen hier ähnliche, durch das Klima bedingte Differenzen vor, wie in Spanien und Italien? Wie stellt sich die Verbreitungslinie dieses Vogels graphisch dar? Und welche Ursachen sind es, die diese Linie hie und da ganz unterbrechen? Es reiht sich so Aufgabe an Aufgabe. Die oft sehr versteckte Lösung derselben wird durch die richtige und geschickte Combination der allgemeinen und örtlichen Bedingungen ermöglicht, unter denen in diesem Falle der Spatz, um bei unserm Beispiele zu bleiben, oder irgend ein anderes lebendes Geschöpf existirt.

Die Resultate solcher Untersuchungen können nach je einem grössern Reiseabschnitte, soweit es möglich ist, publicirt werden. Auch sie werden freilich an Correctheit und Umfang gewinnen, wenn, wo es irgend thunlich ist, die bezügliche Literatur gut benutzt wird. Das Wesentliche wird aber vornehmlich darin zu suchen sein, dass man die Beobachtungen folgerecht in die geographischen Orientationen einreiht. Das successive Erscheinen der „Berichte über die biologisch-geographischen Untersuchungen der Kaukasusländer“, sichert vor späterer Ueberhäufung der Materialien. Ein jeder Jahrgang dieser Berichte wird unter dem Einflusse einer noch nicht durch die Zeit abgeschwächten Erinnerung geschrieben. Je weiter die eigene Anschauung den kaukasischen Isthmus erfasst, um so verschiedenartiger und mannichfacher werden auch die leitenden Gesichtspunkte der Untersuchungen werden. Der Verfasser zögert deshalb nicht, alljährlich die Hauptergebnisse seiner Reisen zu publiciren. Er muss auf den andern Theil seiner Arbeiten, welcher speziell die systematisch-biologische Richtung verfolgt, auf spätere Zeiten verweisen; allein er kann jetzt schon in die fortlaufenden Itinerarien seine biologisch-geographischen Beobachtungen einschalten und sich bemühen, die physico-geographischen Verhältnisse der bereisten Gebiete zu expliciren. Es wird dabei so manche Thatsache, so manche Orientation von rein geographischem Interesse besprochen werden. Das dritte Capitel der nachfolgenden Arbeiten ist z. B. seinem Hauptinhalte nach ein rein geographisches. Auch darf bei der bunten, in so viele Stämme zerfallenden Bevölkerung der Kaukasusländer dieselbe nicht unberücksichtigt bleiben. Zumal dann, wenn man von diesen Stämmen kaum mehr, als ihre Namen kannte. Knüpfen sich doch viele der Lebensinteressen dieser Völker sehr enge an die Naturverhältnisse, gehören doch Culturgewächse und Hausthiere, Alles, was vom Menschen direct aus der Natur genutzt wird, zu denjenigen Objecten, die an Wichtigkeit für die Beobachtung die erste Stufe einnehmen.

Will man nun dergleichen Untersuchungen mit der nöthigen Musse über Gebiete ausdehnen, welche, wie die Kaukasusländer, so grosse Verschiedenheiten und Variationen der Terrainbildungen aufzuweisen haben; so wird es unbedingt nöthig sein, nach festem Plane zu arbeiten. Kurz gefasst wurde ein solcher Plan im nachstehenden Programme Sr. Kaiserlichen Hoheit dem Herrn Grossfürsten-Statthalter unterbreitet, genehmigt und bestätigt. Seitdem ist die erste Reise vollführt. Die heimgebrachten Materialien werden die Basis zu Sammlungen bilden, die mit der Zeit sehr voluminös werden müssen und einer systematischen Bearbeitung entgegenharren. Der endliche Zweck dieser Sammlungen muss darin bestehen, die Naturerzeugnisse des gesammten Kaukasus und seiner angrenzenden Meere und Lande in wohlgeordneten Suiten zu besitzen. Es treten deshalb die angeordneten Untersuchungen in engste Verbrüderung mit der Gründung eines kaukasischen Museums, welches die Belege für die im Laufe der Zeit gemachten Beobachtungen aufweisen kann.

In einem Lande, welches kaum der Ruhe sich erfreut und daher noch sehr arm an wissenschaftlichen Hülfsmitteln ist, muss eine eifrige Correspondenz mit den Gelehrten des In- und Auslandes, jenen so fühlbaren Mangel mildern. Mit dem Tage der Bestätigung des kaukasischen Museums wird eine solche eingeleitet werden.

Ich habe im Vorstehenden den Weg angedeutet, den ich zu gehen gedenke. Es bleibt mir schliesslich nur ein Wunsch und eine Bitte auszusprechen. Der Wunsch gilt der eigenen Kraft;—möge dieselbe entsprechend sein dem schönen Ziele, das ich mir setzte. Die Bitte beschränkt sich darauf, dem Ausdrucke meiner tiefsten Dankbarkeit denen gegenüber Glauben zu schenken, welche die liebgewonnene Laufbahn mich im Kaukasus wieder betreten liessen.

Dr G. Radde.

Tiflis im Februar 1866.

Allgemeines Programm, nach welchem die biologisch-geographischen Untersuchungen der Kaukasusländer ausgeführt werden sollen.

Der Kaukasische Isthmus bietet in den Ländern, welche nord- und südwärts von der ihn durchsetzenden Gebirgskette gelegen sind, zwei Gebiete von ganz verschiedener Plastik. Die von NW. nach SO. ziehende Kaukasus-Kette scheidet die im Niveau des Meeres gelegenen Pontisch-kaspischen Tiefländer, von den Armenisch-persischen Hochländern. Sind hierin die extremen Terrain-Differenzen, welche nördlich und südlich vom Hauptgebirge vorhanden, angedeutet; so bilden die Vorberge zu beiden Seiten der Hauptkette die vermittelnden Uebergänge zu diesen in vielfach variabler Weise. Hier, an der Nordseite, treten die Vorberge des Kaukasus am weitesten nach Norden zwischen dem Oberlaufe des Kuban und Terek vor, bleiben jedoch dem untern Laufe dieser Ströme und selbst einem beträchtlichen Theile ihres mittlern Laufes fern. Es sind hier die schilf- und rohrbestandenen, flachen Ufer-Ebenen, welche sich weithin landwärts dehnen und erst in den Mündungsländern beider Ströme treten Salzauswitterungen auf. Dieselben nehmen nordwärts zum Don, im gesammten Manytsch Gebiete an Grösse und Häufigkeit zu.—Dort, im Süden, entwickelt sich zunächst das Hochthal der Kura gegen Osten, dem wir kein volles Äquivalent im Westen zur Seite stellen können. Angedeutet wird ein solches durch den Rion, welcher jedoch in seinem gesammten Laufe den Charakter eines echten Bergflusses behauptet. Die rapiden und nahe tretenden Abstürze des westlichen Kaukasus zum Meere bedingen diesen Charakter. Auch steht Transkaukasien mit Ausnahme der beiden Küstengebiete (Schirwan östlich und Colchis westlich) unter dem klimatischen Einflusse der südlich sich ausdehnenden Hochländer. Das wenigstens deutet schon ein Blick auf die Vegetation selbst im mittleren Kura-Gebiete an. Im weiteren Verfolge nach Süden treten grosse Binnenseen in bedeutender Höhe über dem Meere (circa 5000') in den Hochländern auf und einzelne weit vorgeschobene Gebirge, welche die Schneelinie übersteigen, bilden auf dem Araxes-Plateau die eminenten Vorposten des Kaukasus.

Es ist natürlich, dass nach dieser hier nur in wenigen Worten angedeuteten Eigenthümlichkeit der Cis- und Transkaukasischen-Länder sich deren gesammte organische Schöpfungen bilden mussten. Diese sind nur der indirekte Ausdruck für jene physikalischen Differenzen beider Länder, sie werden durch dieselben bedingt. Es ist ebenso natürlich, dass zur zweckmässigen Verwendung dieser Gebiete für die Kultur, ein Augenmerk auf die angedeuteten Differenzen erfordert wird. Es wird sich das Leben und Treiben der Völker im Süden und Norden des Kaukasus mehr oder weniger modificiren müssen nach den unterscheidenden Grundzügen der von ihnen bewohnten Länder. Wie mächtig auch immer die socialen und politischen Zustände dieser Völker seit historischen Ueberlieferungen erschüttert wurden: in den Momenten der Ruhe entwickelte sich der Grad ihrer Kultur und Civilisation jenen Basen gemäss, welche die Natur selbst gelegt hatte.

Von gleichem Gesichtspunkte auszugehen wird, wie es scheint, am zweckmässigsten sein, wenn man den Kaukasusländern ein ernstes Studium in biologisch-geographischer Hinsicht zuwenden will. Dieses Studium muss ein vergleichendes werden. Eine grosse Anzahl einzelner Beobachtungen soll mit Kritik und übersichtlichem Blicke an einander gereiht werden, um aus diesen Einzelnheiten zu allgemeinen Schlüssen zu gelangen. Für den Biologen werden daher oft die anscheinend geringfügigsten Einzelnheiten von Bedeutung. Er betrachtet das Individuum nicht mehr als solches, sondern als im Zusammenhange mit dem Naturganzen stehend. Es ist für ihn nicht Hauptsache ein Maximum von Thier- und Pflanzenarten nach ihren systematischen Charakteren zu kennen, sondern vielmehr die Abänderung der Arten und ihre Abhängigkeit vom Klima und Boden zu studiren.

Demnach ist es nöthig, um zur Erkenntniss der frappanten Gegensätze von Cis- und Transkaukasien im biologisch-geographischen Sinne zu gelangen, die darauf projectirten Reisen nach festem Principe zu machen. Am besten wird es sein, die Untersuchungen nach den vier Hauptströmen anzubahnen. Wir setzen der Kura den Terek gegenüber. In wie fern bieten die Länder beider Stromgebiete Gleiches, Verwandtes oder Verschiedenartiges und welche Gründe bedingen die Identität oder Differenz? Wir setzen ferner dem Kuban den Rion gegenüber und stellen uns dieselben Fragen. Ganz von selbst treten dann andere Vergleichungspunkte auf. Wie verhalten sich z. B. die östlichen Abflüsse des Kaukasus zu den westlichen und welche Verwandtschaften bietet das Kaspische und das Schwarze Meer?

Eine eigene, ganz unabhängige Untersuchung erfordern die Quellthäler, soweit sie auf russischem Boden liegen, dieser Ströme. Hier ist nothgedrungen die Kura auszuschliessen. Die andern drei Ströme führen uns in eine eigene grossartige Welt. Wir treten mit ihren Quellgebieten in die gletschergekrönte kaukasische Centralkette. Das Hochgebirge ist unerschöpflich für den Beobachter. Wurden früher die biologisch-geographischen Untersuchungen namentlich auf die Horizontal-Ebene bezogen, so müssen wir nun, im Hochgebirge, die Vertical-Ebene zur Basis aller Forschungen machen. Gletscher, Schnee- und Baumgrenze bilden hier in den hochalpinen Revieren die Fundamente der Untersuchungen; in den breiten Rahmen, den sie um die Alpenwelt schliessen, trägt man sorgsam die subordinirten Beobachtungen ein. So die specielle Verbreitung der phanerogamen und cryptogamen Gewächse; die letzten Spuren animalen Lebens auf den Eismeeren; die zeitweise, unwillkürliche Ueberführung leichter Thiere aus niederen Regionen in die höheren durch den aufsteigenden Luftstrom; endlich die regulären und zufälligen Wanderungen gewisser Thiere.— Das kaukasische Hochgebirge in seiner grossartigen Entwickelung bietet allein schon dem angestrengten Fleisse eines Menschenlebens den lohnendsten Stoff. Wieviel wissen wir denn von ihm? Selbst die Riesenthiere dieser Region sind noch nicht alle wissenschaftlich placirt. Die Steinbockfrage ist noch nicht mit Schärfe entschieden. Das Endresultat der Arbeiten im Hochgebirge wird darauf hinzielen müssen die Breite gewisser Vegetations- und Faunenzonen zu bestimmen und die Schwankungen dieser Breite aus localen Einflüssen zu definiren. Dergleichen typisch gebildete Vegetations-Gürtel müssen bis zum beiderseitigen Meeresgestade verfolgt und in Schrift und Bild geschildert werden. Stellen sich hierbei am Nord- und Südabhange Differenzen heraus? Es ist wohl sehr wahrscheinlich. Wie verhalten sich in dieser Hinsicht die Colchischen Lander zu denen von Lenkoran? Schon das Vorkommen des Tigers im Osten deutet auch hier auf Verschiedenheiten.

Jedenfalls muss allen diesen Untersuchungen eine solide geographische Basis zu Grunde gelegt werden. Die topographische Abtheilung des kaukasischen Generalstabes wird oft zu Rathe gezogen werden müssen. In liebenswürdiger Weise wurde die fernere Unterstützung Seitens des Chefs dieser Abtheilung, des H. Obersten Stebnitzky, zugesagt. Ohne ein richtiges Verständniss der Relief-Bildungen ist die vergleichende Biologie unmöglich. Der Reisende muss wissen, in welcher Höhe über dem Meere er sich befindet und in welchem topographischen Zusammenhange der Ort seiner Arbeiten zum Ganzen steht. Sehr viele auffallende Erscheinungen im Pflanzen- und Thierreiche lassen sich nur durch ganz locale Verhältnisse erklären. Diese muss man zuerst zu erkennen streben. Für die Untersuchungen der Hochgebirge werden Profile und Durchschnitte von grösster Wichtigkeit; in sie trägt man graphisch einen grossen Theil der Beobachtungen zum übersichtlichen Verständnisse ein. Eine höchst lohnende Erweiterung dieser Studien würden die persischen Grenzländer ermöglichen. Hier steht das üppige Masenderan in Wichtigkeit obenan.

Hatten die bisdahin erwähnten Aufgaben, zu deren Lösung die Regierung ja stets so freigiebig die Mittel anweist, ein rein wissenschaftliches Interesse, so dürfte in Nachstehendem doch auch einiger Erwähnung von solchen Aufgaben geschehen, die einen praktischen Werth besitzen und deren Lösung den betreffenden Behörden erwünscht sein könnte. In erster Reihe muss hier der Fischereien gedacht werden, welche, wie bekannt, in grossartigster Weise in den Mündungslanden der kaukasischen Ströme betrieben werden. Zwar liegen uns darüber schon bedeutende, gediegene Arbeiten vor, und zum Theil sind dieselben (im Asowschen Meere) noch kaum beendet, jedoch dürfte jenen Arbeiten auch jetzt noch manche Erweiterung hinzuzufügen und manche Erfahrung aus jüngster Zeit noch nachzutragen sein. Die Seidenbau-Frage würde ebenfalls hohes Interesse bieten und, so weit dies von naturwissenschaftlicher Seite geschehen muss, einer speciellern Erörterung bedürfen. Man sucht im Westen und Süden Europas andere Bombyx-Arten zum Seidenbau anzuziehen. Die Ailanthus-Raupe scheint gute Eigenschaften und Garantien für ergiebige Seidenzucht zu bieten. Die Grenzen in denen sich die reinen Naturwissenschaften mit den angewandten verschmelzen, sind nirgend genau zu bestimmen. Eine Anzahl Beobachtungen über die Kultur verschiedener Gewächse soll gemacht werden. Dahin werden auch die Höhenbestimmungen der Kulturgrenzen zu rechnen sein, also die Nachweise über das Gedeihen der Cerealien, des Weinstocks, der Südeuropäischen-Kulturpflanzen.[*] u. s. w. Ferner leitet das Studium der Insectenwelt ganz von selbst zu den für die Agricultur und Forstwirthschaft schädlichen Insecten.

Dass nun endlich neben diesen Hauptzwecken der angeordneten Untersuchungen auch den ethnographischen Grundzügen der Völker und ferner den wechselvollen geschichtlichen Entwickelungen der Bewohner des Kaukasus in so weit Rechnung getragen werden muss, als dies zur Schilderung des Ganzen nöthig, versteht sich wohl von selbst. Die Gegenwart entwickelt sich aus der Vergangenheit. Wer die Gegenwart richtig beurtheilen will, muss, zumal in Ländern, die im Verlaufe so vieler Jahrhunderte in beständigen Umwandelungen ihrer Volkselemente sich befanden, die Hauptmomente dieser geschichtlichen Evolutionen kennen. Auf dem ruhigen Fond eines reichen, vielgestalteten Naturlebens, das in vielen seiner Scenerien kaum durch den Willen des Menschen beeinträchtigt wurde, muss sich bei einer Schilderung der Kaukasusländer das kraftvolle geschichtliche Bild seiner Völker malen, um sich im Hintergrunde in den leisen Umrissen undeutlicher Sage zu verlieren.

Dr. Gustav Radde.

Tiflis im Februar 1866.

CAP. I.

Naturhistorische Gesammtskizze von Colchis — Culturzonen und Vegetationstypen — Hausthiere und wilde Thiere — Geschichtliche Entwickelung in ihren Hauptmomenten.

INHALT. Die Gestaltung der Längenhochthäler Mingreliens. Die Hauptkette und das Meskische Gebirge als Klima-Scheider. Die dadurch bedingte Vegetation. Culturzonen und ihre Grenzen in Colchis. Vom Meeresgestade zum Hochgebirge, die Citrus-Mais-Weinstock- und Cerealienzone. Gestaltung der Vegetationstypen. Von der untern Schneelinie durch den Gürtel hochalpiner Flora zur Baumgrenze. Die untere alpine Flora auf schwarzer Erde mit später Schneeschmelze. Die wirklichen Urwälder in Colchis. Vertheilung des Thierlebens. In der Culturzone des Mais- und Weinstockes giebt es keinen gesunden Wald. Prädominiren der Eiche; die allmähliche Entwickelung einiger Schlingpflanzen. Immergrüne Unterhölzer. Das colchische Tiefland und seine nächst gelegenen Höhen sind besser bestraucht als bewaldet. Ueppigkeit der Sumpfflora des Rion und seiner Uferstrecken. Die Vertheilung der Hausthiere in diesen Ländern. Der Büffel. Das Rind und die Ziege in zwei Racen im Hochgebirge. Das Pferd und der Esel daselbst. Geschichtliche Skizze von Colchis. Gegenwärtiger Umschwung in den socialen Verhältnissen seiner Bewohner. Die Kaukasusländer treten in eine neue Entwickelungsphase seitdem ihre vollständige Unterwerfung beendet wurde. Von der Zeit des Argonautenzuges bis in die Gegenwart. Zukunft der Colchischen Länder.

Die drei mingrelischen*) Längenhochthäler, welche in nachfolgenden Untersuchungen eingehender besprochen werden sollen, wurden in ihrer geologischen Urandform durch Erhebungen, die in zweien verschiedenen Richtungen stattfanden, gebildet. Die OW. Erhebungen schliessen sich im mingrelischen Hochgebirge der Hauptkette des Kaukasus in mehreren Parallelzügen an, welche letztere in ihrer Längenaxe von SO. nach NW. den kauka-

*) Es ist nöthig gleich bei dem Beginne dieser Arbeit die Erklärung zu geben, dass Mingrelien im engern Sinne des Wortes nur ein Theil der hier besprochenen Gegenden ist. Nach der zur Zeit existirenden Eintheilung und der Administration der betreffenden Länder umfasst dieses Mingrelien die Kreise: Sugdidi, S'enaki, Letschchum (wozu auch das Dadian'sche Swanien gehört) Samurzakan und das sogenannte freie- oder obere-Swanien. Ursprünglich ist aber die als Odischi bezeichnete Landschaft, welche von dem Unterlaufe des Rion im Süden, von dem des Tskenis-Tskali im Osten und von dem des Ingur im Westen umgrenzt wird, gleichbedeutend mit Mingrelien. Später lernte man alle Besitzungen des regierenden Fürsten Mingreliens unter dieser Benennung kennen, und vereinte also Odischi, Letschchum und das untere Swanien. Samurzakan wurde unter dem Fürsten Woronzoff hin-

sischen Isthmus durchsetzt und im Mittel die Richtung W. 27° 12' 11" N. einhält*). Im Norden Mingreliens bildet, nämlich vom mächtigen Elbrus die granitische Hauptkette des Kaukasus mit ihren zahlreichen und grossen Gletschern und dem an wenigen Stellen nur schwer passirbaren Kamme, den schmalen Scheider zunächst zwischen den Zuflüssen des Ingur und denen des Terek. Sie bedingt hier, wo sie ihre bedeutendste Höhenentwickelung auf einer Gesammtlänge von fast 80 geographischen Meilen erreicht, nicht nur die klimatische Schutzmauer für die colchischen Tiefländer, sondern mildert selbst das rauhe Klima der ihr nahe gelegenen Hochthäler an ihrem Südfusse und bewahrt dieselben, trotz ihrer hohen Lage, wenigstens theilweise vor den Einbrüchen der aus NO. vornehmlich stattfindenden Unwetter. Dafür liefert das Vorkommen der Obstwildlinge und des Wallnussbaumes im Quelllande des Ingur bis zur bedeutenden Höhe von 5500' über dem Meere den besten Beweis und die Thatsache, dass die Osen und die Balkaru'schen Tataren im Herbste über den Thuber-Gletscher zum obern Ingur, namentlich in das Gebiet der Malachischen und Muchal'schen Gesellschaften wandern, um die Früchte der Obstwildlinge zu geniessen, deutet darauf hin, dass die hochgelegenen Ortschaften dieser Bergbewohner der Nordseite nicht mehr im Bereiche des wilden Obstes liegen.

Es erstreckt sich aber der wohlthuende Einfluss, den die granitische Hochgebirgsmauer vom Elbrus an über die Quellen des Rion hinaus auf das Klima der im Süden von ihr gelegenen Gebiete ausübt, auf das gesammte Mingrelien und Imeretien und ermöglicht mit einem zweiten wichtigen Klimascheider, nämlich mit dem Meschischen Gebirge**), jene feuchte und warme Atmosphäre des colchischen Tieflandes, die dem Pflanzenwuchse dort seine eigenthümliche Kraft und Fülle verleiht. Aus dem schmalen Culturstreifen, der sich dem Meeresgestade entlang zieht und im südlichsten Winkel durch das Gedeihen diverser Citrus-Arten

gebiete einverleibt. Erst im Jahre 1865 wurde es in seiner administrativen Stellung der Verwaltung Abchasiens untergeordnet. Seit der Einsetzung eines Kreishauptmannes im freien Swanien, die im Jahre 1857 stattfand, schliesst sich auch dieses in seiner Administration an Mingrelien an, und wird, wie die 3 andern Kreise, durch einen besondern Rath, der in Sugdidi seinen Sitz hat, verwaltet. Wir haben also, die politische Eintheilung festhaltend, nur das Recht die Längenhochthäler des Ingur und Tskenis-Tsqali als Mingrelische zu benennen und ebenso den Südabhang des kaukasischen Hauptgebirges vom Elbrus an bis zum Lapuri mit dem Namen mingrelisches Hochgebirge zu bezeichnen. Das gesammte Rion-Gebiet bis zur Vereinigung des Tskenis-Tsqali mit dem Phasis gehört zu Imeretien und bildet einen Theil des Kutaisschen Gouvernements. Strenge genommen müsste man also, sobald vom Hochthale des Rion gesprochen wird, es als ein imeretinisches bezeichnen und der um die Rion-Quellen sich ziehenden Hauptkette des kaukasischen Gebirges den Namen imeretinisches Hochgebirge beilegen. Ich trage jedoch dieser politisch-geographischen Eintheilung und Nomenclatur im Nachfolgenden keine Rechnung und vereine die drei in Reihe stehenden Längenhochthäler, die ein zusammengehörendes Ganzes bilden, unter der Benennung: mingrelische Längenhochthäler.

*) Siehe H. Abich, Vergleichende geologische Grundzüge der kaukasischen, armenischen und nordpersischen Gebirge. Prodromus einer Geologie der Kaukasusländer. Aus den Mémoires de l'Académie des Sciences de St. Pétersbourg, VI Série. Sciences mathématiques et physiques Tome VII. Auch besonders abgedruckt, daher die Seitencitate doppelt angeführt werden pag. 3 (363) und pag. 13 (373).

**) Vergl. H. Abich, Meteorologische Beobachtungen in Transkaukasien, im Bulletin physico-mathématique de l'Académie des Sciences de St. Pétersbourg, T. IX, pag. 155 et sqq. und pag. 171 et sqq.

im freien Boden, auch durch die Möglichkeit des Reisbaues; weiter gegen Norden durch das Fortkommen hochstämmiger Magnolien und kräftiger Gebüsche von Lagerströmia etc. charakterisirt wird, tritt man, allmählich heransteigend in die so wichtige Region der ausgedehnten Mais- und Weinstock-Cultur. Sie schliesst nicht allein das gesammte mingrelische Tiefland, sondern auch seine gebirgigen Umwallungen bis zur durchschnittlichen Höhe von 2500—3000' über dem Meere ein. So lange man in dieser Culturzone die Höhe von 2000' über dem Meere nicht übersteigt, namentlich aber den Rand der eigentlichen, colchischen Ebene, die circa 5—600' über dem Meeresspiegel nicht überschreitet, ist die Cultur der Baumwollenstaude an einzelnen, günstig gelegenen Punkten hier möglich. Die kleinen Plantagen, mit denen man unmittelbar im NO. von Kutais den Anfang gemacht hat und die wenigen Gruppen dieses Gewächses, welche ich im Thale der Dzirula sah, sprechen dafür ebenso, wie die eine, durch Hrn. Akademiker v. Ruprecht mitgetheilte, interessante Thatsache *). In der Höhe von 321 Toisen = 2070' engl. über dem Meere wurde von ihm bei den Ruinen von Mindatsche am obern Rion, unweit vom Dorfe Ossi die Baumwollenstaude als Culturpflanze noch angetroffen. Die Culturgrenze des Weinstockes schliesst auch die des Maulbeerbaumes (des weissen) in sich und obschon es den Anschein hat, dass die Seidenproduction Mingreliens in jüngster Zeit, namentlich in den höher gelegenen Gauen, ganz in Verfall gerath, dagegen der Anbau der Baumwollenstaude in den tiefern Gebieten in Aufnahme kommt; so ist das Gedeihen der weissen Maulbeere doch noch in der durchschnittlichen Höhe von 3000' über dem Meere gesichert, wie das aus den Beobachtungen, die im obern Rionthale gemacht wurden, hervorgeht. Bedeutend überragt der Wallnussbaum, wo ihm Pflege zu Theil wurde, die obere Culturgrenze des Weinstockes. Im obern Rionthale notiren wir sein cultivirtes Vorkommen auf der Höhe von Glola (4448') aber im freien Zustande steigt er thalaufwärts sogar bis zur Höhe von 5500' über dem Meere und erreicht beinahe den Südfuss des grossen Thaler-Gletschers.

Die plötzliche Unterbrechung der Culturgrenzlinie des Mais, die man beobachtet, wenn das Thal des Ingur und des Tskenis-Tsqali aufwärts bis Chaler und Zipischabija verfolgt wird, weist sehr deutlich auf die hier eigenthümlich modificirten Bodenverhältnisse hin, denen allein ein so plötzliches Schwinden des Maises zuzuschreiben ist. In beiden Thälern hört mit der immer bedeutender werdenden Einengung gegen Norden, mit der immer mehr zunehmenden Wildheit ihrer Steilwände und den gleichzeitig kräftiger entwickelten Hochwäldern, die Möglichkeit irgend welcher Cultur überhaupt auf. Erst jenseits ihrer Durchbrüche durch die in OW. Richtung einst gehobenen Gebirge, eröffnen die Längenhochthäler ihres Oberlaufes ein Terrain, das in seinen untersten Stufen durch dürftige Hafer- und

*) F. J. Ruprecht. Barometrische Höhenbestimmungen im Kaukasus, ausgeführt in den Jahren 1860—1861 für Pflanzen-Geographische Zwecke, nebst Betrachtungen über die obere Grenze der Culturpflanzen. In den Mémoires de l'Académie Impériale des Sciences de St. Pétersbourg. VII Série, T. VII, Nº 1, pag. 131.

durch massige Hirse-Cultur (Gen. Setaria (Panicum) italicum) noch an die bevorzugten Gebiete im Süden der Durchbrüche erinnert.

Diese schmalen Längenhochthäler sichern auf ihrem sehr beschränkten, ackerbaufähigen Boden, der oft den bestrauchten Steilungen abgetrotzt werden musste, nur der Cultur der nordischen Cerealien einigen Erfolg. Es schwinden auf dem Höhenintervalle von 3470' *) bis 7200' engl. über dem Meere im Ingur Thale und auf einer Strecke von circa 12 geographischen Meilen successive der Weizen und Roggen und lassen der Gerste mehr und mehr das Feld einer zuletzt kümmerlichen Existenz. Nicht selten bleibt die Gerste, welche im August bei Jibiani in einer Höhe von 7200' über dem Meere dem Boden anvertraut wurde, im Juli und August des nächsten Jahres unreif und wird grün von den Feldern geführt. Sie kann hier trotz ihrer langsamen Entwickelung, die sich auf fast einen vollen Jahrescyclus ausdehnt doch nicht zur Reife gelangen, weil die Natur das dazu erforderliche Wärme-Quantum nicht gewährt. Bevorzugter in dieser Hinsicht ist das tiefer gelegene Parallellängsthal des Tskenis-Tsqali und noch gesicherter werden im oberen Theile des Rionthales gerade die Ernten der Getreidearten, falls die oft übermässige Feuchtigkeit im Frühsommer der Befruchtung der Blüthen nicht schadete. Wie in den beiden zuletzt erwähnten Gebieten, so auch gedeihen Weizen und Roggen ganz vorzüglich im obern Letschchum, einem der üppigsten und schönsten Gebirgsgaue Mingreliens, welcher zu beiden Seiten des Tskenis-Tsqali gelegen, seitdem dieser Fluss die kalkigen Steilwände seiner Engschlucht bei Muri verliess.

Lässt uns der flüchtige Blick, den wir so eben auf die Agriculturverhältnisse des gesammten Mingreliens warfen, die mehr oder minder scharfe Sonderung derselben in drei Hauptgruppen erkennen und diese hauptsächlich an die Erhebung der betreffenden Gebiete über dem Meere knüpfen; so werden wir ähnliche Gruppirungen gewahr werden, wenn wir in diesem Gebiete die für verschiedene Vegetationszonen bezeichnenden, wildwachsenden Pflanzen aufzufinden uns bemühen. Mit den äussersten Gerstenfeldern im freien Swanien, in deren Höhe der Roggenbau des Dorfes Jibiani sich nur noch auf zwei kleine Felder beschränkt; stehen wir hier zugleich an der äussersten Verbreitungsgrenze der Weissbirke gegen SW. Sie steigt als krüppelnder Strauch, die Nordabhänge der nahen Gebirge (linkes Quriacha-Ufer) suchend, bis zum Thale des grossen Ugur Gletschers hinan. Ihre durchschnittliche, oft local beeinträchtigte oder begünstigte obere Verbreitungsgrenze muss für diesen Theil der kaukasischen Hauptkette mit 7000' engl. über dem Meere notirt werden. Ich rechtfertige später diese Ziffer, welche sich als Mittel aus den gemachten Bestimmungen ergiebt. Ueppige alpine Matte, die je nach dem längern oder kürzern Verweilen der oft mächtigen Schneemassen des Winters, bald kräftige, kaum im Durchschnitte 1' hohe Futterpflanzen im Sommer ernährt, bald auch durch eine wahre Riesenflora auf weite Strecken hin abgelöst wird, die aus Cephalaria, Umbelliferen, Aconiten, Delphinien, Telekia und anderen zusammengesetzt ist — deckt die Gebirgsabhänge und flachern Halden bis zu einer durchschnittlichen

*) Die Dörfer Lachamuli und Jibiani.

Höhe von [illegible]' über dem Meere. An den Nordseiten der Gebirge mischt sich schon frühe, selbst oft mehrere 100' unter die obere Baumgrenze hinabsteigend, das reichblüthige, schöne Rhododendron caucasicum Pall. in die Vegetation der alpinen Matte. Die Südgehänge besitzen die letztern in schönster Reinheit und Kraft fast ausschliesslich und tief in die lichten Birkenbestände herabreichend. Diese untere, üppige, alpine Matte, der Segen für die Heerden der Hochgebirgsbewohner, geht allmählich in die niedrige, gras- und schönblumige hochalpine Flora über. Oft legt sich, zumal an den Nordseiten der Abhänge ein breiter Rhododendron-Gürtel zwischen die obere und untere Hochgebirgsflora; oft auch steigt, den schmalen Gerinnen klarer Quellen aufwärts folgend, eine gute Anzahl der tiefer vorkommenden Formen bis in die obere Region. Winzige Umbelliferen, einige Gentianeen und Campanula-Arten, zarte Compositen, sowie Saxifragen, Primula, Viola, wenige Ranunculus- und Draba-Arten charakterisiren die hochalpine Phanerogamen-Flora des mingrelischen Theiles der kaukasischen Hauptkette. Sie umziehen in lichter Anordnung, oft isolirt an den Rändern der Thonschieferplatten oder der verwitternden feldspathreichen Granite, die tiefergreifenden Schneeschrammen und legen sich, im Vereine mit Moosen und Flechten als ersten mattgrünes Band, um die untere Grenze der Schneelinie; ein erwünschtes Weidegebiet der Gemse und dem kaukasischen Steinbocke darbietend.

Es ist gleichgültig welchem der drei mingrelischen Hauptflüsse von seinen Quellen an wir abwärts folgen, um die Vegetationswechsel bis zum Meeresgestade zu erkennen. Eine stattliche Waldzone, die bis jetzt noch so gut wie unberührt daliegt und deshalb den Typ wahrer Urwälder besitzt, hat jedes der drei Hochthäler. Sie bedeckt vornehmlich die Höhen der oberen, d. h. der nördlichen OW. Erhebungen. Mit der oberen Baumgrenze treten wir, abwärts steigend, sehr bald in diese eigentliche Waldregion Mingreliens. Zwei Zapfenbäume, Abies orientalis Poir. und Abies Nordmanniana Stev. bilden zunächst im Vereine mit der Weissbirke und Zitterpappel (Pop. tremula L.) die meistens dichten Hochbestände von nordischem Gepräge. Es gesellen sich tiefer in einer Höhe, die annäherungsweise im Mittel zu 5000' geschätzt werden darf, Ahorn und Rothbuchen dazu. Die Coniferen schwinden nun zusehends von der Thalsohle, sie bleiben mit ihren dunkeln, spitzen Kegeln mehr und mehr auf die beiderseitigen Thalwände angewiesen. Ebenso scheidet nach und nach die Weissbirke, ihr zartes, helles Laub wird durch die massiven dunkelgrünen Blattformen der Buche (Fagus) verdrängt. Ein dichtes Unterholz von Alnus glutinosa W. und Alnus incana W. sammt Weiden und tiefer auch Haseln, deckt die flacheren Uferränder und schmalen Vorländchen. Zu den beiden Laubholzarten, von denen die Rothbuche überall der Zahl nach bedeutend vorwaltet und als herrlichster Riesenstamm anzutreffen ist, gesellen sich zwei Rüstern (Ulmus campestris L. und effusa W.) und in einer Höhe von circa [illegible]' über dem Meere trifft man die ersten, noch schwächlichen, ächten Kastanien, die hier an ihrer obersten Verbreitungsgrenze noch nicht baumartig wachsen, sondern die Form von Gebüschen annehmen. Es ist in dieser schönen Urwaldregion des höher gelegenen Theiles von Mingrelien noch der schattigsten, feuchten und engsten Thäler zu gedenken, da in ihnen ebensowohl der Epheu, als auch die immergrünen Ilex- und Laurus Cerasus-Gebüsche weit bergan sich verbreiten und oft so ausschliesslich wuchern, dass kein anderes Unterholz in ihrer Nähe aufkommen kann. Hin und wieder gesellt sich zu ihnen ein zweites, schön roth blühendes, Rhododendron (Rhd. ponticum L.) und wo der Sonne die Macht blieb durch das lichtere Laubdach der hohen Buchen, Linden, Eschen und Ahorne zu brechen, verdrängt Azalea pontica L. gerne die schattenliebenden Sträucher, die soeben genannt wurden. Der ebenere Boden dieses gemischten Laubwaldes, in welchem bei weiterem Herabsteigen in der durchschnittlichen Höhe von 2—3000' über dem Meere die Linde und Eiche nebst kräftigen Obstwildlingen sehr häufig werden, bleibt entweder ziemlich kahl und zeigt dann die halbvermoderten Laublagen früherer Jahre, oder er ernährt besonders, wenn das Erdreich recht schwarz und feucht ist, weite Felder hoher Farren unter denen Polystichum Filix mas R. für die schattigeren und Pteris aquilina L. für die sonnigeren Gegenden bezeichnend werden.

Diese durch die vorhandenen Terrainschwierigkeiten geschützte Waldregion des oberen Mingreliens und Imeretiens blieb bis jetzt jeder bedeutungsvollern Benutzung fremd. Sie schliesst die zahlreichen Quellen der rechts einfallenden Rionzuflüsse in sich und ihre schweigsamen Wildnisse bieten den Schauplatz eines wenig gestörten Thierlebens, welches sich in seinen Gesammterscheinungen nach den Naturverhältnissen hauptsächlich in zweifacher Gruppirung auffassen lässt. Das Hochgebirge selbst mit seinem gletschergekrönten Kamm, mit seinen oft in jähen Steilungen verfallenden Seitenwänden, ist dem Aufenthalte des Rothwildes nicht zuträglich. Diese Gebiete werden von der Gemse und von dem kaukasischen Steinbocke ausschliesslich beherrscht. Selbst von einem grossen Theile der bereits in der Waldregion gelegenen Gebirgspartien ist Reh und Hirsch in Folge der schroffen unhaltbaren Schieferscharfe verbannt. Der Huf dieser Thiere ist auf die flachliegende Erde angewiesen; der kräftigere der Gemse und des Steinbocks kann die Schwierigkeiten des Terrains überwinden und sucht selbst die Firn- und Eisfelder zur Mittagszeit gerne auf. Eben deshalb bleibt das Rothwild in den beiden hier vorkommenden Arten, dem Rehe und Edelhirsche, nur auf den untern Theil der Waldregion angewiesen und nimmt an Häufigkeit mit der Senkung des Terrains zum colchischen Tieflande zu. Das letztere wird ihm im Winter zum Lieblingsaufenthaltsorte, da in ihm, besonders nahe der Küste nur höchst selten tiefer Schnee lange liegt *). Mit der Baumgrenze werden wir in der gesammten Waldzone Mingreliens die breite Schleichspur des Bären gewahr, der die Nahrungsvortheile, die ihm die Maiscultur bietet, wohl wahrzunehmen weiss und im Hochsommer häufige Einbrüche in die Plantagen versucht.

Mit dem Eintritte in die Culturzone des Weinstockes und des Mais liegen die ausgedehnten, gemischten Hochwälder Mingreliens hinter uns. Auf den sonnigen Höhen der all-

*) Ein Winter wie der von 1863—1864, der einmal tiefen, lange liegenden Schnee für die colchischen Tiefländer nebst bedeutende Kälte brachte, hat dem Hirschbestande dort ausserordentlich geschadet. Gerade im Küstengebiete, in der Ebene des Rion sind in diesem Winter viele abgeschwächte Hirsche förmlich geschlachtet worden, als sie der Küste [illegible] nach Gurien gelangen wollten.

allmählich zum Rande des colchischen Tieflandes sich abflachenden Gebirge, wird die Eiche prädominirend. Gesunder Wald mit natürlicher Hochstammentwickelung ist in dieser Culturzone eine Seltenheit. Die Gewohnheit der Bewohner, die Kronen, selbst alter Bäume abzunehmen, oder gänzlich zu verbrennen, hat hier fast überall Krüppelbaumformen erzeugt. Es tritt da, wo Hochstämme fehlen, eine grosse Anzahl hartholziger Gebüsche auf und die Rebe im verwilderten Zustande, sammt Smilax und Clematis beginnen sich als Schlingpflanzen schon an den obersten Punkten der Weinstock- und Mais-Cultur zu zeigen. Sie gesellen sich hier, wo sie noch niedrig und schwach bleiben, am frühesten den Gebüschen als Begleiter bei und nehmen erst in den tiefern Thälern, wo die üppigen Bäume charaktergebend werden, die riesigen Dimensionen an, welche z. B. an den Ufern und auf den Inseln des untern Rionlaufes wahrhaft staunenerregend sind. Dieser, durch das Prädominiren der Eiche gekennzeichnete Theil Mingreliens ist für Culturzwecke der geeignetste und deshalb auch am stärksten bewohnt. Im Allgemeinen ist er besser bestraucht als bewaldet. Er schliesst die Landschaften von Odischi, von einem grossen Theile Letschchums, ferner mit Ueberspringung der Nakerala Höhen, die gesammte untere Radscha und endlich die schönen imeretischen Thäler des Dsirula und Quirila in sich. Wo sich hier, gewöhnlich nahe alter Burg- oder Kirchen-Ruinen die schönsten Stämme der Linde, Eiche, oder häufiger noch des Wallnussbaumes zeigen, darf man wohl mit Sicherheit behaupten, dass sie angepflanzt worden, und nur unter dem besondern Schutze, den die Bevölkerung ihnen gewährte, so üppig gediehen. Auch in diesen Gegenden Mingreliens sehen wir, wie in den untern Gebieten der bisher geschilderten gemischten Hochwälder, die immergrünen Unterhölzer den feuchten schattigen Ufern der Bäche folgen und sich in reichster Ueppigkeit entwickeln. Laurus Cerasus mit weit in die Breite gedehnter Verästelung und Ilex bilden hier die Hauptgruppen, zu ihnen gesellt sich vornehmlich auf festem Kalksteinboden baumartiger Buxus, der in den nordwestlichern Gebieten an Häufigkeit zunimmt und in der Engschlucht des Ingur, selbst bis oberhalb Dschwari und Chalar so häufig und kräftig wächst, dass türkische Kaufleute aus Konstantinopel ihn hier in Menge am Platze kaufen und über Anaklia alljährlich ausführen.

Wird mit der Abdachung des Mingrelischen Gebirges zum colchischen Tieflande die Wildheit und Fülle der Vegetation namentlich auf einzelne Uferstrecken und Inseln des Rion zurückgewiesen und bekundet sie sich dort besonders an den Riesenstämmen der Laubhölzer, die von Smilax, Vitis, Clematis und oft auch von Hedera förmlich bewebt und theilweise verdeckt werden: so trifft man dennoch daselbst neben den Mittel- und Süd-Europäischen Baumformen sehr wenig eigentlich Auszeichnendes. Pterocarya caucasica Kunth (Juglans pterocarpa), deren Vorkommen in Mingrelien noch nicht erwiesen ist*), wurde in diesen

*) Vergl. C. A. Meyer Verzeichniss der Pflanzen, welche während der auf Allerhöchsten Befehl in den Jahren 1829 — 1830 unternommenen Reise im Kaukasus und in den Provinzen am westlichen Ufer des Caspischen Meeres gefunden und eingesammelt worden sind, pag. 134 und Ledebour, Flora Rossica Vol. I, pag. 507.

Gebieten zu suchen sein. Die östlichen Provinzen besitzen diesen schönen Baum, z. B. Talüsch, nur bis zu einer Höhe von 800' (130 hexapodes). Eine weit grössere Verbreitungssphäre besitzt zwar die dem Kaukasus eigenthümliche Zelkowa crenata Spach (Planera Richardi Michx.*) jedoch entwickelt sich auch dieser schöne Baum am besten ebenfalls nur im colchischen Flachlande und tritt schon in den berühmten Wäldern von Warzicha in der Höhe von circa 400' über dem Meere als Riesenstamm auf. An die Stelle der trockenen, lehmigen Hügelketten, mit welchen die mingrelischen Vorberge das Tiefland umgürten, treten im letztern oft stagnirende Sümpfe mit hohem Carex-Juncus-Scirpus und Arundo-Wuchse und verdrängen von ihren schwarzerdigen Rändern die schöne Azalea pontica, die als vornehmlichster Begleiter der lichten Eichengehölze jener Hügelketten zu nennen ist. Ihr schliesst sich für die genannte Zone des Mais- und Weinbaues, ebenfalls den lehmigen Boden suchend, Helleborus orientalis Lam. an.

Ohne Zweifel bietet das colchische Tiefland bei einer mittlern Jahrestemperatur von etwa 11,8° R. **) die Möglichkeit einer vielseitigeren Benutzung zu Culturzwecken, als ihm bis jetzt zugetraut wurde. Die früher angeregten Versuche, welche schon zu Gamba's Zeiten unweit Kutais mit der Indigo-Pflanze gemacht worden sind, haben zu keinem Resultate geführt und nur der Maisbau wird im untern Rionthale in immer wachsendem Maassstabe betrieben, so dass eine bedeutende Ausfuhr an Welschkorn von Poti aus stattfindet. Das kräftige Gedeihen der Feigen und Granaten im freien Lande ist hier überall gesichert, jedoch trifft man den Oelbaum nur selten an; die allzugrosse Feuchtigkeit soll ihn nach Dubois***) Meinung für diese Gegenden untauglich machen und alte Oelbäume, wie sie die Südküste Tauriens noch aus den Zeiten der Griechen und Genuesen besitzt, sind am untern Rionlaufe nicht gefunden.

Wie sich nach den hier nur flüchtig angedeuteten Naturgrundlagen die bis jetzt erzielten Resultate in Bezug auf Agricultur genau formen konnten, so geschah es auch mit dem Gedeihen gewisser Hausthierarten und ihrer besondern Racen. Dem Büffel gehört vornehmlich das colchische Tiefland mit seinen Sümpfen und Ebenen und mit seinem Ueberfluss an Maisstroh, das ein beliebtes Winterfutter dem starken Wiederkäuer bietet. Selbst in den niedrigern Gebirgspartien Mingreliens wird er selten und der eine Ausnahmefall, welcher sein Vorkommen in einem Paare hoch an den Quellen des Dshandshora-Flusses, in einer Höhe von 1550' über dem Meere constatirt, wo dieses Paar unweit von Zedisi lebt, findet in einem sonderbaren Aberglauben eines dort wohnenden Imereten die vollgültige Erklärung. Demselben starb im Sommer 1863 fast alles Rindvieh an einer Art Harnruhr. Er folgte dem Rathe eines andern, demgemäss er ein Paar Büffel in den Rest seiner Heerde

*) Ledebour l. c. V. III. pag. 648.

**) Mélanges physiques et chimiques de l'Académie impériale des Sciences de St. Pétersbourg. T. I seconde livraison, Tab. 3. — Ich gebe die mittlere Temperatur von Kutais an.

***) Vergl. Fr. Dubois de Montpéreux Reise um den Kaukasus, deutsche Uebersetzung von Dr. Kolb T. I, pag. 350.

erschaffen sollte. Diese beiden sind die einzigen, welche ich in so bedeutender Höhe sah. Nirgend übersteigt der Haffel die Engerblechi den Ingur oder den Tskenis-Tsqali. Die beiden Swanien sind durch ihre vorzüglichen, alpinen Matten, ebenso wie die unwirthen, meistens waldarmen Gebirgsabtheilungen der Nordseite für die Zucht des Rindes vorzüglich geeignet. Das Rind der tiefer gelegenen Gebirgslandschaften und der colchischen Ebene ist elend geworden und wird es bleiben, so lange ein Wechsel seiner Behandlung nicht stattfindet. Wo sich von Generation auf Generation der Menschen die Sorglosigkeit und Gleichgültigkeit durch Jahrhunderte forterbt; ja die letztere sogar durch traurige sociale Verhältnisse dem abhängigen und gedrückten Bauern förmlich aufgezwungen wurde; da konnte überhaupt Nichts zur erfreulichen Entwickelung gelangen. Mingrelien wird, obgleich überreich von der Natur ausgestattet, diese Wahrheit nicht Lügen strafen können. Der freie Swane besitzt das herrlichste Rind der Welt. Zwei Racen, von denen die eine klein, munter und stark ist, die andere an Dimensionen, Fleischfülle und ausgebildeter Körperschönheit dem prächtigsten Rinde der Ukraine nichts nachgiebt, leben hier beisammen. Die erstere ist die einheimische, die letztere stammt von der Nordseite des Gebirges und wird gerne von den freien Swanen bei den Hakman'schen Tataren erhandelt. Es ist fraglich, ob diese Race des kaukasischen Hochgebirges in ihrer Abstammung etwas mit der Ukrainischen zu thun hat, jedenfalls findet man bei den Hochgebirgsthieren aber nie die gleichmässig hellgraue Farbe, die so entschieden bei jener Race der Ebenen im NW. vom Pontus vorwaltet. Nicht selten erinnern in Swanien die Felle des grossen Rindes in Farbe und Zeichnung sehr an die des Tigers. Bei einer Behandlung, wie sie der Swane seinen Heerden zukommen lässt, gedeihen dieselben ganz vorzüglich. Es liegt nicht Alles an den günstigen Futterkräutern der alpinen Matte. Dieselbe kommt ja nur mit der Mitte des Juni Monats zur Entwickelung und Ende August deckt sie meistens schon wieder der frische Schnee. Aber der Swane lebt während des Winters mit seinem Vieh gemeinschaftlich im untern Stockwerke seines befestigten Hauses. Er bietet ihm den besten und wärmsten Stall und sorgt mit vielem Fleisse und grosser Mühe für das Winterfutter. Dergleichen ist in Mingrelien und Imeretien unter dem dort milden Himmel nicht gebräuchlich. Ich komme gelegentlich auf diesen Gegenstand zurück und gedenke jetzt der andern Hausthiere. Mit dem Mangel weitgedehnter Ebenen sind der Pferdezucht im gesammten Mingrelien enge Grenzen gezogen. Im Gebirge wird das Pferd überall selten, man beschränkt sich auf die unbedingt nöthige Zahl, weil hier überall die Winterfütterung schwer zu beschaffen ist. Auch wird es vorwaltend zum Reiten und als Packpferd benutzt und betheiligt sich bei den schweren Feldarbeiten nicht. Es steigt im freien Swanien mit dem Rinde gemeinschaftlich bis auf die alpine Matte, also in die Höhe von 8—9000'. Ist seine Zahl dort im Hochgebirge auch immerhin nicht gross, so bedarf die Mittheilung des Herrn Bartholomei, der zufolge im gesammten freien Swanien nur 12—20 Pferde existiren sollen*), wenigstens einer Erklärung. Es mag möglich sein, dass eine so geringe Zahl im

*) Записки Кавказскаго отдѣла Имп. Русск. Географ. Общ. кн. III, стр. 1[illegible]. — Поѣздка въ Вольную Сванетію въ 1853 году полк. Бартоломея.

Hochsommer in oder nahe bei den Dörfern sich befindet, allein sicher trennen die Swanen mehr Pferde zu dieser Zeit eben hoch im Gebirge auf der Sommerweide. Ich habe dergleichen kleinen Heerden von 6—15 Stück, so oft ich die alpine Matte erstieg, immer zu Gesichte bekommen und spreche jetzt nicht von den 10 Kasaken Pferden, die im Norden vom Pari ebenfalls auf alpiner Matte weideten. Auch sind viele der Swanen-Pferde im Hochgebirge geworfen, da ich z. B. an den Quellen des Tskenes-Tskali kleine Tabunen, aus Stuten und Füllen bestehend, antraf. War das grossknochige Rind der Nordseite des Hochgebirges ein gesuchter Tausch- und Handelsartikel für die Bewohner der Südseite, so wird dagegen der Esel Swaniens gern von den bakssan'schen Tataren gekauft und kostet im Hochgebirge 3—4 mal so viel, als in der Ebene. Ebenso steigen die Preise der Maulesel je höher man sie im Gebirge kauft; sie sind hier aber auch meistens von ausserordentlicher Schönheit und Dauerhaftigkeit.

Wie dem Rinde, so wird auch der Ziege im Hochgebirge neben angemessener Futterbasis die trefflichste Pflege durch die Swanen geboten. Es kommen auch von ihr zwei Abarten vor, die eine hochbeinig und gross, mit vorzüglichem Körperbau, erinnert durch diesen und sehr oft auch durch die Farbung an das Stammthier der Hausziege, nämlich an die Bezoar-Ziege (Aeg. Aegagrus Gm.). Diese letztere lebt jedoch in dem Hochgebirge beider Swanien entschieden nicht und es scheint also, dass hier das Hausthier bei einer Lebensweise, die derjenigen des wilden Stammthieres zeitweise wenigstens vollkommen gleichkommt (man lässt im Sommer die Ziegen oft ohne irgend welche Beaufsichtigung im Hochgebirge ruhig wochenlang weiden) allmählich in der Nachkommenschaft mehr und mehr zur Stammart zurückgeführt wird. Diese Thatsache steht nicht isolirt für die kaukasischen Hochgebirgsziegen als erwiesen da. In den Gebirgen Süd-Europas, wo die Bezoar-Ziege sicher fehlt, trifft man ebenfalls, nach dem Zeugnisse von Blasius*) oft die Hausziegen in der Färbung und Zeichnung von Aeg. Aegagrus an. Unansehnlicher und bedeutend kleiner ist die zweite Ziegenrasse mit kurzen und starken Hörnern. Ich habe sie vorwaltend in den Vorbergen des mingrelischen Hochgebirges gesehen, auch bemerkt, dass bei ihr die Haarfarbe des Stammthieres ungleich seltener ist und die Zeichnung desselben nie zur deutlichen Ausbildung kommt. In Bezug auf das Schaf spreche ich nur von den Thieren, die ich im Hochgebirge fand; die Tiefländer, sammt Udischi und dem grossen Theile Letschchums und des untern Radscha sehe ich erst im kommenden Sommer und habe also noch kein Urtheil über die dortigen Schafe. Es fiel mir auf, dass viele der im Hochgebirge gesehenen Schafe rein schwarz waren; so bestand auch der Tribut, welchen die ehemaligen Constantin Dadeschkilian'schen Swanen, also die der Gesellschaft Tschubi-Chewi, der Regierung jetzt stellen, nur aus alten, langschwänzigen Schafen mit tief schwarzer Wolle. Im Bau und in der Grösse zeigten sie nichts Besonderes; dagegen bemerkte ich am Hausschweine, wo ich es im Hochgebirge fand, niedrige und verhältnissmässig sehr spitze und lange Köpfe. Es wäre möglich,

*) J. H. Blasius. Fauna der Wirbelthiere Deutschlands Bd I. pag. 484.

dass bei denen im Vergleiche zu den fast halbverwilderten Schweinen der tiefern Gebiete sich im Schädel- und Zahnbaue bedeutende Differenzen herausstellen konnten. Das kann erst dann entschieden werden, wenn grössere Schädelreihen genau untersucht, verglichen und vermessen sind. Nach der Beschaffung eines solchen Materials, welche erst im Verlaufe mehrerer Jahre gelingen wird, können dann sicher diese und ähnliche Fragen, die in das Gebiet histologisch-systematischer Untersuchungen gehören zur Beantwortung kommen. Ich erwähne meine Vermuthung bezüglich des Hausschweines jedoch jetzt schon, weil man im Hochgebirge der Schweiz in der That, [illegible] durch Knochenreste, die den Pfahlbauten angehörten, eine zweite Schweine-Art auch lebend gefunden hat. Es ist das Hausschwein im freien Zustande ein Hochgebirgsbewohner während der Sommerzeit. Auf den Höhen des Dadiasch oberhalb der Baumgrenze, in 7000' über dem Meere traf ich es auf alpiner Matte in kleinen Gesellschaften an; es war dorthin sammt dem übrigen Hausvieh einiger Bewohner Lentechi's getrieben.

Ich habe im Vorstehenden versucht eine allgemeine und kurze Charakteristik der Natur eines Haupttheiles vom alten Colchis zu geben. Den gegenwärtig so oft und so dringend gemachten Anforderungen: diejenigen Eigenthümlichkeiten der Naturverhältnisse besonders zu erörtern, welche für die praktische Verwerthung von besonderer Wichtigkeit sind, glaube ich gerecht zu werden, indem ich der Culturregionen dieser Länder gedachte und auch einige Hinweise gab, die uns das den Menschen begleitende Hausthier hier etwas genauer kennen lehren. Zur Vervollständigung und schliesslichen Vollendung dieser Schilderung, welche den speciellen Auseinandersetzungen als einleitende Uebersicht vorangeht, darf ich es nicht versäumen, das gegenwärtige historische Bild der Bewohner zu berühren und, wenn auch nur flüchtig, der historischen Entwickelung eines Volkes zu gedenken, dem erst jetzt die gesunde gesellschaftliche Basis gegeben wird, auf der sich ein sociales Gebäude begründen lässt, welches die Garantie besitzt, den Fortschritt der Menge und die Zufriedenheit des Einzelnen zu ermöglichen. Mit der endlichen Unterwerfung sämmtlicher Bewohner des Kaukasus und dem Schwinden der langjährigen militairischen Operationen auf dem Isthmus, tritt das Land und sein Volk in eine andere Entwickelungsphase. Die Aufgabe Russlands im Kaukasus wird jetzt eine andere. Die Segnungen des Friedens sind es, die nun, nach jahrelangem Blutvergiessen der schweren, eisernen Arbeit der Besiegung folgen müssen. Aber diese Segnungen können nur dann festen Fuss fassen und von Dauer sein, wenn dem seit Jahrhunderten üblichen Feudalsystem, jenem eingefleischten Kastenwesen, jener lähmenden Bedrückung der arbeitenden, cultivirenden, producirenden Klasse ein Ende gemacht wird. Das grosse, schöne Erlösungswort, welches vom Eismeere zum Pontus, von Polen gegen Osten, so weit es Leibeigene im Russischen Reiche gab, erscholl, durchtönt und durchdringt auch die Kaukasusländer. Ueber die Gletscher der Hauptkette, an deren Fusse rohe Völkerstämme zwar im Besitze der persönlichen Freiheit waren, aber ohne die Kraft eines vernünftigen, durchgreifenden Gesetzes, doch in die traurigste Anarchie verfielen; senkt sich die Befreiung bis in die ärmsten, im frischen Grün der Gebüsche versteckten, mingrelischen

Wohnungen. Erst dann, wenn der Mingrele den besten Theil der Frucht seiner Arbeit selbst geniessen wird, kann sich Land und Volk heben. Die Natur besitzt dann gewiss überreiche Quellen und das Volk wird sie benutzen, wenn ihm die Vortheile der Mühe zu Gute kommen.

Unklar, mehr auf Vermuthungen und geschickte Combinationen gegründet, als an historische Daten geknüpft, bleibt, trotz dem Fleisse einer Reihe der geistreichsten und gelehrtesten Geschichtsforscher, das graue Alterthum dieser Länder, denen nach mehr als 2000 Jahren ein neues Leben aufkeimt. Am fernen Horizonte einer längst entschwundenen Vergangenheit machen im alten Colchis die Gestalten romantischer, griechischer Sage auf. Diese edlen Gestalten hüllen sich in das Gewand lieblicher Poesie und ihre abenteuerlichen Handlungen haben das damals reiche Gebiet der Phasis-Niederungen zum Schauplatze. Mag man den Ursprung der alten Colchier aus Ägypten oder Indien, aus Phoenicien, oder, den grusinischen Urkunden gemäss von einem Nachkommen Noah's, Thogarma, herzuleiten versuchen; gewiss bleibt es, dass dieses Volk im colchischen Tieflande schon damals im Besitze einer reichen Cultur war, dass seine Sitten im scharfen Contraste gegen die Rohheit und Unbarmherzigkeit der am nördlichen Gestade des Pontus wohnenden Kimmerier, milde waren und es sich geregelter staatlicher Zustände damals schon erfreute, als mit dem ersten Eindringen griechischer Fremdlinge die Spur dieses Volkes der Nachwelt fixirt wurde. Die folgenden Jahrhunderte haben sich des Friedens und des Glückes jener goldenen Zeiten im alten Colchis nie wieder anhaltend rühmen können. Die Nachfolger des Königs Aëtes, mit dessen ruhmvollem Namen die ersten historischen Anhaltspunkte beginnen, verloren die Alleinherrschaft über das Erbe ihrer Väter. Es wanderte aus einer fremden Hand in die andere. Bald entschied das Kriegsglück der Perser, bald das der Griechen über sein Schicksal. Die Versuche die verlorene Selbstständigkeit wieder zu gewinnen und sie unter dem Schutze eines eingeborenen Herrschers zu behaupten, sind schwach und von kurzer Dauer. Die Blüthe welche später milesische Handelscolonien in den Südostwinkel des Gestades am schwarzen Meere brachten, war vorübergehend. Während der letzten 3 Jahrhunderte vor Christi Geburt, dehnen die Heldenkrieger des Ostens ihre Macht auch über Colchis aus. Unter Xerxes kämpften die alten Colchier und noch jetzt deuten Überlieferungen, die sich an Ruinen knüpfen auf die Krieger, welche Alexander von Macedonien auch hier führte. Die Herrschaft der pontischen und bosphorischen Könige umschloss auch den SO. Winkel des schwarzen Meeres und machte sich das ganze Rionbassin unterthan. Als mit dem endlichen Falle Mithridates das Waffenglück der Römer im Osten die Macht gewann, gingen die colchischen Länder in ihren Besitz über. Mit der Geburt Christi trat auch für sie eine neue Epoche ein. Die Entwickelung des Christenthums, welches durch die Apostel Andreas und Simon nach Abchasien und Colchis kam, so wie ein Kampf gegen die Lehre Zoroasters füllen wohl wesentlich die grosse Lücke in der Geschichte des alten Colchis aus, welche in den ersten 5 Jahrhunderten nach Christi Geburt besteht. Man weiss aus diesem Zeitabschnitte so gut wie nichts von den colchischen Ländern. Nach Dubois de Montpéreux *) bildete, das georgi-

*) Dubois, Voyage autour du Caucase, T. II, p. 76.

schen Chroniken gemäss, damals schon das [illegible] einen Theil des georgischen Königreiches, woran in Erwägung anders lautender Nachrichten aus jener Zeit jedoch sehr zu zweifeln ist. Mit dem Jahre 456 n. Chr. beginnen die Kämpfe religiös-politischer Tendenz, welche zwischen den Römern und Persern eine Reihe von Jahren in Colchis fortdauern, das damals mit dem Namen Lazica bezeichnet wird. Gedrängt von beiden Seiten, bald von den Römern auf die empörendste Weise ausgesogen, dann wieder den Schutz der Perser suchend, um das Joch der Römer loszuwerden und durch die fanatischen und missionirenden Perser noch härter bedrängt und verfolgt, befindet sich das Volk der Lazier in einer verzweifelnden Lage bis zum Jahre 562. Der damals zwischen Khosroës und Justinian hergestellte Frieden lässt Lazica im Besitze der Römer. Wiederum folgt in der Geschichte von Colchis eine Lücke von mehreren Jahrhunderten, die wenig sichere Anhaltspunkte bietet. Unter griechischer Oberherrschaft wird es als ein vereinigtes Abchasien in dieser Zeit durch Könige regiert, unter deren Fürsorge, wie es scheint, Frieden, Cultur und Kunst in diese Länder wiederkehrten. Erst nachdem die georgische Dynastie der Bagratiden (787) über ein Jahrhundert sich auf dem Throne erhalten hatte, wird Colchis und Abchasien mit dem Beginne des 10-ten Jahrhunderts Georgien intim vereint. Zu seiner höchsten Blüthe gelangte dieses Königreich gegen das Ende des 12-ten Jahrhunderts. Die Königin Thamara hatte es damals zu einer Höhe hinaufgeführt, die es seitdem nie wieder erreichte. Von Trebisond bis nach Tauris, von der Phasis-Mündung bis hinauf zu den Gletschern der Hauptkette war ihr Land und Volk unterthan und mit seltenem Glücke und grossem Geschicke wusste sie das ihr überkommene Besitzthum zu vergrössern und zu befestigen. Die Spuren des Christenthums, welche sich am Südabhange der Hauptkette bis fast an den Gletschern erhalten haben, sollen ihren Ursprung der Zeit ihrer Regierung verdanken und Gesänge, die ihren Ruhm schildern, fand ich selbst in den höchst gelegenen Gesellschaften des freien Suanetiens. Nach dieser glorreichen Zeit Georgiens unter der Königin Thamara bildet seine fernere Geschichte, dem Ausdrucke Dubois zu Folge, «eine lange Reihe von Verheerungen, Niedermetzelungen, Revolutionen und unheilvollen Invasionen» *). Zweimal sehen wir das Königreich getheilt. In der Mitte des 13-ten Jahrhunderts trennen sich die georgischen Besitzungen im Westen des Meskischen Gebirges von denen im Osten desselben. Unter David Narin (1247), dem Grosssohne Thamaras, sind die Provinzen des Rionbassins nebst Abchasien zum Königreiche Imeretien vereint. Im Jahre 1330 wird dieses durch George VI Georgien wieder annexirt und endlich, nachdem namentlich durch Timurs Einfälle das Reich zu wiederholten Malen in Asche gelegt wurde, gelang es mit dem Anfange des 15-ten Jahrhunderts Alexander I den Frieden herzustellen und durch seine weise Regierung die geschwächten Kräfte des Landes wieder zu stärken. Der unglücklichen Idee dieses Königs, sein Reich unter seine drei Söhne zu theilen, folgen neue Schrecken und Verheerungen. Die colchischen Provinzen werden wieder getrennt und zum imeretischen Königreiche vereinigt. Mit der kurzen Re-

*) Dubois, l. c. T. II, pag. 165.

gierung Vachtang's, des ältern Sohnes Alexanders I., der 1442 starb, beginnt für dieses Königreich auf's Neue eine fast 400jährige Periode erschütternder Ereignisse. Mit dem Jahre 1810 schliesst diese. Die Macht Russlands hat nicht nur den verderblichen Einflüssen Persiens und der Türkei auf Armenien und das gesammte Georgien ein Ziel gesetzt; sie hat auch den zahllosen Fehden der Landesfürsten ein Ende gemacht. Wir dürfen nur den Schlus[illegible] des Abschnittes in Dubois Werke lesen, in welchem er die Geschichte Imeretiens seit der Theilung unter Alexander I behandelt, um die beklagenswerthen Zustände dieses Landes aus jener Zeit kennen zu lernen. Dort heisst es*): «Im Verlaufe von 268 Jahren folgten sich (also auf dem imeretischen Throne) 30 Könige, verdrängten einer den andern: sieben kamen gewaltsamen Todes um, drei sind geblendet, zwei und zwanzig sind entthront, durch wenigstens 40 Revolutionen werden Könige berufen oder verjagt. Der geblendete Bagrat ist einer von ihnen, er wird 8 mal als Herrscher anerkannt und entthront. Davon abgesehen giebt es während eines Jahrhunderts 8 Könige mit einer mittlern Regierungszeit von 12 Jahren».

Mit dem Beginne unseres Jahrhunderts schwinden, wie wir so eben erwähnten, durch den Einfluss Russlands die innern und äussern Unruhen, denen Georgien und Imeretien so lange ausgesetzt war. Es wird die Ruhe des grössern Theiles dieser Länder dadurch namentlich hergestellt, dass sie in den direkten Besitz des Zaren kommen. Nur in Mingrelien, welches das Besitzthum der jüngern Dadian-Dynastie umfasst, also Odischi, Letschchum und das Dadianische-Swanien, bleibt diese Dynastie unter russischer Oberherrschaft anerkannt. Auch gegenwärtig ist das noch der Fall. Die Ereignisse des Jahres 1857 haben aber die Regierung veranlasst, dem noch unmündigen Prinzen Nicolaus Dadian sein Erbe bis auf Weiteres zu administriren.

Im Hinblick auf eine solche Vergangenheit, die wir hier natürlich nur in den allerkräftigsten Contouren zu zeichnen versuchten, fragt es sich, welcher Entwickelung das ehemalige, alte Colchis entgegengeht? Wir deuteten die Lösung dieser Frage oben schon an. Jeder nachhaltige Erfolg in der Zukunft kann allein von der Stellung abhängen, die der Bevölkerung gegeben wird. Bis jetzt war dieselbe eine beklagenswerthe. Man darf das von der Natur überaus reichbegabte Rionbassin keineswegs als ein Culturland bezeichnen. Es mag sich daran wohl in einem gewissen Grade, namentlich in dem colchischen Tieflande, ein natürlicher Hang zur Trägheit seiner Bewohner betheiligen; man wird einen solchen ja bei allen Völkern finden, die heisse Landstriche bewohnen. Den Bergmingreliern und Imeretern darf man aber keineswegs den Vorwurf der Trägheit machen. Er ist fleissig und genügsam. Der grösste Theil der Schuld, die sich offenbart, wenn wir den Grad der Civilisation und Cultur der Gegenwart im alten Colchis beurtheilen, liegt in der Unbeugsamkeit und Unveränderlichkeit gewisser socialer Schäden, die aus längstentschwundenen Zeiten der Gegenwart überkommen, in die sie nicht mehr passen. Er liegt auch an der Starrheit und dem Egois-

*) Dubois, l. c. T. III, p. 151.

aus denjenigen, die durch die Geburt begünstigt, im Grossen und Ganzen fest an den überkommenen Einrichtungen halten und kein Jota an den veralteten Feudal-Institutionen verändert wissen wollen. Mögen diese für die verflossenen Jahrhunderte als haltbar betrachtet werden. Die unvermeidliche Berührung der östlichen Küstenländer des Schwarzen Meeres mit dem Occident, das unaufhaltbare Vordringen der westeuropäischen Civilisation gegen Osten, die Anforderungen der Gegenwart überhaupt, nöthigen sowohl dem zähen Herrn, wie auch dem geduldigen Bauern eine andere Stellung in der Gesellschaft auf. Der freie Mingrele wird arbeiten und sich seines Fleisses freuen können; der mingrelische Edelmann wird sich bilden und sein früheres System verachten lernen. Der Impuls dazu ist gegeben. Die Georgier im Osten des Meskischen Gebirges sind bereits frei, sehr bald erschallt das ersehnte Wort der Erlösung auch im alten Colchis. Es wird das die Grundlage sein, auf welcher ein neues Colchis gegründet wird. Der Phasis hat seit jener frühen Zeit, in der an seiner Mündung das friedliche Volk der alten Colchier reich und beglückt wohnte, sein Delta wohl bedeutend vorgeschoben; jetzt räumt man mit vielem Kostenaufwand und mit grosser Energie die angeschwemmte Barre desselben Stromes fort, um dem Mastenwalde landender Schiffe sichern Schutz zu gewähren. Die Segnungen einer andauernden Ruhe können einem so glücklich begabten Lande nicht ausbleiben, sobald die persönliche Unabhängigkeit seiner Bewohner gesichert ist und die Regierung hülfreich die Entwickelung unterstützt.

CAP. II.

Von Kutais über die Nakerala-Höhen zum Rion und von dort über Letschchum nach Muri.

INHALT: Volksfest in Kutais nach der Unterwerfung der letzten Bergvölker. Abreise. Zwei Wege die nach Letschchum führen. Strasse von Kutais nach Wladikawkas durch das Rionthal. Maisschroote am Berghange des «Rothen Flusses». Der Name dieses Flusses. Rückblick auf Kutais und die Colchische Ebene. Ternascia. Diospyros Lotus. Excursion im Tskal-tsitela-Thale. In Colchis prädominiren Mittel- und Südeuropäische Faunenelemente. Weiterreise. Verschiedenheiten in der Bauart der Mingrelischen Dörfer; je höher man steigt, um so enger gruppiren sich die menschlichen Ansiedelungen. Gründe dafür. Die Quelle von Sadmeli. Ihre Benutzung. Zum Südfusse des Nakerala. Vegetation. Formenbestände. Die Nordseite des Nakerala. Die Tkwibula Kohle. Die Nakerala Höhen als Klima- und Florenscheider zwischen Colchis und der untern Radscha. Die Gemse am Südfusse des Nakerala zeitweise. Composition der subalpinen Matte am Südfusse des Nakerala. Die immergrünen Gebüsche auf der Nakerala-Höhe unter dem Einflusse vorherrschender Nordwinde. Der Hochwald von Nikortsminda. Spalten und Höhlen im Jurakalke. Das Charis-tsqali Wasser. Salmo alpinus. Benutzung des Hochwaldes von Nikortsminda. Die «Tolobaue der Kreidekalke» zwischen Quitila und Rion. Wiesen. Cultur des Mais und der Cerealien. Rundblick auf die Radscha. Der Schauri (Schaurula) Bach. Schneereiche Winter in Nikortsminda, ungeheures Brennmaterial daselbst. Unbeholfenheit der Bewohner bei der Beschaffung desselben. Wagen und Schlitten im Mingrelischen Gebirge. Der Eingeborene ist scheu, er sucht den freiwilligen Umgang mit Fremden nicht. Ursachen, die dies begründen. Weiterreise nach Hopreli. Blick auf das Rionthal und auf die gesammte untere Radscha. [illegible] Zur Charakteristik der untern Radscha. Erschwerende Umstände für den Ackerbau. Weiterreise. Im Rionthale zur Grenze von Letschchum. Ueber Tabori nach Lailaschi. Lailaschi vor 30 Jahren und jetzt. Das Ascha- und Saberia-Gebirge. Ueber Orbeli nach Muri. Der Ladshanuri wird passirt. Hagelschlag. Lage von Muri. Sommerabend daselbst. Dadians Empfang und Urtheil. Andere Zeiten. Die Muri-Burg und ihre Einrichtung, alte Kanone. Ficus Carica in 2100' Höhe und Ac. Julibrissin in 1700' Höhe über dem Meere.

Es war am 9 Juni 1864. — Die Hauptstadt von Colchis schmückte sich festlich; es sollte allgemeine Freude sein. Die letzten, hartnäckigen Feinde, die im Schutze jener wilden Gebirge der Südseite des Kaukasus da lebten, wo er sich mehr und mehr der Ostküste des

Pontus gehört, waren bezwungen. Nach sechzigjährigem Ringen und Kämpfen, nach so vielen Opfern an Menschenleben und Mitteln, fühlte sich Russland nun als alleinigen Herrn des gesammten Isthmus. Es war eine mühevolle Arbeit gewesen, die der endliche Erfolg krönte und deshalb folgte ihr, nachdem sie beendet, ein so natürlicher und so grosser Jubel. Die Frühlingsexpedition, geleitet durch den erlauchten Grossfürsten-Statthalter, war vollendet. Man zog heimwärts. Dort, wo im Hintergrunde des modernen Kutais die üppigen Bäume erfrischende Kühle hauchten und die immergrünen Kirschlorbeeren von blühenden Granatengebüschen und von hohen Hibiscus-Stauden umgeben waren; wo sich das zartgegliederte Laub hoher Akazien (Ac. Julibrissin) weit hinein in die unteren Laubgewölbe der blühenden Linden verlor und ein frischer Grasteppich zu Füssen uralter Reben gelagert sich hindehnte, weilte an diesem Tage Seine Kaiserliche Hoheit der Grossfürst Michael.

Am jenseitigen Ufer des Rion blickten von den steilen Kalkfelsen die zerfallenen Ruinen der ehemaligen Akropolis des alten Kutatisium ernst auf das bunte Treiben der Bevölkerung des jetzigen Kutais. Einem heissen Tage folgte die milde Frische des herannahenden Abends. Das schöne Gebirgslandpanorama, welches von Westen beginnend in steigender Entwickelung gegen Norden und Osten sich um die Stadt ausbreitet, schwamm bereits in wärmster Abendsonnenbeleuchtung und gegen Süd-West hüllten leichte Dünste das colchische Tiefland ein; als das Volksfest im besten Gange war. Auf der letzten Stufe, mit welcher der gebirgige Rand der colchischen Ebene hier sich abflacht, am linken Ufer des Rion, in geringer Ferne südlich von der Stadt, waren die Anstalten getroffen, wo in unbehinderter Weise die Freude des Volkes sich offenbaren durfte. Es floss nach altüberkommener Sitte der Rebensaft aus grossen Schläuchen in unbegrenzter Fülle. Der Trommellärm der Zurna wechselte mit den Melodien europäischer Orchester-Musik; der Hochruf des Volkes unterbrach und übertönte das verworrene, laute Geräusch seiner Unterhaltung ab und zu. Als das lebhafte Lichtroth der Abendbeleuchtung an der steilen Südwand des hohen Quamli-Gebirges, welches majestätisch weit im Norden der Stadt aus den lehmreichen Höhenzügen hervorragt, schon erblichen war und die Gründe sich in die Abenddämmerung hüllten, tauchten überall nach und nach zahlreiche Flammen auf. Kutais wurde am Abend brillant erleuchtet. Unvergleichlich schön strahlte von jenen Höhen der ehemaligen Akropolis, wo jetzt, unweit der malerischen Ruinen der alten Cathedrale, der Sitz des Bischofs gelegen ist, das Licht der Lampenreihen zur Stadt in die Ebene hinab. Lange noch loderten die Freudenfeuer im Dunkel der schwülen Sommernacht am Rion.

Am andern Morgen war der Zauber geschwunden. Die Tagesarbeit und Sorge trat wieder in ihre Rechte. Um 10 Uhr standen meine Packpferde fertig und in Begleitung eines Kosaken und eines Führers trat ich die Reise an. Mein nächstes Ziel war das grosse Dorf Lailaschi, welches im oberen Letschchum auf den malerischen Höhen, die das linke Ladjanuri-Ufer bilden, gelegen ist und vor dem sich gegen Westen, schon jenseits des Tskenis-Tsqali die stark zerrissenen und zerklüfteten Asschi- und Dakeria-Gebirge am Horizonte lagern. Dorthin wollten wir gelangen, um einige schliessliche Vorbereitungen zur

Wetterzeichen treffen zu können und dann in die Hochthäler des Tskenis-Tskali und Ingur ziehen. Man kann von Kutais aus auf zweien Wegen nach Letschchum gelangen, der eine von ihnen führt dem Rionufer entlang direct gegen Norden bis zu seiner Biegung nach Osten (also bis zum Beginne des oberen Rion-Längenthales) und nahe der Grenze zur Radscha; der andere führt von der Stadt gegen NO. über die Nakerala-Höhen zur berühmten Kirche von Nikortsminda, dann den steilen Gehängen zum linken Rionufer folgend in den Begrat'schen Theil der Radscha. Von dort verfolgt man, nachdem der reissende Fluss auf guter Brücke überschritten wurde das rechte Rionufer noch geraume Zeit bis der Grenzbach zwischen Letschchum und der Radscha, Namens Ascchi*) unweit seiner Mündung passirt wird. An die Stelle des breiten, auch für Wagen nutzbaren Weges, beginnt jenseits dieses Baches der schmale Reitpfad, welcher stark bergansteigend über die schönen und gut angebauten Gebirge leitet, deren westliche Gehänge dem rapiden Ladjanuri sein linkes Ufer ziehen. Auf ihnen liegt, nahe unter der Culminationshöhe des Weges, im Norden und Osten geschützt, das grosse Dorf Lailaschi, welches unser nächstes Ziel war. Jener zuerst erwähnte Pfad, der gegenwärtig zwar der nächste ist, welcher aus Letschchum zur colchischen Hauptstadt führt, wird dann in seinem südlichen Theile von grosser Bedeutung werden, wenn er sich der grossen Strasse anschliessen kann, an deren Herstellung schon seit Jahren gearbeitet wird und die den Zweck hat Wladikawkas und Kutais zu verbinden. Diese Strasse muss, einmal hergerichtet, das gesammte obere Rionthal, durch welches sie vom Mamisson-Passe an, dem Flusse entlang bereits planirt und theilweise auch schon chaussirt ist, sehr wesentlich beleben und wird jedenfalls auch den leichtern Transport des Getreides, welches in Letschchum und in der Radscha vorwiegend producirt wird, ermöglichen. Die zweite Richtung, welche uns zunächst zu dem Nakerala-Gebirge leitet, schlug ich am 10. Juni ein und gebe im Nachstehenden eine detaillirte Beschreibung dieser Route, indem ich dabei zugleich solche Beobachtungen mittheile, die keine specielle systematisch-zoologische oder botanische Untersuchung verlangen. Man bewegt sich bis zu den Höhen des Nakerala grösstentheils in dem Gebiete des sogenannten «Rothen Flusses» den die Landessprache als Tsqal-ziteli (auch Ziteli-gele) bezeichnet. Dubois Deutung dieses Namens scheint wohl die natürliche und richtige zu sein**). «Die vorwaltend rothbraune Farbe der Ufergesteine hat zur Wahl seines Namens die Veranlassung gegeben. Von rothen Pilzen wenigstens, aus deren häufigem Vorkommen auf den Ufern dieses Flusses, Klaproth seinen Namen erklären will, ist im Sommer nichts zu bemerken und das hier lebende Volk weiss von ihnen auch nichts. Mit dreien Hauptquellen und einer grossen Zahl kleiner Quellbäche, entspringt der Rothe Fluss am Südfusse der steilen Nakerala-Höhen in den zum grössten Theile noch sehr schön mit gemischtem Walde bestandenen Gehängen dieses Gebirges, die nur hie und da an freien Plätzen das üppige Grün einer subalpinen Matte erkennen lassen. Bei einer durchschnittlichen Quellhöhe,

---

*) Der Aussprache wegen schreibe ich so, damit das s zur ersten Sylbe gehöre.

**) Dubois de Montpéreux, voyage etc. l. c. T. II. pag. 175.

die man mit 2000' über dem Meere nicht zu niedrig angeben wird, ist der Rothe Fluss im Hochsommer nur dürftig gespeist und überall liegen, zumal in seinem untern Laufe die grossen Rollblöcke zu Tage. Er versiegt jedoch niemals ganz und besitzt an vielen Stellen selbst in dieser Jahreszeit noch tief eingewaschene, kleine Becken, in denen sein bräunliches Wasser fast zum Stehen gelangt und die namentlich der Fischbrut zur Rettung dienen. Es hat sich die schlechte Meinung der Bevölkerung in Bezug auf das Wasser des Tsqal-ziteli auch jetzt noch nicht geändert. Wer irgend kann, vermeidet den Genuss desselben und die Fische, welche in ihm gefangen werden, gelten als besonders fiebererregend. Wenige Werste oberhalb Warziche, im Süden von Kutais, vereinigt sich der Rothe Fluss der Quirila, nachdem er in seinem untern Laufe dem Rion parallel fliesst und von ihm durch einen schmalen, hochhügeligen Scheider getrennt wird. Die Höhen dieses Scheiders hatten wir zu übersteigen, um unweit von Matameti das Bette des Tsqal-ziteli zu erreichen. Gleich im NO. von Kutais, wenn man das Ende der enggebauten und mit kräftigem Grün geschmückten Judenstrasse erreicht hat, geht es steil bergan, die Hügel sind dicht bestraucht. Hier schon überall bemerkt man die Pontische Azalea; Mespilus, Corylus, Crataegus, Castanea vesca, seltener Evonymus und Carpinus orientalis bilden die vornehmlichsten, meistens krüppelhaft entwickelten Gebüsche.

Rückwärts blickend breitet sich vor dem Auge an einzelnen Punkten der erstiegenen Höhen ein weitumfassendes Bild aus. Im blauen Dufte gehüllt lagern gegen SW. die Gurischen und Achalzichschen Gebirge am Horizonte, ihre Schneefurchen lassen sich hie und da deutlich erkennen. Mit dunkler Basis fassen diese Höhen in klaren Umrissen den Südrand des colchischen Tieflandes ein, welches als unübersehbare grüne Fläche in immer schwächerem Colorit gegen Westen schwindet. Hier und da taucht in ihm die Rionfurche als Silberstreifen auf. Die von Norden vortretenden Hügelketten verdecken dem Beschauer den Totalanblick dieser Ebene. Zu seinen Füssen liegt an ihrem östlichen Rande die Stadt mit ihren alten Burgruinen und höher thürmen sich überall die Hügelketten, welche die lebhafte Färbung ihrer Strauchvegetation selten nur entblösst erscheinen lässt. Beschränkter und weniger variabel ist die im Norden und NO. gelegene Landschaft; sie stellt ein verhältnissmässig sehr umgrenztes Gebirgstableau vor. Es fehlen in ihm noch die grossartigen Scenerien der Alpenwelt, welche jenseits der Horizontlinie den Reisenden entzücken. Von einem grünen Hügel zum nächsten, höheren, schweift das Auge immer höher und weiter, bis es die breiten Steilwände des Quamli im Norden und die des Nakerala im NO. gewahr wird. Einige dunkle Gruppen, die im Grün der fernen Laubwälder sich recht kenntlich machen, deuten auf das Vorkommen der Zapfenbäume. Es fehlen hier noch überall Schnee und Eis. Der Horizont grenzt sich mit der Höhe von 4 — 5000' über dem Meere ab.

Mit dem Herabsteigen von diesen Höhen zum Tsqal-ziteli verliert man das Rionthal aus dem Auge, dagegen übersieht man sehr bald das berühmte Kloster von Gelathi, welches linkerseits auf einer der bedeutendsten Uferhöhen des Flusses steht und dessen alte Mauern dicht vom grossblättrigen colchischen Epheu an vielen Stellen bedeckt sind. Wir überschritten den Tequi-zqali in einer Fuhrte und wanderten nordwärts. Gelathi lag uns im Osten. Erst in der Nähe des kleinen Dörfchens Nabaklewi, dessen Häuser zerstreut zwischen Gestrüppen auf dem steilen Ufer versteckt liegen, erreichten wir den Fluss, wir hatten bis dahin abermals einen Hügel zu übersteigen. Auf diesem schon sah ich Diospyros Lotus recht häufig und fand ihn auf den reichlichen Alluvionen und Geröllen des Tequi-zqali fast ausschliesslich vorkommen. Dieser Baum, welcher, wie ich schon Cap. I, pag. 7 bemerkte, nur in den tiefergelegenen Landschaften Mingreliens vorkommt und die Höhe von 1300′ über dem Meere nicht leicht überschreitet, erinnert in seinem gesammten Habitus wesentlich an die Esche. Er ist sehr häufig in den Weingärten zu finden, wo er zur lebendigen Stütze der hier überall hochgezogenen Rebe dient. In diesem Falle wird er dann freilich ausgeholzt und treibt deshalb um so kräftiger alljährlich eine Anzahl junger Triebe. Sein Hauptstamm wird durch das Kappen und Verstümmeln natürlich nicht hoch und trägt eine entstellte, durch die vielen jungen Triebe oft dicht belaubte Krone. Wo man diesen Baum seiner natürlichen Entwickelung sich überlässt, schiesst er mässig hoch auf und bereitet weder dichte Verästelung noch viel Laub. Dürftig nur gab uns eine Diospyros-Gruppe Schatten, als wir gegen 2 Uhr der grossen Hitze wegen Halt machen mussten. Die an dieser Stelle etwas weiter vom Tequi-zqali zurücktretenden Steilungen, welche mit Krüppelholz gut bestanden waren, lockten mich zur Excursion. Es blühete jetzt Sambucus Ebulus und an Clematis Vitalba öffneten sich die ersten Blüthenknospen. Einige Prismen, Hammaterme und die schöne Rosalia alpina fand ich wohl, jedoch wollte es mir nicht gelingen irgend einem Carabus auf die Spur zu kommen. Aus den untern Regionen dieser Länder, selbst bis zur Höhe der eigentlichen Urwälder (etwa um 4000′, siehe Cap. I, pag. 5) habe ich keine Carabus-Art heimgebracht. Es liegt mir nur eine, an Zahl der Exemplare sehr bedeutende, an Arten nicht gerade reiche Collection hochalpiner Carabiciden und darunter auch 9 Arten platter Carabus vor. Sie wurden alle im Hochgebirge des Dadianschen und Freien Swaniens gesammelt. Es mag sein, dass die Periode, in welcher die grossen Laufkäfer am besten zu sammeln sind in den tiefern Gebieten von Colchis sehr zeitig, etwa schon in den Mai-Monat fällt. Jedenfalls darf ich aber behaupten, dass diese Gebiete arm an solchen Insekten sind; es hatte mein eifriges Suchen mich doch auf Bruchstücke leiten müssen. Schon Moritz Wagner*) hat in dem trefflichen Anhange zu seiner Reise nach Colchis darauf hingedeutet, wie zwar die Hauptkette des Gebirges eine sehr entschiedene Scheide für viele Thiere wird, wie jedoch trotz der südlichen Breiten, in denen die Kaukasusländer gelegen, die Süd- und Mitteleuropäischen Faunenelemente in ihnen prädominiren. Ist das im Allgemeinen wahr, so hat es gewiss volle Bedeutung für Colchis. Man findet hier wenig Eigenthümliches. Jedenfalls werden die östlichen Provinzen, die am das SW. Ufer des Caspisees sich anschliessenden Länder, und im höheren Grade noch die Nordgehänge der Masenderanschen Elburskette, vielmehr asiatische Faunen-

*) Reise nach Colchis und nach den deutschen Colonien jenseits des Kaukasus pag. 307 et sqq.

glieder besitzen. Spätere Zeiten werden darüber, wenn das bezügliche Material nach und nach herbeigeschafft sein wird, entscheiden die Beweise liefern.

Erst gegen Abend setzten wir die Reise fort. Wir verfolgten den südlichsten der drei Hauptquellarme des Tsjal-ziteli, den man hier schlechtweg mit dem sehr gebräuchlichen Namen Tschalai bezeichnet. Es werden in Mingrelien überall grössere Quellbäche mit diesem Namen belegt, es ist kein besonderer Eigennamen, sondern bedeutet, bald Tschalai, bald auch Tschala oder Dschalai gesprochen, soviel als Quelle, zumal, wenn das betreffende Wasser durch schöne Wiesengründe fliesst. So wird dann auch dieses Wort z. B. im Freien Swanien den Eigennamen der meisten Quellen und Zuflüsse des Ingur noch hinzugefügt. Unser Weg geleitete uns meistens den Ufern des Baches aufwärts entlang. Auch hier waren diese gut und kräftig bestraucht. Die Lichtungen, welche auf den Abhängen zwischen der Strauchvegetation gelegen, waren meistens einzeln vertheilt, selten zusammenhängend und umfangreich. Das helle, gleichmässige Grün, welches sich auf ihnen, selbst in bedeutender Entfernung erkennen liess, verdankten sie den Maisplantagen. Sehr selten sah ich hier andere Cerealien. Obgleich das Thal des Tsjal-ziteli gut bevölkert ist, so wird man hier, wie im ganzen untern Mingrelien doch nicht leicht zusammengedrängte Dörfer bemerken. Im Gegensatze zu den räumlich so sehr beengten Bewohnern der Hochgebirgsthäler, die ihre Wohnungen oft in dichtester Gruppirung nebeneinander bauten, haben die ackerbautreibenden Bewohner des untern Mingreliens sich meistens vereinzelt in den Gehölzen niedergelassen. Man sieht, soweit die Mais- und Weinstockcultur in diesen Ländern möglich ist, d. h. also bis zur durchschnittlichen Höhe von höchstens 3000' über dem Meere, nur da grössere, zusammenhängende Dörfer, wo Handel und Gewerbe getrieben werden. Oft liegen die Hütten der Ackerbauer in weitläufigster Dehnung im üppigsten Grün versteckt und sind schwer aufzufinden. Es bedingt die Gruppirung der menschlichen Ansiedelungen einen sehr auffallenden Contrast, wenn wir diese in Colchis aus der Culturzone der nordischen Cerealien denen vergleichend zur Seite stellen, die im Bereiche des Weinstocks und des Mais gebaut werden. Sobald wir mit der Höhe von Ugeri im Rionthale (3310') das Verbreitungsgebiet der südlichen Culturpflanzen überschritten haben, sind die höher gelegenen Dörfer: Glola, Tschiora und Gebi auf das Engste gebaut. Ähnliches bemerkt man im Gebiete des Tskenis-Tsqali, schon im obern Letschgum gruppiren sich die Wohnungen nahe aneinander, im Dadianschen Swanien nicht minder. Deutlicher aber wird das noch im Hochthale des Ingur, die höchstgelegenen Dörfer sind auch hier die am engsten zusammengedrängten und erst, nachdem der reissende Gebirgsfluss seine Engschlucht verlassen hat, vertheilen sich in den Flachländern der Meeresküste die menschlichen Ansiedelungen dermassen, dass von zusammenhängenden Dörfern kaum mehr die Rede ist. Wird dergleichen wohl im Wesentlichen durch die Naturverhältnisse bedingt, die natürlich den Menschen im Hochgebirge auf ein kleines, nutzbares Territorium anweisen, ihm dagegen in der Ebene die freie Wahl der bevorzugteren Stellen gestatten und ihn in den vermittelnden Vorbergen die localen Vortheile wahrnehmen lehren: so mag sich bei der engen Gruppirung der Hochgebirgsbewohner doch auch noch des Bedürfnisses gegenseitigen Beistandes bei Ueberfällen geltend gemacht haben. Die zusammengeschlossenen Dörfer am oberen Rion, Takeuli-Tsqali und Ingur stellen in ihrem Häuser-Complex förmliche Festungen vor. Es kämpfte dort nicht nur der Einzelne gegen den Einzelnen; ganze Dörfer, ja ganze Gesellschaften (Vereine mehrerer Dörfer, jedoch nicht etwa dem Begriffe Gemeinde oder Sprengel entsprechend) führten Kriege gegen einander. Gesetzlose Zustände, unter denen die Bevölkerung natürlich immer leiden musste, trieb sie, sich in ihren gleichartigen Elementen zu vereinen, um in solchem Verbande an Kraft zu gewinnen. Im unteren Mingrelien war man stets gewöhnt sich dem Willen eines Herren zu fügen; im Freien Swanien herrschte nur zeitweise ein solcher Wille. Dort galt der Beschluss des Herren als rechtsgültig, und der Schutz, den er dem Vasallen angedeihen liess, förderte seine eigenen Interessen. Hier dagegen, im Freien Swanien kam Recht oder Unrecht nur dann zur Geltung, wenn die Kraft der Faust dieselbe schaffte. Es mag daher wohl der ewige Streit, den die Hochgebirgsvölker namentlich um die Benutzung der Weideplätze führten und die daraus resultirenden höchst ernsthaften Fehden, mit die Ursache gewesen sein, dass sich die Gleichgesinnten nahe bei einander niederliessen und ihre Wohnungen befestigten, um sich bei Ueberfällen gemeinschaftlich zu helfen.

Auf den Nakerala-Höhen entlud sich ein Gewitter. Eine erfrischende Abendkühle umgab uns. Mit der Verengerung des Thales nahm an einzelnen Stellen seiner Wandungen die Vegetation einen kräftigeren Habitus an. Zu den Gebüschen der Pontischen Azalea gesellten sich auch die von Rhododendron ponticum. Beide Pflanzen blüheten hier nicht mehr, ihre Fruchtkapseln waren bereits ausgewachsen und der Blatttrieb machte um diese Zeit an ihnen enorme Fortschritte. Erst jenseits der Nakerala-Höhen, wo beide Pflanzen, abgesehen von der bedeutenderen Höhe über dem Meere auf der sie dort stehen, auch unter dem Einflusse heftiger NO. Winde existiren, hatte sich an einzelnen Gebüschen ihre Blüthezeit bis jetzt verspätet. Tages darauf fand ich sie dort, ehe ich in die schönen Buchenhochwälder von Nikortsminda trat. Auf unserem weiteren Wege zeigte sich schon unterhalb des Dorfes Sjada'iri (die Karte 10 Werst auf den Zoll des Generalstabes schreibt Saziri) ab und zu zwischen den meistens krüppeligen Rüstern und Hainbuchen auch die Rothbuche. Das Dickicht der Unterhölzer gewann an schattigen Localitäten durch immergrüne Gesträuche mehr und mehr an Fülle. Buxus, Ilex und nicht selten auch Laurus Cerasus bildeten im Vereine mit grossblättrigem Epheu und dem alles umschlingenden Smilax so verwachsene Reviere, dass weder Thier noch Mensch sie betreten kann. Es tauchten bereits im Dunkel der Ellerngebüsche, welche oft am Ufer des Baches stehen die ersten Lampyris auf, als wir die elenden Hütten des Sjada'iri Duchan[*]) erreicht hatten, neben ihnen hat sich ein alter Kupferschmied niedergelassen. Die seit geraumer Zeit eingeschlagene Richtung leitete uns direct östlich und wir mussten, ehe Sjada'iri erreicht wurde über die bewaldete Wasserscheide reiten, welche die südliche Quelle des Tsqal-tsitsli von dem Tkwibula Bache trennt. In geringer Entfernung

—

*) Duchan gleichbedeutend mit Schenke.

vom [illegible] machten wir auf einer kleinen Uferebene, ganz nahe bei unbedeutenden Schwefelbädern Halt. Die Nacht war bereits hereingebrochen. Unter einer alten, einsam stehenden Weide loderten bald die Nachtfeuer. Sternenklar wölbte der Himmel sich über uns. [illegible] zirpten in der Ebene. Tausende nachtwandelnder Lampyris Männchen durchschwammen die Luft. Es sah keineswegs nach schlechtem Wetter aus. Jedoch war der vor der Morgendämmerung einsetzende Thau so stark, dass wir Schutz suchen mussten und ihn in einer alten Mühle fanden. Diesen starken Thaufällen, welche zur Sommerzeit recht regelmässig die tiefer gelegenen Landschaften von Colchis beglücken, verdankt das Land sein üppiges, vielfach nuancirtes Grün. Selten sieht man, selbst in den besonnten Gebieten des colchischen Tieflandes und in den Vorbergen die Wirkungen des Sonnenbrandes, wie diese im mittleren Kura-Gebiete schon innerhalb Suram mit dem Ende des Juni Monats ganz allgemein sind. Es rauschte am 17. Juni vor Sonnenaufgang förmlich wie Regen auf uns hernieder, die aufgehende Sonne zerstreute sehr bald die schweren niedrigen Dünste, welche die Kühle der Nacht condensirt hatte. Ehe ich unseren Lagerplatz verliess, bestieg ich die sanft ansteigenden, zum Theile gut bewaldeten Höhen, welche sich dem linken Bachufer entlang erstrecken. An ihren Gehängen befinden sich die erwähnten Bäder. Eine kalte, schwach nach Schwefelwasserstoff riechende Quelle, welche hier aus dem anstehenden feinkörnigen Rhyolith *), der grau ist und viele kleine Kali-Glimmerschüppchen enthält, hervordringt, wird zu den Bädern verwendet. Das Wasser besitzt keinen besondern Geschmack. Es dürften die mineralischen Bestandtheile desselben wohl nur sehr gering sein. Dennoch wird es viel benutzt. Der Besitzer dieser Quelle, ein Imeretiner hat sogar eine eigene, freilich im höchsten Grade unvollkommene Vorrichtung getroffen, um die Wirkung seiner gepriesenen Quelle möglichst zu erhöhen. Zu diesem Zwecke leitet er sie in hölzernen Rinnen in einen Kessel. In ihm wird das Wasser erhitzt und verliert natürlich den geringen Gehalt seines Gases fast ganz. Aus dem Kessel fliesst es in ein ofenförmiges, vollständig übermauertes Gewölbe, in welches der Patient durch eine enge Öffnung kriechen muss. Dort angekommen kann er sich, wenn auch nicht nach Belieben, so doch sitzend, placiren und so lange es beliebt im warmen Wasser bleiben. Das Ofenloch wird zugesetzt und die erwünschte Heilung vom Himmel erfleht. Man wird dieser Prozedur vernünftiger Weise wohl keine besondere Heilkraft beilegen können. Gewöhnliches Wasser würde wohl gleiche Hülfe leisten. Es ist aber der Besuch dieses Bades durch die Eingeborenen doch recht bedeutend. Der Besitzer lässt sich von je einer Person 10 Kop. bezahlen und soll bisweilen 20 Badegäste zu bedienen haben, welche successive in den dunklen Ofen kriechen und geraume Zeit in ihm verbleiben. Die Quelle liegt nicht mehr als etwa 100' über dem Platze an dem wir genächtigt hatten.

Im weiteren Verfolge unseres Weges hielten wir die Richtung NO. ein und bewegten uns Angesichts der Steilwände des Nakerala langsam bergan, um zur zweiten, bedeutenderen Tkwibula-Quelle zu gelangen. Die Kraft der Vegetation nimmt mit der Höhe zu, bis

*) Nach den Bestimmungen des Herrn Mag. A. Göbel.

wurde hier schon im Laufe der Zeit weniger durch Menschenhand beeinträchtigt. Die Rothbuche und die zahme Kastanie treten in Riesenstämmen auf. Die letztere bleibt selbst als hochaufgestellter, oftmals gekappter Krüppel und als misshandelter Strauch fruchtbar. In dieser Höhe blühete sie jetzt. Man sah die langen Blüthenbüschel vom dunkeln Grün der nahestehenden Laubhölzer sich überall sehr deutlich abheben und konnte sich dadurch ein richtiges Urtheil über die Häufigkeit dieses Baumes machen. Ist einerseits gerade die zahme Kastanie, da sie ein weiches Holz besitzt, stark den Verfolgungen der Bewohner ausgesetzt, die den Dickstamm derselben selbst als Bauholz verwenden und die Äste gerne zu Zäunen ihrer Plantagen verflechten; so bedingt andererseits auch die häufige Kernfäule ihres Stammes die vielen Krüppelgestalten mit denen sie selbst im Hochwalde auftritt. Auch behagt ihr der Schatten des Hochwaldes besser, als die Sommerhitze der flachern und besonnten Vorberge. Auf ihnen habe ich sie nur als Strauch in Mingrelien angetroffen. Hier, an der Südseite des Nakerala, unweit von seinen Steilwänden, sind die Buche und die Eiche nicht häufig, ebenso sah ich die Linde und den Wallnussbaum nur selten. Die verwilderte Rebe ist nur vereinzelt anzutreffen und die Smilax-Ranken schwinden mehr und mehr. An ihre Stelle treten Rubus-Arten, zumal die unausrottbaren Triebe von Rubus fruticosus, welche fast beständig blühen und Früchte tragen. Den Gerinnen der Bäche gerne folgend, walten die immergrünen Unterhölzer merklich vor. Rhododendron ponticum verdrängt Azaleen; Lonicera, Evonymus, Rhus, Acer und Fraxinus Gebüsche componiren die Gebüschgruppen. Wo die Anberge bei gutem Boden keinen Wald besitzen, wuchert auf weiten Strecken Pteris. Es giebt grosse Gebiete, auf denen Asplenium und Pteris sogut wie keine andere Pflanze aufkommen lassen. Beide Farren werden hier noch (circa 3000') 2'— 3' hoch und nicht selten lagert über solchen Farrenkrautfeldern der prägnante Geruch des ätherischen Öles, welches die Pflanzen besitzen, in ekelerregendem Maasse. Mit zunehmender Höhe gewinnt man, nachdem das Dorf Tkwibula mit seinen Wein-Gärten durchwandert wurde, von einzelnen Punkten der Passage einen freien Überblick über das Nakerala-Gebirge, welches sich als Scheider zwischen den Rion- und Quirila-Zuflüssen geltend macht. In der Hauptrichtung von NW. nach SO. legt es sich im Bogen mit schön bewaldeten Höhen um die Tkwibula-Quellen. Es fällt an ihnen in südöstlicher Richtung nicht mehr in solchen Steilabstürzen, wie sie vor uns liegen, ab. Es entsendet dort bewaldete Bergketten gegen S. und SO. zum Quirila-Bassin. Dagegen zeigen die vor uns emporstrebenden Südsteilwände seines Hauptmassivs die fast horizontal geschichteten Lagen der Felsarten, welche es zusammensetzen, in freier Entblössung. Es sind diese in den oberen Schichten dichte, kompakte Kalke von 1—3' Mächtigkeit. Der schöne Durchschnitt den Herr Akademiker v. Abich*) über die Steinkohlenformation am Südfusse des Nakerala mittheilt, enthält auch die geognostischen Detailbestände des Nakerala in übersichtlichem Bilde. Gegenwärtig wird man den Kohlenreichthümern von Tkwibula auf's Neue die ihnen gebührende Aufmerksamkeit zuwenden müssen. Beschränkte sich bisdahin die Nutzung der

*) Prodromus, l. c. p. 165—166.

weihen auf die geringe Ausbeute von Tagal-Nestern, die in den oberen Schichten des grobkörnigen Sandsteines dort lagern und hat man nur versuchsweise auch den Abbau der brennbaren Kohle vor einigen Jahren betrieben, um namentlich über den Preis dieses Brennmaterials an Ort und Stelle etwas Bestimmtes sagen zu können; so wird jetzt, mit der Herstellung einer Eisenbahn, welche über das Meskische Gebirge zum Schwarzen Meere leiten soll, die Tkwibula-Kohle von ganz unschätzbarer Wichtigkeit. Es werden daher die Versuchsarbeiten, welche Herr Antipoff*) bereits im Jahre 1853 machte von ganz besonderem Interesse sein.

Immerhin ist die Höhe der Südabfallwand des Nakerala doch so bedeutend, dass sie für einzelne Stellen gewiss nicht mit 4880'**) über dem Meere überschätzt wird. Hainende, buschig üppig bewachsene Matten setzen sie mit den davor lagernden Gebirgen gegen S. in Verbindung, an anderen Stellen vermitteln schmale Rippen diesen Anschluss. Die Höhe des Nakerala Gebirges ist bald lichter, bald gedrängter mit den dunklen Kegeln von Abies orientalis Poir. bedeckt und so freundlich und erquickend für das Auge der Anblick der Matten ist, die an seinem Südfusse gedeihen konnten, so ernst und abschreckend ist die botanische Physiognomie seiner Höhen und eines grossen Theiles seines Nordabhanges. Die erwähnte Tannenart tritt in wenigen Exemplaren einige 100' tief unter die Randlinie des Nakerala Gebirges und fehlt dann thalwärts der colchischen Ebene. Es wird auf dem verfolgten Wege das Nakerala Gebirge zu einer freilich nur schmalen, aber sehr deutlichen Grenze für einige Pflanzen und Thiere, wie denn auch eben dieses Gebirge durch die tiefen Schneefälle an seiner N. und NO. Seite zur Winterzeit die Umgegenden von Nikorzminda und Chotewi klimatisch vom geräumigen Kwirilthale von Okriba scheidet. Der überaus günstigen Exposition seiner Matten, mit offener Lage gegen Süden, verdankt die Kräuterflora am Südfusse des Nakerala Gebirges ihre erstaunliche Kraft und Variation. Sie behält dieselbe bis zum Waldrande. Sie bleibt unberührt von den N. und NO. Stürmen, welche den Rücken des Gebirges treffen. Keine einzige Lilie, Valeriana, keine Paeonie, selbst keine Umbellifere (Heracleum) kann auf der Höhe des Gebirges existiren. Es ist nicht die absolute Höhe, welche sie daran hindert, es sind die ganz localisirten ungünstigen Verhältnisse, die ihnen hier nicht zusagen. Wenige Stufen niedriger gegen Süden treten sie nach und nach auf und wenn man den nicht so steilen Nordabhang desselben Gebirges hinter sich hat, findet man sie wieder bevor die Hochwälder von Nikorzminda betreten werden. Ähnliches bemerkt man, wenn die Verbreitung des Mais und der Rebe am Süd- und Nordrande der Nakerala Höhen untersucht wird. Bis zum Tkwibula Dschimo, der höher als das Dorf Tkwibula gelegen ist (1888') erstrecken sich die Maisfelder, aber erst ganz nahe bei Nikorzminda findet man sie im Norden des Gebirges wieder. Die letzten Weinreben am Südfusse sah ich im Dorfe Tkwibula und die Höhe der ersten Weinberge im Norden des Nakerala bestimmte ich oberhalb des Dorfes Rachwa zu 2537' über dem Meere. Wir verweilen noch einen Augenblick am

*) Vergl. Горн. Журн. 1847, p 13 et sq.
**) Zu 4059' wird die Nakerala Höhe von Herrn Abich im erwähnten Durchschnitte notirt.

Südfusse des Nakerala, bevor ich die weitere Marschroute verfolge, um der Thatsache zu gedenken, dass bis hierher im Frühlinge sich die Verbreitungslinie der Gemse zuweilen lässt. Von Osten her wandert die Gemse hierher, sie wird aus dem Quelllande der Quirila und der Dschodschora durch tiefen Schnee und Futtermangel vertrieben und findet am Südfusse des Nakerala, auf den gegen Süden offen gelegenen Matten, wo daselbst zeitig die Schmelze eintritt, die vorzüglichsten Bedingungen, welche sie zu längerer Rast veranlassen. Während des Sommers zieht sie in östlicher Richtung wieder zurück in die Satschchereschen Gebirge, wo sie, meistens über der Baumgrenze lebend, nur in einzelnen bevorzugten Engthälern die tiefgelegenen Salzlecken besitzen, vorkommt, am frühen Morgen gerne thalwärts geht, gegen 10 Uhr Vormittags jedoch schon wieder die Rhododendron-Gürtel passirt und am liebsten in der Nähe tiefreichender Schneeflecken zur Mittagszeit ruht.

Gegen 12 Uhr Mittags machten wir am Fusse des Nakerala bei dem Thwilisis Durhan Halt. Die Höhe dieses Ortes über dem Meere wurde zu 1882' bestimmt. Die in der Nähe veranstaltete Excursion lieferte reiche Beute. Die schwarzen, kleinen Buprestiden der tiefergelegenen Gebiete lebten auch hier noch. Die Entfernungen dieses Ortes von Kutais und Oni werden mit 55 und 30 Wersten angegeben. In Zeit einer Stunde erreicht man bei mässig angestrengtem Marsche die Höhe des Nakerala. Zunächst leitet der steil ansteigende Weg durch hochstämmigen Wald, in welchem die Buche vorwaltet, bald aber lichtet sich derselbe mehr und mehr und man tritt in die oben erwähnte, subalpine Matte. Viele Vicia-Arten, Lathyrus und Trifolium, im Vereine mit Telekia, Valeriana und Geranium bilden die vornehmlichsten Kräuter derselben *). Aus der dichten Kräuterflora ragen überall gelbblühende Lilien und einige Fuss hohe Heracleen hervor. Die Höhe der Übergangsstelle wurde bei starkem West und + 18° R. zu 4072' über dem Meere bestimmt. Man hat, sobald diese Höhe erreicht wurde, gleich die dicht gedrängten, von N. nach S. etwas hinneigenden Krüppelgebüsche des Kirschlorbeers, des Hasels und ab und zu auch die von Crataegus Pyracantha Pers. in ausgedehnten Beständen vor sich. Das Hinneigen dieser Gebüsche gegen Süden deutet auf die hier vorherrschenden N. Winde und ihre niedergedrückte Form lässt auf die Kraft der Winde schliessen. Namentlich hatte der Kirschlorbeer, den man in noch bedeutenderen Höhen an geeigneten Standorten z. B. im Schutze der Hochwälder, sich als schöner Strauch entwickeln sieht, hier einen so sonderbaren Krüppeltyp angenommen, dass man auf den ersten Blick wohl an artliche Unterschiede denken konnte. Das Blatt hatte hier kaum die Hälfte seiner gewöhnlichen Grösse erreicht, an Stelle des dunklen Grüns färbte es ein intensives Olivenbraun und die Höhe der dichten Gebüsche schwankte zwischen 2 — 3'. Jetzt erst blühete dieser Strauch hier und man sah die neuen Blatttriebe jetzt erst aus den

*) An der Südseite des Nakerala wurden gesammelt: Calamintha grandiflora Moench. Veronica Chamaedrys L. Verbascum Arctostaphylos L. Scolopendrium officinarum Schwartz. Polystichum filix mas Roth. Asplenium filix femina Bern. Allium Victorialis L. Telekia speciosa Baumg. Origanum vulgare L. Mulgedium petiolatum C. Koch. Digitalis ferruginea L. Lythrum salicaria L. Cirsium fimbriatum D. C. Heracleum Sphondylium L. Veronica officinalis L. Lilium monadelphum M. B. Valeriana Phu L.

Knospen hervorbrechen. Auch hatten die Spitzen stark vom Froste gelitten und die schweren Schneelagen, welche im Winter auf den Nakerala-Höhen lagern, mögen zur gedrückten, fast überall gleichmässigen Höhe der [illegible] ebenfalls mit beitragen. Eine andere Pflanze, Sambucus Ebulus L. erreichte an einem dieser Standorte nicht mehr als 2' Höhe und auch Viburnum orientale Pall. und der Haselstrauch, die man sehr bald bei dem Herabsteigen von der Nakerala-Höhe gegen N. wahrnimmt, treten zuerst als Krüppel auf, nehmen jedoch etwas tiefer schon den gewöhnlichen Habitus an. So lange man auf überaus steinigem Wege bergab steigt und die herrliche Hochebene, an deren nordöstlichem Rande Nikorzminda gelegen, nicht erreicht hat, behält die Waldung beiderseits des Weges einen ernsteren düsteren, nordischen Charakter. Die hier wachsenden Tannen sind zwar sehr stark und hoch, aber in den Spitzen meistentheils todt und flechtenreich. Am Boden entwickeln sich Rhododendron ponticum und Azalea pontica zu prächtigen Gebüschen. Dort am Wege war Atropa Belladonna recht gemein*). In ihrer Gesellschaft bemerkt man auch die Eberesche in Strauchform und Vaccinium Arctostaphylos, welches an der Südseite des Nakerala bis zur Höhe von Kutais herabsteigt, aber in den tiefer gelegenen Waldgebieten kräftiger gedeiht, beginnt wieder aufzutreten. Mit dem Eintritte in die Ebene am Nordfusse des Nakerala spricht das sehr geringe Gefälle einiger Quellbäche des Rehmuri (die 5 werstige Karte nennt ihn Schiraula, nach H. Abich's Angaben ist es der Tschkharula) für die unbedeutende Neigung des Bodens. Hier befindet man sich auf breiter Strasse, welche durch gemischten Hochwald bester Qualität führt. Es folgen den Zapfenbäumen schlanke Rüstern, denen die Rothbuchen sich anschliessen und sie bald ganz verdrängen. Eben hier war es, wo ich sowohl Rhododendron, als auch Azalea noch blühend fand. Die Hauptrichtung des Weges ist gegen N. gerichtet. Es lichtet sich der Wald und man befindet sich an seinem NO. Rande an einem zwar nur kleinen, aber, wie behauptet wird, sehr tiefen Wasser. Die Eingeborenen nennen es Charis-twali. Möglich ist es, eingedenk der so nahe im N. gelegenen Spalten und Höhlen des Jurakalkes, die ja auch dort bisweilen als wassergefüllte Becken auftreten, (z. B. unweit Nikorzminda) dass auch dieser unscheinbare See unter gleichen Bedingungen entstand. Es fehlen ja auch südwärts von ihm dergleichen tiefe Spalten im Gebirge nicht; sie veranlassen dort das Verschwinden und den theilweise unterirdischen Lauf des Tkwibula Baches**). Der kleine Charis-twali See wurde für mich dadurch interessant, dass in ihm die Alpenforelle (Salmo alpinus?) lebt, welche man nirgend in den Flüssen und Quellen des Mingrelischen Gebirges findet, die jedoch in einem Teiche bei Muri vorkommt, wohin sie durch die Dadians verpflanzt wurde. Der Charis-twali birgt in seinem eigenthümlich blaugrün gefärbten Wasser eine grosse Zahl alter Baumstämme, wodurch der Fang jener Forellen fast unmöglich wird.

*) Am Nordfuss des Nakerala wurden gesammelt: Lonicera orientalis Lam. Viburnum orientale Pall. Cornus sanguinea L. Geranium palustre L. Evonymus latifolius Scop. Rhododendron ponticum L. Campanula lactiflora M. B. Gentiana asclepiadea L.

**) Vergl. Prodromus etc. l. c. p. 25 (385).

Neuanlage ist unweit von ihm ein Dorf erbaut worden. Der Hochwald am Nordfusse des Nakerala ist von grosser Wichtigkeit namentlich für die Bewohner von Nikortsminda. Man schleppte jetzt einige Holzwagen aus ihm in die unmittelbarste Nähe des Dorfes, wo es in fadenlangen Scheiten gestapelt wurde. Da der Schnee hier im Winter ausserordentlich hoch fällt, bisweilen sogar jede Communication von Chotewi an bis über die Nakerala Höhen unterbricht, so versorgen sich die Bewohner von Nikortsminda zur Sommerzeit schon mit dem nöthigen Holzvorrathe. Um den ausschliesslichen Besitz dieses schönen Hochwaldes sollen sich gegenwärtig drei Prätendenten streiten. Die Bewohner von Nikortsminda beanspruchen ihn als ihr Eigenthum, ein Fürst Zulukidze will seine Ansprüche daran geltend machen und die Regierung hat ebenfalls Rechte darauf. Die Sache ist wohl noch in der Schwebe; jedenfalls muss das Bedürfniss an Brennholz der starken Bevölkerung von Nikortsminda möglichst leicht auch in Zukunft befriedigt werden.

Sobald man die letzten Stämme des Hochwaldes hinter sich hat, erblickt das Auge gegen Osten gewendet zunächst das breite und flache Quellthal des Schauri (Chaari, Tschkaroli); man befindet sich auf dem Rücken der »Tafelzone der Kreidekalke«, welcher die Quirila Zuflüsse gegen Süden und einige Rionzuflüsse gegen Norden entquellen. Verhältnissmässig niedrige, bewaldete Hügelketten umgrenzen das flache, breitgedehnte Thal seinem südlichen und östlichen Rande entlang. Prächtige Heuschläge und Getreidefelder wechseln hier mit einander ab, zwischen ihnen liegen Gruppen hoher Haselgebüsche, die nicht selten vom wilden Geisbart, der jetzt blühete, stark überrankt waren. Das üppige Grün der hier gelegenen Wiesen, deren durchschnittliche Höhe über dem Meere mit 3500' nicht zu hoch geschätzt wird, wenn man daran erinnert, dass Nikortsminda's absolute Höhe sich auf 3925'*) beläuft, findet an den steilen Kreideabstürzen, die zum Rion und Chotewa abfallen, die entschiedenste Umgrenzung. Als vornehmlichste Masse der Wiesenkräuter sind hier die Trifolien anzuführen, sie bleiben jedoch nur auf den Hochebenen, die einen festen Rasen bieten, vorwaltend. Auf den oft sehr geneigten Gehängen treten da, wo dünne Holzgewächse fehlen, stark duftende Labiaten und kleine Cruciferen (Alyssum) an ihre Stelle. Auch hat man hier auf dieser förmlichen Hochebene, die sich mit ihrem südwestlichen bewaldeten Rande bis zum Nordfusse des Nakerala dehnt, den Maisbau nirgend betrieben. Das Waizenkorn beginnt erst nahe bei Nikortsminda, zumal gegen Osten hin, unterhalb des Höhenrandes, auf welchem die berühmte Kirche steht. Dagegen machen sich zwischen den Heuschlägen die Roggen- und Gerstenfelder überall bemerkbar. Es mag die offene Lage der Gegend, welche von N. und NO. her die oben schon erwähnten Winde auffängt, der Maiscultur nicht förderlich sein. Dass sie hier bei weitem weniger während der Sommermonate erhitzt wird, als die Gehänge der genannten unteren Radscha, dafür spricht der Mangel an Sonnenbränden, die

*) Die Angabe im Prodromus p. 15 von 3922 muss in 3925' verbessert werden. H. Akademiker v. Ruprecht hat die Höhe dieses Ortes nach dreimaligen Bestimmungen zu 3978', 3941' und 3878 ermittelt. Meine Beobachtung wurde zu 3981' berechnet.

man im Thale des Rion hier schon ebenfalls im Juli wahrnehmen kann, wenn dieses Thal von Kutais an aufwärts bis zur Engschlucht von Dschala verfolgt wird. Es ist nicht zu leugnen, dass im Vergleiche zu der bis zum Nakerala durchwanderten Gebirgslandschaft, welche das Quirilathal von Okriba in sich schliesst und von zahlreichen Höhenrücken und Thaleinschnitten durchsetzt ist, die jetzt betretene Tafelzone mit dem Eintritte in die Radscha einen höchst augenfälligen Formen-Contrast bildet. War dort in der That der Fuss überall beengt, das Auge selten nur befreit zu gewinnen, breitet hier ein offenes Feld. Gegen Osten ziehen die bewaldeten Erhebungen der Kwirila die bestimmtesten Conturlinien um die geräumige Hochebene. Hinter denselben thürmen sich in der Ferne die immer mächtiger werdenden Gebirge des südlichen Rion-Quellarmes, der Dschandschera. Am fernsten Horizonte stehen hier die Höhen der kaukasischen Hauptkette mit wenigen Gletscherkappen. Wenig südlicher deuten die dunkeln Gebirgsmassen auf den Anschluss des Meskischen Gebirges an das Hauptgebirge. Im weiten Bogen nach N. und NW. werden an der äussersten Horizontlinie die zerrissenen Formen des Hochgebirges complicirter, mit zunehmender Höhe erscheinen die Schnee- und Eismassen auch als grössere Massen. Man erkennt die tief in den Hintergrund der Landschaft zurücktretende Schlucht der mittlern Rionquelle und die vor der Hauptkette lagernden Vorgebirge. Endlich gegen N. und NO. gewendet verdecken die bedeutend hohen Vorberge die Gipfel des Scheidegebirges, welches die Radscha vom Dadianschen Swanien trennt, d. h. das obere Rionthal vom oberen Tskenis-Tsqali Thale. Erst wenn man den nördlichen Rand der Tafelzone erreicht hat und in geringer Ferne von Nikortsminda auf der Höhe steht, welche das Schaori Thal von dem der Chwamli trennt, gelangt man gleichzeitig zur Übersicht einer bedeutenden Strecke des Rionlaufes selbst, wie auch zur unbehinderten Fernsicht gegen NW. und W. Bisdahin gestattete das nicht ein gegen Norden zum Rion entsendeter Ausläufer des Nakerala, dessen nördlich ansteigendes Ende Satschwarsalemi genannt wird. Gegen Norden suchen sich die wilden Thäler, die zu den Höhen des Tschitcharo führen im Schwarzgrün des Zapfenbaumes [illegible]. In geringer Ferne von ihnen gegen Osten deutet der flachere Gebirgsrücken den Gorgi Pass an, durch welchen während der Sommermonate eine Communication mit Laschketi im Dadianschen Swanien für Reiter und Fussgänger ermöglicht wird. Im weitern Verfolge des Gebirges gegen Westen wird man die Quellhöhen des Ladjanuri gewahr und gewinnt einen theilweisen Überblick auf das obere Letschchum, dem gegen Westen durch die [illegible] Höhenlinien des Nakerala und Aseschi Gebirges die Grenzen gesetzt werden.

Auf dem Nakerala lagen schwere Nebel, eine regenfeuchte Gebirgsluft umfing uns nach der in Colchis ausgestandenen Gewitterschwüle. Es dämmerte schon. Der Gesang einzelner Ammern (Emberiza cia), und zwar die einzige Art dieses Geschlechtes, welche ich hier zahlreich erkannte, ertönte von den Spitzen der Haselgebüsche und häufig bemerkte man auch hier den Neuntödter (Lanius Collurio), der nicht nur in den untern Regionen von Colchis, sondern auch im gesammten mittlern Kurathale im Sommer ein sehr gemeiner Bewohner der dichtgewachsenen Buschgruppen ist. Wir standen an dem jetzt trockenen Bette des Schaori und überschritten denselben. Der breite Bach verschwindet in geringer Ferne oberhalb der Übergangsstelle in den Spalten und Höhlungen seines oberflächlichen Bettes, um auf einer Distanz von 3 — 4 Wersten seinen Weg unter der Erde zu nehmen und dann als Scharula (Tschkarula) sich dem Rion zu vereinen. Nicht immer strömt alles Wasser dieses Baches auf unterirdischem Wege dem Rion zu. Die Schnee- und Regenwasser stauen ihn bisweilen so sehr an, dass er dann auch theilweise seine oberflächliche Bahn verfolgt. Bald, nachdem der Schaura Bach von uns überschritten worden war, erreichten wir ganz in der Nähe von Nikorzminda die ungeheuren Holzvorräthe, welche die Bewohner hier zur Sommerzeit stapeln, um für den Winter in der Nähe das nöthige Brennmaterial zu besitzen. Es sind das wahrhaft enorme Vorräthe. Ich glaubte Anfangs, man treibe damit Handel, jedoch belehrten mich die Bewohner eines Anderen. Die Schneehöhe, welche hier im Winter gewöhnlich fällt, soll sich bis auf 8, ja sogar bis auf 10 Arschinen (?) belaufen. Mag eine solche Höhe immerhin etwas übertrieben sein, so wird dennoch der rauhe, schneereiche Winter einerseits und die leichte, mangelhafte Bauart der Hütten, welche die Imeretiner bewohnen andrerseits die gewaltige Holzansammlung erklären. Mit grosser Mühe beschafft man diese Vorräthe. Die Bewohner von Nikorzminda sind ebenso wenig, wie die gesammte Landbevölkerung Mingreliens darauf bedacht irgend welche vortheilhafte Änderung an Instrumenten oder Wirthschaftsgeräthen zu machen. Man hält hier überall starr am Althergebrachten und so befindet sich die gesammte Landwirthschaft noch auf einer solchen Entwickelungsstufe, die man mit Recht als eine sehr niedrige, gewissermassen anfängliche bezeichnen darf. So schleppen denn auch ein Paar Zugochsen den plumpen zweirädrigen Wagen, welcher einige Scheite fadenlangen Buchenholzes trägt. Niedrige, ganz massive Scheibenräder von 1½—2' Durchmesser drehen sich mit der dicken Achse. Sie sind sammt der Nabe aus einem Stücke gemacht und haben meistens keinen Beschlag. Überdies trennen sich seitwärts von der Deichsel zwei derbe Schlittenkufen, die bis dicht vor die beiden Räder reichen, so dass man ein solches Fuhrwerk als eine Verbindung von Schlitten und Wagen in den möglichst rohesten Anfängen betrachten kann. Es ist dies das in der untern Radscha gebräuchliche Transportmittel; ein oder zwei Säcke Getreide bilden die ganze Last, die man auf solchen Wagen oft weit fortfährt. Mit dem weiteren Vordringen in die Quellthäler des Rion und in die beiden höher gelegenen Parallelthäler des Tskenis-Tsquali und Ingur verschwindet das Rad nach und nach ganz. Im oberen Swanien kennt man nur die Kufen des Schlittens, ja man schleppt dort zu den höchst gelegenen Dörfern das Bauholz aus dem Seeen Thale (Tskenis-Tsquali) über den hohen Nakerar Pass ohne jede Unterlage, allein am Joche der Rinder. Es sind mindestens 25 Werste zurückzulegen, wenn die Bewohner von Jibiani z. B. zwei dünne Baubalken aus dem Seeen Thale oder einem Theil des Hochgebirges zu ihrem Dorfe bringen wollen und 2 — 3 Tage werden für solchen Transport verwendet.

Die entfernter wohnenden Eingebornen Mingreliens, gleichviel ob sie Imeretiner oder Mingrelier sind, haben sich auch keineswegs an einen ungezwungenen und leichten Umgang mit den Russen gewöhnt. Selbst Orte, die dem Volke hier überall zugänglich sind, bleiben dem ankommenden Fremden bisweilen geschlossen. Bei unserer Ankunft in Nikorzminda suchte ich ein Nachtlager zu finden, wurde aber zurückgewiesen. Eine leerstehende Hütte im Hofe eines Bauern wurde unser Asyl. Eine gewisse Furcht und ein bedeutendes Misstrauen scheinen in Mingrelien die Ursache zu sein, welche dem Landbewohner den Umgang mit Fremden unangenehm machen. Man sieht sich in dieser Hinsicht hier zu Lande nicht selten in grösserer Verlegenheit, als in den entferntesten Winkeln Sibiriens. Der dortige Eingeborne, sei er nomadisirender Mongole, oder jagdtreibender Tunguse, schliesst seine kleine Jurte dem Ankommenden nicht und ist bereit mit ihm zu theilen, was er besitzt. Aber dort hat man es entweder mit einem selbstständigen, herrschenden Besitzer zu thun, oder mit einem unverdorbenen, gutmüthigen Naturmenschen. Wenn man dagegen bedenkt, dass in Mingrelien die Abhängigkeit des armen Landbewohners von seinem Herrn lange Zeit hindurch nicht selten auf die ungerechteste Weise missbraucht wurde, dass es Edelleute, Fürstchen und Fürsten gab, die zeitweise je nach dem kleinern oder grössern Umfange ihres Besitzthumes förmliche Rundreisen unternahmen und auf Kosten ihrer Vasallen mit ihrem ganzen Gefolge nicht nur lebten, sondern prassten; so wird man begreifen, wie auch jetzt noch der arme Bauer in jedem ankommenden Fremden eine ähnliche Plage vermuthet. Wenn man von der Gastfreundschaft der unbemittelten Landbewohner Mingreliens spricht, so muss man, glaube ich, wohl unterscheiden, ob dieselbe frei gewährt oder eine, im Wesen der Sache, erzwungene ist. In Begleitung eines einflussreichen Eingebornen wird der Fremde kaum ein Dorf, kaum eine Hütte passiren, ohne den Vorschlag seines Begleiters zu hören, hier zu bleiben und zu schmausen. Auch wird ihm, falls er einwilligt, Verschiedenes geboten, sogar eine Vergütigung gewöhnlich abgelehnt. Aber die Sache steht ganz anders, wenn man ohne solche Person reist. Es schliessen sich dann meistens dieselben Thüren, die sich früher öffneten. Der über alle Billigkeit hinausgehende Gebrauch auf Rechnung der Untergebenen zu leben, hat den Landbewohner scheu gemacht, er meidet den freiwilligen Umgang mit Fremden.

Auch in dieser Nacht glich der starke Thaufall gegen Morgen dem Regen. Ich begnügte mich damit die Höhe der Kirche über dem Meere zu bestimmen, sie stellte sich zu 2034' heraus. Wir schlugen die Richtung gegen Norden ein und mussten nun die Scheidehöhen zwischen den links einfallenden Zuflüssen des Rion und dem Schauri passiren. Die Übergangsstelle dürfte die Höhe der Kirche von Nikorzminda wohl nicht um [illegible]' übertreffen. In der Nähe des Dorfes sieht man bedeutende Maisplantagen, die im Rionthale, östlich, an Üppigkeit zunehmen und deren Anbau bis Uzeri (2610') möglich ist. Auf den Anhöhen, über welche wir schritten, fehlte der Mais und der Roggen gedieh nur dürftig. Wo Gebüsche wuchsen, waltete Corylus vor. An diesen [illegible] Orten fehlten die immergrünen Gesträuche gänzlich, selten nur bemerkte man noch krüppelige Azaleen, dagegen wurde Daphne pontica L. häufig. Mit dem Ansteigen der Höhe gewinnt man eine grandiose Übersicht eines grossen Theiles vom Kaukasus, man übersieht die gesammte untere Radscha. Im Norden liegen die Quellgebirge des Tskenis Tsquali selten wolkenfrei, nur zeitweise tauchte auch heute (12. Juni) die Tschitschara Gruppe aus dem Wolkenmeere heiter. Dieses verschleierten sich vorübergehend die im Centrum Letschchums gelegenen Askhi Gebirge. Sie deuteten unser nächstes Ziel an. Senkte sich jene Scheidekette zwischen Rion und Tskenis-Tsqali, die als südliches Grenzgebirge des Dadianschen Swaniens zu bezeichnen wäre, mit ihren steilen, vom Schwarzwald grösstentheils bestandenen, Vorbergen und Rippen zum rechten Rionufer und wird man an ihrem Fusse nur hie und da Culturspuren gewahr; so bieten dagegen die viel niedrigeren Gebirge des linken Rionufers und die Ebene des Thales selbst vornehmlich ein stark angebautes Terrain, auf welchem dem Auge sich überall die Saatfelder zwischen Ansiedelungen und einzelnen Busch- und Baumgruppen präsentiren. Man gewinnt zugleich die Überzeugung, dass die Bevölkerung hier fleissig ist, dass sie nicht nur vornehmlich den Ackerbau betreibt, sondern sich auch durch den Mangel hinreichenden Ackerlandes sehr beengt fühlt. Wo die oft sehr steilen Gehänge es irgend gestatten, sind sie besät und bepflanzt. Der Mais wird vorzüglich cultivirt. Der ergiebige Anbau des Sommergetreides ist gefährdet, da die Hitze nicht selten schon zeitig Dürre herbeiführt; dagegen wintern die Herbstsaaten unter dem tiefen Schnee sicher und geben meistens gute Ernten. Tiefer zum Rion hin werden die Weinberge prädominirend. Die Rebe lebt auch hier meistens an lebendigen Stützen und wird weder geschnitten noch gebrochen. Nirgend, selbst an den höchsten Orten ihrer Cultur (vergl. Cap. I. p. 31) wird sie im Winter gedeckt. In der Radscha besitzen die Bugeulischen Weine besonderen Ruf und werden thalaufwärts und nach dem Dadianschen Swanien verkauft.

Im langsamen Marsche stiegen wir thalwärts. Bei dieser Gelegenheit wurde die Culturhöhe der Rebe (8 Uhr früh) zu 2851' über dem Meere bestimmt. Oberhalb des Dorfes Sankwa sah ich in dieser Höhe den ersten Weingarten. Gegen Mittag erreichten wir das hohe Rionufer. Es ist dasselbe steil, bietet nur geringe Flachländchen an den Rändern des Bettes, ist dagegen vielfach coupirt und den Wegen entlang mässig bestraucht. Wir durchwanderten das linke Rionufer westwärts bis zum Dorfe Bugeuli. Dieser Name erstreckt sich ebensowohl auf ein Kirchdorf, wie auch auf den 1½ Werst westlicher hart am linken Rionufer gelegenen Marktflecken *). Unter herrlichen Nussbäumen, die in der Nähe der alten Kirche standen, lagerten wir uns. Die Sonne sengte entsetzlich. Im Westen und Norden ballten sich die gewitterschweren Nimbus zu immer grösseren Haufen und senkten sich allmählich vom Askhi- und Tschitschara-Gebirge. Die förmlich ausgeglühten, nackten Steinbogen der Rionufer lechzten nach Regen. Die Bewohner der Hütten, welche wir in der Nähe der Kirche offen fanden, waren auf dem Felde; Kinder und Hunde bewachten das Eigenthum. Unsere Hoffnung auf Schutz und Speise ging auch hier nicht in Erfüllung. Um 4 Uhr kam das drohende Unwetter zum Ausbruche. Die Nussbäume schützten uns trefflich. Ein Gegengewitter zog zum Kampfe aus Osten entgegen. Erst nach Beendigung desselben machten wir uns um 6 Uhr wieder auf und eilten dem Marktflecken Bugeuli zu. Der Weg dorthin führt durch ein recht bedeutendes

*) So belehrten mich wenigstens die Einwohner des letzteren.

Uferflachland, an dessen westlichstem Ende eine Anzahl elender Holzhütten stehen, die meistens von handeltreibenden Armeniern bewohnt sind. Einige Hufschmiede haben sich in ihrer Nähe ebenfalls angesiedelt und etwas weiter westlich steht das Häuschen, in welchem der Chef des Rageulischen Theiles der Radscha wohnt. Eine gute hölzerne Brücke ist hier über den Rion gebaut, um zu seinem rechten Ufer gelangen zu können, auf welchem der Weg nach Letschchum führt. Gegen Abend veranstaltete ich mit einem Eingeborenen eine Fischerei. Man bedient sich im reissenden Rion kleiner Wurfnetze, die vom Ufer aus geworfen werden. Es sind hier nur sehr wenige Fische zu finden, vornehmlich eine Cyprinus Art (Cyp. mystaceus) und auch ab und an die Forelle. In Folge des starken Regens waren die kleinen Gebirgsbäche ausserordentlich angeschwollen und gerade in ihren lehmigen Fluthen stiegen jetzt selbst die kleinen Cyprinus Arten aufwärts, ungeachtet der tobenden Fällen, mit welchem diese Wasser dem Rion zueilten und ungeachtet der vielen ganz seichten Stellen, welche durch Rollsteine förmlich verlegt waren. In dem Hause des Chefs von Rageuli fand ich Schutz. Zur Nacht öffnete der Himmel aufs Neue seine Schleusen und heftige Regengüsse fielen bis zum nächsten Morgen.

Es wird der Rageulische Theil der Radscha zwar im obern Rionthale allgemein in Bezug auf seine Fruchtbarkeit als der bevorzugteste und bestgelegenste angesehen und sowohl sein Wein, wie auch andere Früchte ganz besonders gelobt; jedoch kann man ihn weder mit den früher von uns durchwanderten colchischen Gebieten bis zum Nakerala, noch selbst, was die Cultur des Getreides anbelangt, mit Letschchum vergleichen. Die gesammte Physiognomie der steilen Rionufer bedingt in Boden und Flora in der untern Radscha den Eindruck der Dürftigkeit. Die vielen Geröllinseln des Rion selbst gehen der Benutzung so gut wie ganz verloren. Sie sind mit Buschweiden und Hippophaë rhamnoides bewachsen und bieten hie und da kleine Rasenflecken. Starke, schöne Bäume haben sich hier, wie im gesammten Mingrelien und Imeretien in der Nähe menschlicher Ansiedelungen nur unter besondern Verhältnissen entwickeln können. Sie wurden einst gepflanzt und standen unter dem Schutze der Bewohner. An alten Kirchen, einstigen Burgen, die lange schon in Trümmer gelegt wurden, sieht man die schönsten Linden, seltener auch Eichen. Die Häuser der Dörfer sind gewöhnlich von riesigen Wallnussbäumen beschattet. Die dürftige Buschvegetation, wie wir sie sich hier ohne die Beihülfe des Menschen entwickeln sehen, besteht aus verschiedenen Arten laubholziger Gewächse. Carpinus orientalis, Cornus, Rhamnus, 2 Crataegus, Corylus und seltener auch Rhus Cotinus setzen sie grösstentheils zusammen, dazu gesellen sich recht oft die Kernobstwildlinge. Nirgend bemerkt man hier die wohlgenährte Wiese, wie sie auf der Tafelzone am Nordfusse des Nakerala sich so vortheilhaft entwickelt. So lange man in der untern, d. h. westlichen Radscha bleibt und die Engschlucht, welche der Rion schäumend bei den Felswänden von Sirjalio verlässt, nicht hinter sich hat, sucht man vergebens nach passenden, grösseren Weideplätzen. In Folge des Mangels guter Heuschläge und Wiesen kann in der untern Radscha die Viehzucht nur nebensächlich betrieben werden. Die trockene Ackerkrume der steilen Gehänge ist aber im Allgemeinen nicht so gut wie der schwere Boden am Südfläche des Nakerala, oder wie die schwarzerdige Oberfläche, welche den rothen Lehm im obern Letschchum deckt. Mergeliger, etwas sandiger Lehm, bisweilen, wie z. B. unweit Chotewi, vorwaltender Kreidedetritus, bilden in der untern Radscha den Ackerboden. Man sah es den Feldern im Rugrolschen Theile der Radscha, besonders den tiefergelegenen, Mitte Juni deutlich an, wie sie längere Zeit schon durch Feuchtigkeitsmangel litten. Der Roggen hatte zwar abgeblüht, jedoch blieben die Halme nur 1½' hoch und gelbten an ihrer Basis schon sehr stark. Dazu wucherte viel Unkraut in den Saaten und so schöne, reine Weizenfelder, wie sie die nahegelegenen Bergländer Letschchums besitzen, fehlten hier ganz. Es treten nicht selten auch recht nachtheilige Witterungsverhältnisse ein, welche die Ernten, wenn nicht gänzlich vernichten, so doch bedeutend schmälern. Die Wintergetreide leiden, zumal auf den hochgelegenen Feldern, nachdem sie sich bis zur Mitte des Juni gut entwickelten, dann zur Zeit ihrer Reife durch die später einsetzenden, anhaltenden Regen. Diesen folgt im August eine Periode der Dürre, welche die noch milchigen Maiskolben nicht zur Reife kommen lässt. Dergleichen fand in diesem Sommer (1864) in der gesammten Radscha statt. Nur in der höchsten Culturzone, in welcher Roggen und Gerste noch nicht blühten, als die Regen Ende Juni anhaltend fielen, waren die Ernten lohnend. Bei der Besprechung des obern Rionthales komme ich nochmals auf diesen Gegenstand zurück: eine zur Grösse des Ackerlandes verhältnissmässig zu grosse Bevölkerung des obern Rionthales und die erwähnten Übelstände, bedingen hier die theilweise und zeitweise stattfindende Emigration der Einwohner, welche durch anderweitigen Erwerb der Armuth einigermassen Schranken setzen.

Am 13. Juni früh regnete es noch stark und die nahe gelegenen Gebirgshöhen schwammen im gleichmässigen Nebelmeere. Gegen 11 Uhr brachen wir auf. Auf holzerner Brücke, welche vor zwei Jahren durch einen Eingebornen bei Sageuli erbaut wurde, überschritten wir den ausserordentlich reissenden Rion. Bald bewegten wir uns, westwärts ziehend, in der rechten Uferebene des Flusses, bald auch überstiegen wir die letzten niedrigen Hügelausläufer der im Norden gelegenen Gebirge. Am tiefausgespalten und breiten Gerinne des vom Tschitcharo kommenden Asschi Baches befanden wir uns an der Ostgrenze Letschchums. Vom feinen Regen durchnässt, machten wir in der Wohnung eines Letschchum'schen Fürsten, unweit vom rechten Asschi Ufer Halt und warteten auf besseres Wetter. Bald lichteten sich im Westen die grauen Wolken und über dem Sakeria Gebirge trat aus ihren zerrissenen Formen die Himmelsbläue hervor. Immer deutlicher breitete sich vor uns die höchst pittoreske, theilweise gut bewaldete Gebirgslandschaft aus, die wir nun im obern Letschchum zu durchwandern hatten. Wir befanden uns im Eigenthume des Dadians. Zwei Wasserscheiden waren zu übersteigen, ehe wir zu den links gelegenen Uferhöhen des Ladjanuri gelangten. Sie trennen vom Asschi zwei kleine Bäche. Im Norden schliessen steile Absenkungen und Klüfte die Landschaft ab und benehmen dem Auge die Fernsicht auf die Höhen des Scheidegebirges vom Dadianschen Swanien. Die Schluchten der beiden Bäche, die wir zu passiren hatten sind tief, ihre Gehänge durchweg üppig berankt und bewaldet, nirgend. bemerkte man Sonnenbrand, oder auch nur Dürre. Die herrlichsten Felder und Weingärten umgeben hier eine Anzahl von Dörfer. Namentlich macht sich Tschkwischi vortheilhaft bemerkbar. Höher liegen Orsdsachi und Mali, tiefer das unbedeutende Junka. Auf unserem weitern Wege nach dem höchst malerischen Tabori fand ich Gelegenheit die Höhe der letzten Weinberge von Tschkwischi zu bestimmen. Dieselben haben eine freie Lage gegen Osten und liegen circa 300—400' tiefer als die höchste Passage des Weges, welche letztere sich zu 3750' über dem Meere nach der gemachten Barometermessung berechnen liess. In Tabori sah ich die ersten kleinen Hanffelder. Der Hanf muss hier aber recht spät gesät werden, da er jetzt erst die Höhe von 1½' erreicht hatte. Auch wählt man ihm schattige Plätze, er stand gewöhnlich unter dem breiten Laubschirm der riesigen Wallnussbäume, oder am Fusse der hochgezogenen Reben, denen man hier nicht selten die Eller (Alnus glutinosa Willd.) als lebendige Stütze anweist. Das Vorwalten dieses Baumes in den Weingärten des oberen Letschchums zeugt für die grosse Feuchtigkeit des Bodens und der Luft. Eine breitrückige Höhe trennt das tief im Thale liegende Tabori von Lailaschi. Man wendet westwärts, um sie zu übersteigen. Vom Dorfe Lailaschi südlich in geringer Ferne erreicht man dann die ehemalige Sommerwohnung der Dadiane, welche nebst einigen anderen Gebäuden auf einem sanft gegen Westen geneigten Wiesenplan steht. Hierher kamen wir 5 Uhr Nachmittags bei heiterem Wetter. Jetzt, da Letschchum im Vereine mit dem Dadianschen Swanien durch einen eigenen Kreischef verwaltet wird, bewohnt derselbe während des Sommers die dürftige Wohnung, begiebt sich jedoch im Herbst in das viel tiefer gelegene, geschützte Muri, um sein Winterquartier zu beziehen. Es hat sich im Zeitraum von nun bald 30 Jahren hier nichts Wesentlich verändert. Dubois Notizen*) über Lailaschi und seine nächste Umgebung treffen auch heute noch vollkommen zu. Der Reisende hat jedoch jetzt nicht mehr einen solchen Empfang zu befürchten, wie ihn die Fürstin Dadian damals den fleissigen Dubois ertragen liess. Er findet in Lailaschi bei dem freundlichen Kreischef im Dadianschen Hause ein treffliches Obdach und in Muri kann er sich nach Belieben in den geräumigen, leeren Parcs der ehemaligen Sommerresidenz der Dadiane ergehen. Unter den riesigen Linden, welche am westlichen Rande der breitrückigen Höhe von Lailaschi in schöner Gruppe bei einander stehen, liegen auch jetzt noch die grossen Steinplatten. Von ihnen aus überschaut man einen Theil des tief im Thale hinziehenden Ladjanuri, von dessen rechtem Ufer aus die Höhen rasch als Scheider zum Tskenis-Tsqali ansteigen. Westlich vom letztern bestimmen die Asghi- und Sakeria-Gebirge die Grenzen der pittoresken Landschaft. Unvergleichlich schön ist diese bei scheidender Abendsonne. Die hie und da mit Schneefurchen versehenen Höhen beider Gebirge liegen dann schon mit ihren steilen Ostseiten im Halbdunkel, während das helle Orange des westlichen Himmels ihre Conturen umspielt. Die grösseste der alten Linden von Lailaschi war vor wenigen Tagen als Opfer des starken Weststurmes gefallen, sechs Männer konnten sie kaum umklammern. Die Einfachheit der Bauart, wie sie die ehemaligen Wohnungen des Mingrelischen Fürsten besitzen, ist in der That überraschend. Es sind das sub-

*) l. c. T. II, pag. 149 et sq.

ausgeführte Holzgebäude, bei welchen die breiten Planken der Wände in die Tragpfähle eingelassen wurden. Fenster und Thüren besitzen den mangelhaftesten Verschluss und entsprechen keineswegs ihrer Bestimmung. Nur in der Construction der Decken bemerkt man einigen Aufwand. Die breiten, mit vielen in grober Holzschnitzerei geschmackten Gesimse schliessen den tiefliegenden Fond ein, aus dessen Mitte sich die Mosaik-Reliefs emporheben. Die letzteren sind aus den Holzarten des Landes gefügt. Diese Schnitzwerke der Decken sind wohl von türkischer Hand gefertigt. Eine unglaubliche Zahl kleiner Ameisen bevölkerte gegenwärtig diese Wohnung, man konnte sich ihrer garnicht erwehren. Einige Teppiche mit welchen man die Fensteröffnungen verdeckt hatte, milderten den Zugwind in den Zimmern, von Glasscheiben, wie sie Dubois sah war hier jetzt nicht mehr die Rede. Auch haben sich die stehenden Tragbalken, welche das Gebäude stützen im Laufe der Zeit wohl um einige Fusse in den Boden gesenkt. Ich fand es kaum 4' hoch über der Erde und unter dem Schutze der derben Dielen, welche sie tragen, rastete zur Mittagszeit eine Heerde schöner Ziegen. In ihrer Gesellschaft sah ich hier zwei jung eingefangene, wilde Thiere vom nahen Aschi Gebirge, es waren ein Turtschlein und eine Gemse. Dem ersteren wollte die Gefangenschaft gar nicht behagen, die Gemse hatte sich viel besser daran gewöhnt und war ganz zahm geworden. Das grosse Dorf Lailaschi ist trotz der Armuth, die es verräth, im obern Letschchum doch durch die hier ansässigen Kleinhändler von Bedeutung. Es sind vornehmlich Juden, welche in einer ganzen Reihe von Buden den Kramerhandel hier betreiben. Diese Juden sind wie die in Oni (Rion) nicht unabhängig; sie sind wie die Bauern bisjetzt noch Leibeigene der Edelleute, beobachten strenge die Gebräuche ihres Glaubens und sprechen grusinischen Dialect. Es sollen in Mingrelien 55 Judenfamilien ansässig sein, im nahen Gurien aber fehlen sie. Die Höhe von Lailaschi über dem Meere ergiebt sich nach mehreren Barometerbeobachtungen zu 2850'. Dubois schätzt das Thal des Ladjanuri bei Lailaschi um 1000' tiefer gelegen. Erst Montag den 15. konnte ich diesen Ort verlassen. Leider wurden bis dahin die Höhen des Aschi und Sakeria Gebirges meistens in dichte Nebel gehüllt. Nur am 14. Abends sah ich sie wolkenfrei. Es sind dies schon eminente, theilweise jetzt noch mit Schnee gedeckte Gebirge, die jedoch die Schneelinie nicht berühren. Das südlichere Aschi Gebirge, dessen West- und Südostausläufer die links einfallenden Tschar-Zuflüsse scheiden, besitzt nicht so zerrissene Formen, als das nördlichere Sakeria Gebirge. Es zeigt, soweit man von Lailaschi darüber urtheilen darf, eine ziemlich gleichförmige, plateauartige Höhenfläche, welche gegen NW. mehr und mehr ansteigt. Das Sakeria Gebirge aber tritt, hoch über die bewaldeten Vorberge emporragend, mit seinen entblössten Steilungen und Furchen zum rechten Tskenis-Tsquali Ufer bei Muri.

Auf engen Pfaden, welche uns zunächst durch die Weingärten, Felder und Wiesen von Lailaschi, später durch die Dörfer Ge und Gaguleti*) führten, stiegen wir langsam zum

*) Die Karte des General-Stabes (5 Werst auf den Zoll) führt diese beiden Dörfer in anderer Reihenfolge auf, nur wurde Ge als der höher gelegene, Gaguleti als der vom Lailaschi entferntere und tiefer gelegene Ort bezeichnet.

Ladjanuri in der Richtung NW. herab. Es erweiterte sich jetzt schon mehr und mehr für uns der Anblick eines grossen Theiles seiner rechten Uferstellungen; gegen Norden war das Engthal aus welchem er hervorbraust mit düsterem Schwarzwald gut bestanden. Angesichts der höchst malerisch auf einer vortretenden Felsenzinke gelegenen Urbelli Burg hatten wir den Ladjanuri erreicht. Die Hochwetter, welche am vorigen Tage im Gebirge stattgehabt hatten, verliehen dem reissenden Gebirgsflüsschen eine ausserordentliche Wassermenge und nur mit grosser Vorsicht konnten wir dasselbe passiren. Zu diesem Zwecke schleppte man das Gepäck zu einer Brücke, die nur aus einer dicken, langen Planke bestand. Sie ruhete auf zweien schwach befestigten Bollwerken der Ufer, die man durch zusammengeworfene Steine hergestellt hatte. Dergleichen unsichere Überbrückungen sind im Gebirge die gewöhnlichen. Die Eingeborenen construiren keine soliden Brücken. Wo man solche in Mingrelien findet sind sie auf Anordnung der Regierung gebaut. Den Pferden wurde weiter oberhalb eine Furth gefunden. Wenig südlich von der Urbelli Burg*), welche ehemals von den Dadians als Gefängniss für Verbrecher benutzt, jetzt nur von einem Mingrelen bewacht wird, stiegen wir wieder bergan. Das Dorf Urbelli, westlich von der gleichnamigen Burg am sanfteren Abhange desselben Gebirges gelegen, erreichten wir bald. Die Üppigkeit der Vegetation nimmt hier, wenn man an die östlicheren Gegenden denkt, die von uns durchwandert wurden, vielmehr zu als ab. Die Rebe schlingt sich mit armdicken, vielgewundenen Stämmen weit in die Kronen der Bäume. Nur hatte ein unlängst hier stattgehabter Hagelfall arge Verwüstungen in dieser strotzenden Vegetation angerichtet. Die Hagellinie aber hatte die Richtung NNO. nach SSW. eingehalten, war nicht, wenigstens, wo wir gingen, über das linke Ladjanuri Ufer getreten und hatte auch nicht die Westabhänge der Scheidehöhe zwischen diesem Bergflusse und dem Tskenis-Tsqali überschritten. So fehlten nicht nur bei Muri die Hagelspuren, sondern auch bei dem etwas südlicher, aber höher gelegenen Dorfe Tschchutil sah man nichts davon. Am Ostabhange dieser Scheidehöhe aber waren der Wein und das Laub der Nussbäume stark beschädigt und sowohl die geringen Hanfsaaten, wie auch die Getreidefelder fast ganz vernichtet. Die höchste Stelle des Weges, welche wir überschritten, bevor das Tskenis-Tsqali Thal vor uns lag, erwies sich zu 2030' über dem Meere.

Es dunkelte bereits, als ich in die linke Uferebene des Tskenis-Tsqali bei Muri trat. Sie bildet den recht beschränkten Winkel, welcher unmittelbar vor den hohen Stellungen der Jurakalke liegt, die den tobenden Tskenis-Tsqali hier einzwängen. Im Norden dieses Winkels streben beiderseits an den hinschiessenden Strudeln und Wogen des Flusses die hellgelblichen, derben Kalkfelsen hoch an und stellen dem Auge ihre massiven, hie und da gut bestrauchten Wände entgegen. Im Osten liegen die eben von uns überschrittenen Höhen; im Westen sind es die nahen bewaldeten Vorberge der Nakeria Höhen, die vom rechten

*) Nach der Aussprache der hiesigen Bewohner schreibe ich Urbelli. Dubois und die Karten schreiben Orbeli.

Takenis-Tsqali Ufer ansteigen. An ihrem Fusse liegt hier das Dorf Sakeria. Gegen Süden allein überblickt man das dorthin mässig erweiterte Thal des Flusses, dem jedoch bald die östlichen Abstürze des Aschi von dieser Seite her engere Grenzen anweisen. Es war ein schwüler, stiller Sommerabend am 16. Juni, als wir am Dadians Hause Halt machten. Der nächtliche Frieden, in den die ganze Natur sich gesenkt hatte, wurde nur durch das Toben des Takenis-Tsqali unterbrochen. Mit eintretender Dunkelheit wogten zahllose Lampyris über dem Boden, ein herrlicher Wiesenplan dehnte sich vor dem verlassenen Hause, eine riesige Linde stand am Rande desselben und füllte die Luft weithin mit dem Wohlgeruche ihrer zahllosen Blüthen. Ab und zu schwebten die leuchtenden Käfer höher zwischen den Zweigen dieses köstlichen Baumes, der in allen seinen Theilen auf das Regelmässigste gewachsen war. Die Funken der fliegenden Leiber erhellten momentan die Nacht in der Laubeskrone. Ein Heer raubgieriger Fledermäuse umflatterte den Baum und das Geräusch schwirrender Melolontha und Lucanus-Arten liess sich neben dem kurzen, schrillen Schrei der Handflügler beständig vernehmen. Es ist wahr, was Dubois über die Natur von Muri berichtet. «Cependant cet emplacement dont on n'a rien profité, serait un paradis dans les mains d'un Anglais et pourrait être mis à côté de ce que je connais de plus pittoresque; c'est grandiose; la nature y a tout fait; il faut seulement l'aider*)». Wie ganz anders konnte ich an diesem schönen Orte weilen, als er vor 30 Jahren. «Messieurs les savants qui parcourront à l'avenir ces contrées, il faut vous attendre à tout, jusqu'à être logé au milieu des ânes et des mulets». Grosse Veränderung, die seitdem diese Zeilen niedergeschrieben worden, hier stattfand! Das geräumige, hölzerne Haus mit seinen vielen Gemächern, welches nach Dubois Herreise erst erbaut wurde, steht zur freien Benutzung des Reisenden. Es ist leer. Auf einem Erdgeschosse von Mannshöhe erheben sich die hölzernen Wände und Gallerien. Die Schnitzwerke der letztern und namentlich die der Decken im Innern der Gemächer, sammt ihren breiten Gesimsen sind das allein Sehenswerthe. Die ganze Arbeit ist zwar roh, besitzt aber durchgeführten Charakter und Geschmack. Die Hauptfront dieses Gebäudes liegt nach Süden, vor ihr erstreckt sich die schöne Wiese, auf welcher, unweit der Linde, eine kleine Kapelle erbaut wurde, dem Takenis-Tsqali näher dehnt sich ein jetzt schon stark verkrauteter Weiher. In demselben lebt ebenfalls die Alpenforelle, welche hierher durch die Dadians versetzt wurde, sie gedeiht zu ansehnlicher Grösse. Ein Bergmingrele wacht auch hier über das Eigenthum seines Herren.

Am andern Morgen erstieg ich die nahen Ufergehänge des linken Takenis-Tsqali Ufers von ihrer Südseite aus. Drei weisse Burgen tauchen aus dem Grün dieser Berge auf. Die innere Einrichtung der Hauptburg kennen zu lernen war meine Absicht. Unsere Tafel stellt dieses Gebäude dar, von dem aus ich das Sakeria Gebirge zeichnen konnte. Der Weg zu dieser Burg, wie zu allen Dadianschen Befestigungen ist sehr mühsam. Man wählte zu dergleichen Bauten stets die wenigst zugänglichen Orte, welche Engpässe oder Schluchten be-

*) L. c. T. II, pag. 4[illegible]3.

herrschten und zugleich die Benutzung einer Quelle gestatteten. Der schmale, gewundene Pfad, welcher zur Meri Burg leitet, ist mit Kalksteintrümmern stark beworfen und von wildem Gestrauch umstanden; oft auch wurde er im anstehenden Felsen mit plumpen Stufen eingehauen. Am Fusspunkte der Burg ist eine sorgfältig übermauerte Quelle gelegen, Weinlaubguirlanden verdecken sie fast ganz, krüppelige Feigengesträuche entwanden sich hier nebst stacheligen Rubus-Gebüschen den Felsenspalten; zierliche Sedum Arten und Frühlingsmaiferen, unter ihnen auch Arabis albida, hatten ihre Standorte auf dem harten Gestein, zierliche Farne klammerten sich an dasselbe. An den Hauptthurm, dessen Holzdach bereits theilweise eingestürzt war, lehnt sich das zweistöckige Nebengebäude. Eine massive, hölzerne Thüre, deren Aussenseite spärlich mit Eisen beschlagen war, führt auf den kleinen Hofraum und in das Erdgeschoss der Burg. Eine plumpe Holzleiter stellt die Verbindung mit der untern Etage her. Der Boden derselben ist mit dicken Dielen auf das Dürftigste ausgelegt, die Wände sind stark aus Kalkstein und Mörtel gefügt. Äusserlich im Bogen übermauerte Schiessscharten und Luftlöcher befinden sich in ihnen. Hier stand im Hauptthurme auf niedriger Lafette eine 6' lange, verhältnissmässig sehr schmächtige Kanone. Da die Inschrift auf derselben ihr hohes Alter bekundet, so setze ich diese hier nebst dem darüber auf der Kanone stehenden Wappen hinzu.

Fig. 1.

Kanonen Wappen nebst Inschrift von der Burg M

In der zweiten Etage des Hauptthurmes, die ebenfalls mit halbvermauerten Schiessscharten, Luft- und Lichtlöchern versehen war, befand sich das Verwahr für die Gefangenen und Verbrecher. Es werden jetzt weder hier noch in Urballi oder in andern Dadiansburgen dergleichen Gefangene gehalten, da in vorkommenden Fällen die Schuldigen der russischen Obrigkeit überwiesen werden. Zwei alte Bergmingrelen führen hier ihr Einsiedlerleben und bewachen, wie sie sagen, die Burg. Sie würde auch ohne diese Wächter bestehen können, denn die Zeiten sind vorbei in denen sie eine Bedeutung hatte.

Die Berechnung, welche nach der am Dadians Hause von Muri gemachten Barometermessung gemacht wurde, ergiebt die Höhe von Muri zu [illegible]' über dem Meere. Die der Muri-Berg dürfte sich auf circa 2100' belaufen. Das Vorkommen der verwilderten Feige hier mag der überaus günstigen Lage zugeschrieben werden. Eben dieselbe ermöglicht auch das Gedeihen von Acc. Julibrissin Dec. in der Ebene von Muri. Ich sah ein Bäumchen dieser schönen Art am Muri Teiche, es hatte 15' Höhe und war von kräftigem Wuchse.

CAP. III.

Durch die Engschlucht des Tskenis-Tsqali nach dem Dadian'schen Swanien. Zu den Quellen des Tskenis-Tsqali und um dieselben herum zum Nakagar Passe in das Freie Swanien nach Jibiani.

INHALT: Von Muri nach Lentechi. Vegetation in der Tskenis-Tsqali Engschlucht. Ziplakakia. Die Kropfigen und Cretinen in den drei Hochthälern. Gefälle des Tskenis-Tsqali von Lentechi bis Muri. Hier gelegene Swanen Ansiedelungen. Wechsel in der Bauart. Der westliche Quellbach des Tskenis-Tsqali: Cheledula. Biber an ihm wohnend. Die Umgegenden von Lentechi. Orientation im Hochthale des Tskenis-Tsqali. Gefälle des Flusses von seiner Quelle an bis nach Lentechi. Vegetation im Allgemeinen. Bevölkerung und ihre Gruppirungen. Cultur in Lentechi, Hausrath. Die Wohnungen der Swanen. Sonstige Gebäude derselben. Weiterreise nach Laschketi. Pfade im Hochgebirge. Die Höhe des Niveaus bei Lababi. Laschketi und seine Umgebungen. Station im oberen Laschketi. Cultur daselbst. Excursion zum Dadiasch. Die Culturgrenze an seinem Südfusse. Die Wiesen daselbst und ihre Composition. Auftreten alpiner Formen. Sennhütte. Baumgrenze. Schwanken derselben. Begleitende Unterhölzer. Armuth der Insektenfauna an der Baumgrenze. Begleitende Pflanzen für Rhododendron caucasicum. Kleine Säugethiere über der Baumgrenze. Die Ornis des Hochgebirges. Megaloperdix caucasica, seine Lebensweise. Andere Vogelarten in der Nähe der Schneelinie. Höhe des Dadiasch. Rundblick von ihr aus. Irrthümer in Bezug auf den Elbrus. Rückkehr nach Laschketi. Excursion zum Tschitcharo. Untere Grenze für Betula alba. Flora auf der Serkeschi Höhe. Die Gemse. Das Seitenthal des Rahedzula. Vegetation auf dem Terrain der späten Schneeschmelze. Regen. Rückkehr. Reise um die beiden Tskenis-Tsqali Quellen zum Ingur. Tour zum Tschitcharo und Tsmiari. Der Görgi Pass. Abwärts zur Baumgrenze. Kalte Nacht. Das linke Ufer der westlichen Tskenis-Tsqali Quelle wird erreicht. Wildniss an ihm. Vordringen zum Lapuri Gletscher. Anhaltender Regen. Aberglaube der Swanen. Der Naschkapass wird überstiegen. Gefahr. Nord- und Südseite. Die nördliche Tskenis-Tsqali Quelle. Die Ursachen der orographischen Synonymie im Kaukasus. Der Muschapar und seine Vorberge. Die Naschka-Scheide gegen NW. Der Korulda Gletscher als Schluss des Tskenis-Tsqali Systems. Gletscherbildende Höhen zwischen dem Muschapar und Korulda. Nachtlager am Schhabadir des Regeni Gebirge. Das Pari-Cap. Das Sreta Thal. Zwei Begleiter aus dem Freien Swanien. Die Höhe des Sreta Thales. Das Korulda Gebirge und seine Vorberge Unagera und Langara. Der Nakagar Pass. Seine auffallende Beschaffenheit. Der Quamarch gegen Osten und die Quiriacha gegen Westen. Ankunft in Mazeri.

Auf einer Strecke von sechs geographischen Meilen durcheilt der Tskenis-Tsqali, nachdem er sein Hochlängenthal unterhalb Lentechi verlässt, seine ursprünglich ostwestliche Richtung in eine südliche verändert und von den Laila- und Tschetsch-Höhen zwei mächtige Quellbäche aus Norden und Westen aufnimmt (die Tscholtschula und die Cheledula); das hohe Längengebirgsjoch, welches die Scheide zwischen den oberen Rionzuflüssen und denen des Tskenis-Tsqali bildet. Mit einem durchschnittlichen Gefälle von 27' auf die Werste, wälzt er sein stark von Schieferdetritus getrübtes Wasser durch die Engschlucht, welche gleich oberhalb Muri beginnt. Er tritt in sie, eingeengt durch die alten, dunklen, quarzaderigen Schiefer und er verlässt sie an den jähen Steilwänden des derben Jurakalkes von Muri und Sakeria. Diese Engschlucht hatten wir, dem brausenden Flusse entlang thalaufwärts steigend, zu durchwandern, um zum Oberlaufe des Tskenis-Tsqali zu gelangen und bei Lentechi in sein geräumigeres Hochlängenthal zu treten. Wir begaben uns gleich oberhalb Muri auf guter Brücke zum rechten Ufer des Tskenis-Tsqali und verblieben während der Wanderung nach Lentechi stets auf dieser Seite. Mit Ausnahme einiger wenigen schmalen Uferstreifen, die meist angebaut sind, bieten sich hier überall entweder senkrechte, hochanstrebende Felsenufer, oder doch solche Lehnungen, die überklettert und theilweise umgangen werden müssen. Oft auch leitet der schmale Pfad hart am schäumenden Tskenis-Tsqali hin und wurde vom einstigen hohen Wasser in die Felsen gespült, oder durch Menschenhand hineingemeisselt und gesprengt; nicht selten muss man den schwachen, halbmorschen Anbrückungen trauen, welche die Umgehung irgend einer bedeutend vorspringenden Felsenpartie allein ermöglichen. Nicht allein die vielfach wechselnden Naturscenerien, deren Schönheiten sich auf dieser Strecke oft präsentiren, lohnen dem Reisenden seine Mühen; sondern auch die überaus reiche Beute an seltenen Pflanzen machen sie sehr ergiebig. Zunächst sind es die schroffen Kalkgehänge, welche eine eigenthümliche, durchweg ausgezeichnete Kräuterflora ernähren, die je nach der Trockenheit oder dem zusammensickernden Quellenreichthum grosse Verschiedenheiten darbietet. Aus den Polstern sammetweicher Moose, welche vom Wasser triefen, hebt Saxifraga orientalis Jacq. die vielen zierlichen Blumen, Cerastium Arten, wuchern daneben, zarte Campanula Species siedelten sich auf den überhängenden Kalkkarnissen im Vereine mit schönen Farren an. In gemessenen Pausen fallen Wassertropfen von der höhern Felsetage auf sie und netzen beständig den dürftigen Boden, in welchem sie wurzeln. Wo eine solche Netzung fehlt, da sind es harzige Umbelliferen und Rubiaceen, welche die Kalksteine bevölkern und andere Farrenkräuter treiben hier ihre Wedel. Die Kräuterflora der höher im Thale anstehenden Schiefer ist nicht so reich; es finden sich jedoch auf ihnen vornehmlich eigenthümliche Scrophularia Arten*). Hochwald, den hier nie eine Menschenhand berührte,

*) Auf der Strecke Weges von Muri bis Lentechi wurden z. B. folgende Arten gesammelt: Gymnadenia conopsea R. Br. Orchis maculata L. Umbilicus oppositifolius Led. Cystopteris fragilis Bernh. Aspidium aculeatum Sw. Polypodium Phegopteris Linn. Asplenium septentrionale Sw. Aspidium Lonchitis Sw. Asplenium Ruta muraria L. Gymnogramme Ceterach Spr. Hypericum montanum L. Poa nemoralis L. Pimpinella rotundifolia M. B. Asperula cynanchica L. Galium valantioides M. B. Convolvulus Cantabrica L.

deckt die beiderseitigen Ufergehänge des Tskenis-Tsqali. Aus dem grünen Dome der üppigsten Laubhölzer treten die Felsentblössungen mit scharfer Kantung hervor. In der untern Hälfte dieser Engschlucht sind allein die Laubholzarten vertreten. Die Eiche gehört auch hier vornehmlich den trockeneren Stellungen an. Auf den wenigen schmalen und ebeneren Uferstrecken, welche hie und da den Uferrand bilden, oder in den tiefen, seitlichen Querthälchen, streben die Rothbuchen und Linden zu enormer Höhe an. Seltener als diese beiden, welche die Hauptbestände bilden, sind einige Ahorne, Rüstern und auch Eschen, jedoch meistens vereinzelt, oder nur zu kleinen Gruppen vereint. Erst wenig oberhalb der einsam am linken Ufer gelegenen Tscholuri Burg*) treten die dunklen Zapfenbaumkegel auf, steigen aber auch hier noch nicht bis zum Niveau des Flusses. Die den Hochwald begleitenden Unterhölzer erreichen in den immergrünen Sträuchern die grösste Fülle. Feuchtigkeit, Wärme, Schatten und gute Lauberde werden ihnen an diesen Standorten reichlichst geboten. Azalea pontica sucht auch hier die freieren Lichtungen, namentlich zwischen den höher stehenden Eschen. Am Fusse der Buchen und Linden sind es der Kirschlorbeer, Ilex und Rhododendron (Rh. ponticum) Gebüsche, die so dicht und kräftig wuchern, dass Niemand sie durchbrechen kann. Die gesammte Flora ist hier im höchsten Grade verschwenderisch reich geformt. Der unterspülenden Macht des Tskenis-Tsqali fallen Laubstämme von Scheffeldicke zum Opfer und nicht selten stürzen alternde Buchen und Eltern, an deren Wurzeln der unbändige Fluss lange nagte, in seine trüben Fluthen. Noch hatten wir die Tscholuri Burg nicht erreicht, als gegen 6 Uhr Abends auf einer kleinen Uferebene Halt gemacht wurde. Sie war mit halbvermoderten Buchenstämmen fast ganz bedeckt. Es mögen einige dieser Stämme wohl als Windfälle zu betrachten sein, die meisten jedoch wurden einst geschlagen. Da auf der Strecke von Muri nach Lentechi die zur Ansiedelung geeigneten Plätze sehr gering und klein sind, jetzt aber, wo es irgend nur möglich, doch von Dadianschen Swanen bewohnt und bebaut werden, so hat man ehemals auch diesen Ort wohl urbar machen wollen und zu dem Zwecke die starken Stämme gefällt. Sie lagen in verschiedenen Richtungen, was bei den Windfällen nicht stattfindet. Mannshohe Nesseln bildeten förmliche Dickichte um viele. Auf dem Moder dieser Stämme wuchsen beide Circaea Arten. Hier excursirte ich eine geraume Zeit, es galt diesmal die Xylophagen der Buchenstämme zu sammeln. Bei dieser Gelegenheit stiess ich auf ganze Familien einer schönen Eidechsen Art**), die, obgleich sie gewöhnlich die sonnigsten und sterilsten Orte, so alte Mauern, spaltenreiche Felsen etc. bewohnt, sich unter der abgetrockneten Rinde der Bäume angesiedelt hatten. Der Grund zu einer solchen Uebersiedelung mag wohl allein in dem Überfluss an Nahrung zu suchen sein.

Androsaemum officinale All. Tamus communis L. Scutellaria altissima L. Jasminum officinale L. Saxifraga orientalis Jacq. Geranium Robertianum L. Viola tricolor L. β arvensis Mur. Myosotis sparsiflora Mikan. Pyrethrum macrophyllum Willd. Valeriana saxicola C. A. M. Staphylea colchica Stev. Fontinalis antipyretica L. etc.

*) Ich schreibe nach der Aussprache der Eingebornen von Lentechi und Muri, nicht nach der Karte, welche [illegible], wie auch im Dadianschen Swanien den Namen Tscholur zeigt.

**) Lacerta muralis Laur.

der sich hier in den zahllosen Larven und den vielen kleinen Insekten den Eidechsen darbot. Bald darauf passirten wir die am linken Tskenis-Tsqali Ufer erbaute Tschuleti Burg, sie ist ganz in der Art der Muri Burg aufgeführt und beherrscht das enge Flussthal vollkommen. Etwas oberhalb von Tschuleti ist die Grenze, welche das Dadiansche Swanien von Letschchum trennt, gelegen. Es schwinden die kräftigen Hochstämme der Laubholzarten mehr und mehr und an ihre Stelle treten zwei Zapfenbäume, Abies Nordmanniana Stev. und Ab. orientalis Poir. Die Aussicht thalaufwärts bleibt meistens eine sehr beschränkte. Geringe Ausbiegungen, welche der Fluss macht und denen man entweder folgen muss, oder die man in gerader Linie übersteigt, eröffnen hie und da den bequemen Einblick in die engen, seitlichen Querthälchen. Sie zeigen überall die ungestörte Wildniss der Urwälder. An einzelnen günstig gelegenen Stellen treten die Linien des Hochgebirges im Norden des Dadianschen Swaniens auf kurze Zeit dem Auge entgegen. So taucht über dem Dunkel hoher Tannen, schon ehe man den Ort Ziplakakija erreicht, der stumpfe Schneekegel der Laila-Höhe, im Norden von Lentechi gelegen, auf, um bald wieder durch vorstehende Gebirgspartien verdeckt zu werden. Es war Abend geworden, als wir das schmale Flachland von Ziplakakija betraten. Ein stattlicher Hain, von schlanken Rüstern gruppirt, steht dem Ufer des Flusses entlang in der untern Hälfte dieses Flachländchens; seitlich von ihm liegen bis zu den ansteigenden Uferhöhen die herrlichsten Wiesen, welche man sorgfältig umzäunt hatte. In den Kronen der Rüstern schlugen die Finken, (Fr. coelebs) welche hier das Brutgeschäft schon vollendet hatten. Am nördlichen Ende dieses Haines stehen drei elende, von kröpfigen Swanen bewohnte Hütten und neben ihnen befanden sich üppige Maisplantagen. Hier wollten wir rasten. Die Swanen, welche anfänglich den Schutz ihres Obdaches uns verweigerten, wurden durch kleine Geschenke bald gewonnen. Es ist hier der Ort einige Mittheilungen über die Kröpfigen und Cretinen, die in den drei mingrelischen Hochthälern leben, zu sagen. Ich habe den Unterlauf des Ingur, des Tskenis-Tsqali und des Rion noch nicht kennen gelernt und weiss nicht, ob die Erscheinungen des Kropfes sich dort ebenfalls so häufig finden. Auffallend aber ist es, dass, während die Krankheit in den Quellthälern des Ingur und Rion localisirt ist und sich nur sporadisch entwickelt, sie im Hochthale des Tskenis-Tsqali nicht nur ganz allgemein wird, sondern auch ihre höchste Entwickelung erreicht. Das Tskenis-Tsqali Thal besitzt nach den Erkundigungen Kröpfige überall, auch da, wo der Fluss in die Ebene tritt und dem Rion zufällt. Man darf kaum zugeben, dass die chemische Beschaffenheit des Wassers in den Hochthälern dieser drei Flüsse wesentlich verschieden sei. Als trübe Gletscherströme entspringen sie nahe bei einander und nehmen durch die seitlich einfallenden Bäche sehr bald eine grosse Menge feinzertheilten Schieferdetritus auf. Die Trübung steigert sich in ihrem weiteren Laufe noch mehr, da die oberen Haupttheile der drei Flüsse in eben denselben Thonschiefern eingewaschen wurden. Namentlich führt der Tskenis-Tsqali eine enorme Menge dieser Schieferbestandtheile fort. Wo sein Wasser in eingeengten Uferbuchtungen einigermassen zur Ruhe kommt, schweben dichte Lehmwolken in ihm, die sich allmählich senken. Die absolute Höhe über dem Meere scheint für die Ausbildung des Kropfes nicht wesentlich zu sein, wohl aber die Lage und Geschlossenheit der Gegend. Wo Thalerweiterungen von allen Seiten durch die Gebirge umlaufen erscheinen und thalabwärts sich der Fluss den Weg durch einen Gebirgsriegel bahnen musste, sind Kröpfige fast allgemein. In der oberen Radscha haben die Dörfer Sori und Semi, oberhalb der Saijaško Schlucht eine solche Lage und ihre Kröpfigen sind weithin bekannt. Lentechi, das tiefstgelegene, grosse Dorf im Dadianschen Swanien hat bei ähnlicher Lage, gegen S. und O. durch Gebirge geschlossen, welche der Tskenis-Tsqali durchsetzt, im N. und W. von dem Dadian-Swanischen Hochgebirge umgürtet, eine Bevölkerung, die fast ausschliesslich aus Kröpfigen besteht. Man erzählte mir dort, dass in den 120 Familien, welche Lentechi bewohnen, sechs ausgebildete Cretinen existiren. Wie der Kropf, so wird auch der Cretinismus hier in allen möglichen Entwickelungsstufen zu finden sein. Jene sechs Individuen waren zwar nicht taub, sprachen aber auch keine verständliche Sprache. Was ich von einem derselben vernahm, waren grunzende und schmatzende Töne. Sie verrichteten auch keine Feldarbeit, man hatte einen solchen, etwa 10 jährigen Cretinen bei dem Einfahren des Getreides vom Felde, das hier auf Schlitten vollbracht wird, als belastendes Gewicht auf die Garben gesetzt, um ihren seitlichen Fall zu verhindern. Auf der Strecke von Lentechi nach Muri sind die wenigen Bewohner durchweg kröpfig. Bei den Männern von Ziplakakija waren die Kröpfe stärker entwickelt, als bei den Frauen, überhaupt besitzen gewöhnlich alte Männer den Kropf am stärksten, so auch im oberen Laschketi. Im Freien Swanien fand ich den Kropf nicht als allgemeines Übel. Ebenso kommt er zwar einzeln auch im Ladjanuri Thale vor, wird aber hier nie zur Plage aller Bewohner. Das Übel erreicht, wie gesagt, im Thale des Tskenis-Tsqali sein Maximum. Lachanu, ein am Fusse des Sakeria gelegenes grosses Dorf (oberhalb vom Dorfe Sakeria) ist seiner Kröpfigen wegen bekannt und in Muri giebt es deren ebenfalls. Auf den Höhen von Lailaschi ist der Kropf selten, häufiger aber im tiefer liegenden Sorimachi. Die Swanen brauchen für die Benennung des Kropfes das grusinische Wort: «Kikwi».

Die Höhe von Ziplakakija über dem Meere wurde am 17. Juni früh zu 1847' bestimmt. Die Entfernung dieses Ortes von Muri veranschlagt man mit 22 Wersten und wir hatten von hier bis nach Lentechi noch 15 Werste Weges zurückzulegen. Erinnere ich daran, dass Muri in 1664' Höhe über dem Meere liegt und für Lentechi die Ziffer 2810 berechnet wurde, dass ferner diese letztere Ziffer, da sie hoch im Dorfe ermittelt wurde auf 2300' zurückgeführt werden muss, um die mittlere Höhe des Tskenis-Tsqalibettes bei Lentechi zu erhalten; so ergiebt sich daraus der Fall des Tskenis-Tsqali in folgender Weise. Von Lentechi bis Ziplakakija 453', d. h. auf je eine Werst 30,2' von dort bis Muri 183', d. h. auf je eine Werst 8,3'. Als Mittel hieraus wird mit der runden Summe von 23' per Werst, das Gefälle des Flusses in seinem Durchbruche zur Muri Ebene annäherungsweise wohl richtig sein. Die wenigen Ansiedelungen der Swanen zwischen Muri und Lentechi haben eigene Benennungen, ich finde sie in den beiden Karten des Generalstabes (5 und 10 Werst auf den Zoll) nicht angegeben und erwähne sie deshalb hier. Das linke Ufer besitzt ausser der Tscholuli Burg nur eine, Masarch genannte, Ansiedelung. Auf dem rechten stehen die Orte Lachanchari, Ziplakakija, Quedrechi und Skmelidi. Die Wohnungen baute man hier auch wie in Letschchum und in der Radscha aus Holz. Erst mit Lentechi beginnen die Steinbauten, welche mit Kalk gemacht werden, sie sind dann in beiden Swanien die allein üblichen Wohnungen. Holzgebäude dienen dort nur als Schuppen für das eingeerntete Getreide, und werden, je höher man den Tskenis-Tsqali und Ingur aufwärts steigt, immer seltener. Sie fehlen in den obersten Dörfern des Freien Swaniens, die im Bereiche der krüppelnden Birke stehen, gänzlich. Man hatte in den holzreichen Gegenden, die wir von Muri aus bisjetzt durchzogen, auch die Einzäunungen der Gärten anders bewerkstelligt, als in Letschchum, der Radscha oder in Colchis. Es waren starke Pfahlzäune hier an die Stelle der dort üblichen todten Strauchzäune getreten. Die vornehmlichste Pflanze, welche man zur Herstellung der letztern (besonders in Colchis) benutzt, ist Paliurus aculeatus, die auf gutem Boden der tiefergelegenen Gebiete ausserordentlich wuchert, hier aber gänzlich fehlte. Schon in der Radscha wird dieser Strauch zugleich seltener als im Südwesten der Nakerala Höhen. Noch hatten wir Lentechi nicht erreicht, als wir am 17. Juni an der Vereinigungsstelle des aus Norden kommenden Tschultschula Baches mit dem Tskenis-Tsqali das rechte Ufer des letztern verlassen mussten und durch eine mit Ellern stark bestrauchte, schmale Uferebene dem rechten Ufer des Tscholtschula aufwärts folgten. Es währte nicht lange, so standen wir am Cheledula Bache und hatten somit das Hochthal des Tskenis-Tsqali betreten. Der Cheledula und der nördlichere Laschkadura, (die 5werstige Karte schreibt Ljaschkidjara) welche bei dem Tscholtschula tributär sind, entfallen in zweien engen Thälern dem westlichen Theile des wilden Scheidegebirges, welches den Ingur vom Tskenis-Tsqali trennt und dessen detaillirtere Benennungen wir später bei unserm Aufenthalte in Pari kennen lernen werden. Die Wasser dieser, sowie vieler anderen, seitlichen Zuflüsse des Tskenis-Tsqali, soweit wir ihn bisjetzt gesehen hatten, sind klar. Es sind das Bäche, die nicht als Gletscherströme entspringen. Wo die letztern zu den Bach- oder Flussquellen gehören trüben sie dieselben stark. Der Tskenis-Tsqali bringt vornehmlich aus seinen beiden östlichen Hauptquellen, die dem Lapuri und Maschquar Gletscher als wahre Gletscherströme entströmen, die Menge suspendirten Thones und den Schieferdetritus mit. Auch sein nördlichster, sehr bedeutender Quellzufluss, die Gesma, besass Anfangs Juli recht reines, klares Wasser. Vom Cheledula aus gewinnt man die freilich nur sehr beschränkte Uebersicht über einen Theil des Dadianschen Swaniens. Zunächst erreicht das Auge gegen Westen gerichtet, nachdem es das durch die seitlichen Felspartien oft theilweise verdeckte und halbgeschlossene Cheledula Thal aufwärts verfolgt, zu den stark zerklüfteten Steilhöhen des Hochgebirges, das in einer Ferne von 25 Wersten den äussersten Hochrand des Dadianschen Swaniens bildet. Durch die sich hinter einander mehr und mehr thürmenden Höhen verhindert, sieht man nur einen sehr geringen Theil des Cheledula Quellgebirges im Hintergrunde der engen Thalspalte hervortauchen. Die Bewohner von Lentechi benannten diese Höhen als Tskmerk, sie werden wohl dieselben sein, denen die 5werstige Karte die Bezeichnung Omjarch giebt. Sie weisen zahlreiche Schneefelder auf. Ausser dem Tur und der Gemse, die dort leben, werden die Quellen des Cheledula Baches noch besonders durch das Vorkommen des Flussbibers interessant. Es liegt hier keine Verwechselung mit der Fischotter vor. Die Swanen von Lentechi nennen das Thier Tschhi, ein Name, der sich genau an die durch Pallas mitgetheilte georgische Bezeichnung des Bibers, Tagwi anschliesst*). Auch war der hohe Preis des Bibergails den Bewohnern von Lentechi wohl bekannt. Bei dieser Gelegenheit sei bemerkt, dass der Biber im Freien Swanien jetzt noch am Tschaberflusse, welcher dem Ingur tributär ist, vorkommt; ebenso lebt er in den menschenleeren Wäldern, welche beiderseits die Ingur-Engschlucht bestehen und zahlreiche Bäche besitzen. Im oberen Rionthale weiss man nichts mehr von ihm, aber vor 15 Jahren hat man noch zwei Exemplare am Unterlaufe der Quirila unweit von Warziche erlegt. Biber, deren Felle ziemlich werthlos sind, deren Oberhaar kurz, das Wollhaar dünn gestellt ist und die eine schmutzig weisslichgelbe Farbe besitzen, kommen sammt den Bälgen durch den persischen Handel nach Tiflis. In einigen Kellern auf dem Tifliser Maidan wurden dieselben in ziemlich grosser Anzahl zum Kaufe angeboten.

Die Thalwände des Cheledulabaches weisen vornehmlich riesige Zapfenbäume auf, hier stehen überall die oben schon erwähnten zwei Abies-Arten. In diesem Thale liegt, in etwa 4 Werst Ferne von der Mündung des Cheledula in den Tscholurchala das kleine Dorf Cheleti (Choleti)**). Bevorzugter noch als die Aussicht gegen Westen wird die gegen N. und O. Der westliche Abfall des im Norden gelegenen Kammgebirges ist so steil, dass bei dem Standpunkte des Beobachtenden im Tskenis Tsquali Thale nur die subordinirten vorlagernden Gebirge gesehen werden können. So bemerkt man auch hier nichts von den Schnee- und Eishöhen des Laila und anderer Höhenpunkte des Scheidejoches zwischen beiden Swanien; es sind alpine Matten über der Baumgrenze am Oolaschi (Goldasch der Karten), die man im Norden von Lentechi erblickt. Es treten die südlichen, bewaldeten Rippen des Gebirges im Osten von Lentechi nicht selten in senkrechten Steilwänden zum Tskenis-Tsquali und müssen überstiegen werden, wenn man in die östlichere Thalerweiterung von Tscholuli gelangen will. Am jenseitigen (linken) Tskenis-Tsquali Ufer heben sich, den Südrippen des Golaschi gegenüber, die Nakerala-Gebirge und decken von dieser Seite her, ebenfalls oft in Steilsenkungen zum dahintobenden Flusse abfallend, die Aussicht nach Osten. Erst in der dritten und obersten, zugleich auch der bedeutendsten Thalerweiterung am oberen Tskenis-Tsquali, welche nach dem dort weithin zerstreut liegenden Dorfe Laschketi benannt werden muss, gewinnt man theilweise wenigstens eine Aussicht auf die eigentlichen Quellhöhen des Rippes.

Über den weinerspannenden Cheledula (auch Tscheledula genannt) ist eine praktikable Brücke gebaut, nahe von ihr steht die Lentechi'sche Dadiana Burg, in welcher ebenfalls zwei [illegible] Wächter postirt sind. Diese Burg wurde im Winkel, der durch den Zusammen-

*) Zoogr. rosso-asiat. I, pag. 143.
**) Vergl. Ad. Berger: Die Bevölkerung des Kaukasus. Petermann's »Mittheilungen etc. 1860, p. 169«.

Saum des Choloduls und Tscholtscharis gebildet wird, erhebt; sie ist gleichsam die befestigte Pforte zu Lentechi und dem genannten Dadianschen Swanien. In ihrer Bauart weicht sie von den übrigen Burgen im Besitzthume der Mingrelischen Fürsten nicht ab. Von ihr aus wendet man östlich, überschreitet den hier vielfach zu Überrieselungen und zum Mühlentreiben benutzten Tscholtscharis Bach und erreicht bergansteigend die meistens schwach nur befestigten Gehöfte von Lentechi. Seitabwärts vom Wege stehen schöne Getreide- und Bohnenfelder, man baut hier auch die Linse. Lentechi bietet uns einstweilen den Ruhepunkt, um das Hochthal des Tskenis-Tsqali, seine Natur und seine Bevölkerung in einigen allgemeinen Umrissen zu schildern. Wir befinden uns hier in einer Höhe von 2416' über dem Meere. Auf einer Strecke, die annäherungsweise zu 70 Wersten geschätzt werden darf, senkt sich vom Fusse der Kaukasischen Hauptkette an, die hier in den nahe beieinandergelegenen Gletscherhöhen des Lapuri, Edemis-mta und Pass-mta, sowie des Maschquar, Nuamquam und Schkari den gewaltigen Knotenpunkt zwischen Rion, Tskenis-Tsqali und Ingur bildet, das Thal des Tskenis-Tsqali in rapidem Falle gegen Westen. Zwei mächtige Quellen, beide als tobende Gletscherströme unter den Eisgewölben des Lapuri und Maschquar hervorbrechend, bilden das unversiegbare Reservoir des Hippus. Die Höhe der Lapuri Quelle kann ich nur annähernd erwähnen. Sie liegt im Bereiche der hochstämmigen Weissbirke. Ich glaube für sie die Ziffer 5500' setzen zu dürfen, sie beruht auf keiner Messung, sondern wird auf Haltpunkte hin, welche die Vegetation wenig unterhalb der Quelle bietet, von mir vorausgesetzt. Das Quellgebiet des Tskenis-Tsqali verengt sich erst nach einem tagereisenlangen Laufe am Orte Gebi und schliesst zwischen sich ein im östlichen Theile besonders steiles Kammgebirge ein, welches nur im Neschka Passe mit Mühe überstiegen werden kann. Erst bei Laschketi erweitert sich das bisdahin eng in die dunklen Thonschiefer gefurchte Hochthal zu bedeutenderer Breite. Immerhin aber ist dieselbe auch hier noch so gering, dass die meisten Ansiedelungen sich weithin über die beiderseitigen (namentlich die am rechten Ufer gelegenen) Anhöhen zerstreuten und nur Wiese und Feld an die Uferränder des jetzigen Bettes verlegt wurden. Aus sechs Beobachtungen, die im oberen Laschketi gemacht wurden, ergiebt sich die Höhe dieses Ortes (bei der Kapelle) zu 3110' über dem Meere. In nicht mehr als 8 Werst Ferne gegen Westen schliesst sich diese Thalerweiterung und dort stehen die Burgen des westlichen Endes von Laschketi in 2745' über dem Meere. Auf dieser Strecke also hat der Tskenis-Tsqali ein mittleres Gefälle von 46' auf die Werst; dabei ist aber zu bemerken, dass das Bette des Flusses an beiden Orten circa 80' tiefer lag, als die Beobachtungsstellen. Unterhalb Laschketi engen die nördlichen Absenker der Quellhöhen des Ladjanuri (nach Süden) den Tskenis-Tsqali dermassen ein, dass sich für menschliche Ansiedelungen hier nirgend genügender Platz bietet. In circa 15 Werst Ferne westlich von Laschketi haben sich die Bewohner von Tscholuri vornehmlich wieder nahe dem rechten Ufer auf der Basis der Gehänge niedergelassen. Die ermittelte Höhe sowohl der Brücke, welche bei den tiefer gelegenen Ansiedelungen von Tscholuri über den Tskenis-Tsqali leitet, ergab sich zu 2289'. Das mittlere Gefälle beläuft sich also zwischen Laschketi und Tscholuri für je eine Werst zu 30'. Endlich schliesst sich gegen Westen unterhalb Tscholali die Thalerweiterung abermals bis kurz vor Lentechi. Der Fluss drängt sich durch die an ihn tretenden Naltsch-Steilungen (links) und die südöstlichen Abzweiger des Golaschi (rechts). Das Gefälle auf dieser Strecke berechnet sich zu 35' auf je eine Werst. Hieran schliesst sich das schon oben erwähnte mittlere Gefälle von 22' p. Werst, welches der Tskenis-Tsqali im Verlaufe seines Durchbruches nach Süden bis Muri besitzt. Gemischte Wälder, in denen neben den nordischen Laubhölzern die beiden Abies mehr und mehr vorwalten, die Eiche aber schon recht selten wird, decken nebst dichten Unterhölzern die vornehmlich durch Ellern und bisweilen auch durch Haseln und Espen gebildet werden, den grössten Theil der Gebirgsseiten. Über der Baumgrenze, welche hier überall durch die Weissbirke und zwar im kräftigen Hochstamme gebildet wird, lagern sich die alpinen Matten als reiche Sommerweideplätze. Vom Thale des Tskenis-Tsqali aus gewinnt man nirgend eine Ansicht der beiderseitigen Haupthöhen, die so nahe liegenden Vorberge verdecken sie dem Auge; hie und da machen sich im Grün der alpinen Matte die tiefen Schneerunsen bemerkbar. Im Allgemeinen besitzt die Natur in der Vegetation hier einen kräftigen, nordischen Charakter. In der Kräuterflora walten alpine Formen vor. In den obersten Theilen des Thales tritt die Weissbirke bis zum Bette des Flusses, es geschieht dies in der Höhe von 4200' über dem Meere. Tiefer hin gedeiht der Wallnussbaum noch gut. Unter dem Einflusse schneereicher Winter und kühler Sommer musste sich Lebensweise und Beschäftigung der Bewohner des Dadianschen Swaniens wesentlich modificiren. Rind-, Schaf- und Ziegenzucht wird hier, wie im Freien Swanien viel rationeller betrieben, als in den tiefer gelegenen mingrelischen Landschaften. Die rauhe Winterzeit erzwingt den Stall und das Futter. Das sorglose Sichselbstüberlassen der halbverhungerten Heerden, wie es in den gesegneten Gegenden Mingreliens üblich ist, wird hier zur Unmöglichkeit. In Folge besserer Behandlung hat besonders das Rind, wie bei den Freien Swanen, so auch bei den Dadianschen ausgezeichnete Qualitäten erhalten. In Bezug auf den Ackerbau schliesst das obere Thal des Tskenis-Tsqali bis zur Höhe von Tscholali (3230') die Culturzone des Weinstockes und des Mais in sich. Man kann die Verbreitungshöhe beider Gewächse bis auf 3600' steigern, da einige Gehänge bei Tscholali an denen sie gepflanzt waren, wohl 2—300' über dem Niveau des Tskenis-Tsqali liegen. Die Rebe wurde sogar im oberen Laschketi (4100') vor einigen Jahren in wenigen Stöcken angepflanzt, jedoch nicht um Wein aus den Trauben zu machen. Sie steht hier, wie im Untern-Lia im Freien Swanien (3613') an den äussersten Grenzen ihrer Verbreitung bei einer Exposition gegen Süden. Hochsommertemperaturen sind bei bedecktem Himmel in Laschketi selten höher als + 15° R. Vom 21. bis 23. Juni d. J. schwankten sie zwischen + 9 bis 11° R. Im untern Theile des Dadianschen Swaniens las ich dagegen bei Tscholali am 19. Juni 1 Uhr N. M. die Temperatur von + 10° R. ab. Die Traube wird hier nie ganz reif. Man setzt Honig zum Most und erzeugt ein ganz elendes Getränk. Der obere Theil, das genannte Laschketi in sich schliessend, ist nur für die Cultur der nordischen Cerealien und einiger Hülsenfrüchte geeignet.

Seit der Unabhängigkeit Mingreliens von Imeretien ist das Hochthal des Tskenis-Tsquali sammt Letschchum den Dadians unterthan gewesen. Im Dadianschen Swanien hat sich die gesammte Bevölkerung in 440 Höfe in den 4 erwähnten Dörfern angesiedelt. Lentechi mit 120 Höfen ist persönliches Eigenthum des Dadians. Tscholuri gehört den Fürsten Garbebasow und Laschketi den vier Brüdern, Fürsten Gelowani; diese sind Vasallen des Dadians. Bei dem weiteren Verfolge meiner Marschroute gebe ich die genauere Beschreibung der Bauart und Einrichtung Swanischer Gebäude.

Die Wege, welche durch das Dorf Lentechi führen sind von frischen Weinguirlanden zum grössten Theile überwölbt. Die Rebe wird hier in gewöhnlicher Weise an todten, hohen Tragstöcken gezogen und bildet die angenehmste Strassenüberdachung; rohgefügte Horizontalspaliere tragen sie. Bei dem Überblicke von Lentechi wird man noch durch die verschiedenen Nuancen des Grüns erfreut und an die lieblichen Landschaften Letschchums erinnert. Nirgend bemerkt man hier die geringste Spur der Dürre. Hohe Kirschenbäume nebst den Kronen kräftiger Wallnussstämme breiten gewöhnlich ihr Laub in der Nähe der Wohnungen aus. Unter ihnen am Boden stehen die Hanfmassen, oder es bildet das Hellgrün der Hirsefelder (hier Set. italica) zu den danebenstehenden blaugrünen Bohnenfeldern scharfe Grenzen. Tiefer im Thale legt sich Wiese an Feld, hie und da steht eine kleine Maisplantage. Auf den Wiesen walten Gramineen vor, zwischen ihnen wucherten vorzüglich Melampyrum und Rhinanthus, zarte Umbelliferen und Trifolien *). Alle Wiesen waren zu Heuschlägen bestimmt, die Heerden weilen im Sommer auf den Matten des Hochgebirges. Feld und Wiese sind sorgsam eingezäunt, die grosse Beschränktheit des brauchbaren Bodens hat die Swanen vielmehr als die mingrelischen Landbauer an zweckmässige Eintheilung der Fluren und sorgsame Pflege der Saat gewöhnt. Man erntete jetzt schon den noch nicht reifen Winterroggen. Es geschah das deshalb, weil die Felder von der Waldmaus (Mus sylvaticus L.) in solcher Menge heimgesucht wurden, dass die Bewohner von Lentechi den vollständigen Ruin des Getreides vorhersahen. Die Ernte des Winterroggens beginnt hier gewöhnlich in den letzten Tagen des Juni. Es fällt demnach die Roggenernte ungewöhnlich früh in diesem tiefgelegenen Gebiete des Dadianschen Swaniens. In dem oberen Thale des Rion wird sie bei einer mittlern Höhe von 4500' (Gebi, Glola) erst Ende August vollzogen. An den Grenzen der Cultur des Roggens und der Gerste in 7200' bei dem Dorfe Jibiani im Freien Swanien gelangen nicht immer beide Getreidearten um diese Zeit zur Reife. Die Waldmaus ist es, welche in Mingrelien und, wie es scheint, auch in vielen anderen Gegenden Transkaukasiens

*) Bei Lentechi wurden gesammelt: Thalictrum elatum Jacq. β [illegible], γ mucronatum Led. Lampsana grandiflora M. a B. Phleum tenue Schrad. Brunella vulgaris L. γ laciniata Benth. Euphorbia micrantha Steph. Bromus squarrosus L. Symphytum peregrinum Led. Nonnea picta F. et Meyer. Scrophularia variegata M. a B. Caucalis daucoides L. Trifolium arvense L. Dorycnium latifolium Willd. Lotus corniculatus L. δ ciliatus Led. Sanicula europaea L. Genista tinctoria L. Cynosurus cristatus L. Gypsophila elegans M. a B. Scandix Pecten L. Poterium Sanguisorba L. Agrostis vulgaris With. β [illegible] Willd. Valerianella dentata DC. Scleranthus annuus L. Epipactis palustris Sw. Veronica Beccabunga L. Myosotis sylvatica Hoffm. Coronilla varia L. Silene compacta Fisch.

die vorzüglichsten Verwüstungen anrichten. Sie erscheint zeitweise besonders häufig. Im Herbste 1864 vernichtete sie die Felder bei Urnari, Lecheti und Ambari in der Radscha. Ende September d. J. berührten grosse Züge Tiflis. Die Waldmaus erschien zu dieser Zeit vorübergehend in den Wohnungen der Stadt, sie kletterte sogar an den Wänden der Häuser hinauf und wurde mehrmals von mir auf den äusseren Gesimsen der Fenster gesehen. Die Swanen nennen sie Sichter, in Pari hörte ich den Namen Schtak für sie gebrauchen. Uebrigens erinnerten sich die Greise in Lentechi nicht, dass früher diese Plage ihre Felder belästigte. Die Kirschen begannen jetzt in Lentechi zu reifen, anderes Obst sah ich nicht. Seit zehn Jahren kennt man hier auch die Kartoffel, man pflanzt sie jedoch nur in sehr geringer Zahl. Kartoffelfelder sind nirgend zu sehen. Gleich nach der Roggenernte stürzt man mit Hülfe eines plumpen, hölzernen Hakens, der durch ein Gespann Ochsen fortbewegt wird, das Feld um und bringt eine Art Hirse als zweite Saat in die Erde. Der Boden ist schwer und lehmig, zwei Arbeiter zertrümmern die grösseren Erdklumpen mittelst Handhacken, der dritte säet ein. Ende September kommt diese Hirse (Setaria italica P. de Beauv.)*) dann noch gewöhnlich zur Reife, in manchen Jahren wird sie aber auch grün vom Felde geschafft und dient sodann als Viehfutter. Dergleichen zweimalige Ernten im Verlaufe eines Jahres sind nur in den tiefstgelegenen Gegenden des Dadianschen Swaniens möglich. Im Freien Swanien werden sie nirgend erzielt.

Das Haus des Swanen (Kor) ist ein grosses, zweistöckiges Gebäude, welches durch einen Thurm oder mehrere Thürme (Murachwam) die viereckig und hoch sind, befestigt und in manchen Gegenden des Freien Swaniens auch noch von einer hohen Ringmauer umgeben wird. Bei einer Breite von 8—10 Faden ist es 6—8 Faden hoch und 10—12 Faden lang. Die Thonschieferplatten des Gebirges haben das bequeme Baumaterial, ebensowohl zum Aufbau der plumpen Mauern, wie auch zur Dachdeckung geliefert. Die Stellung des Thurmes ist nicht immer dieselbe, stets aber lehnt sich das Wohnhaus, wenn es einen Thurm besitzt, mit seiner Breitenseite an ihn. Die Thürme sind in ihrem Grundrisse nicht ganz quadratisch; die Basis derselben hat 3—4 Faden Frontenbreite und etwas breiter sind die Seitenwände des Thurmes. Eine Höhe von 60—70' ist sehr gewöhnlich. Die Wände neigen sich oberhalb oft etwas zusammen, jedoch sieht man bisweilen auch senkrechtwandige Thürme. Das Dach dieser Thürme, sowie das der Wohnhäuser ruht auf hölzernem Dachstuhle und ist zu zweien Seiten flach geneigt. Schieferplatten, die von oben her gut beschwert werden, decken es. Wenige Fusse unter dem etwas vortretenden Dachgesimse, sind die vornehmlichsten Schiessscharten an den 4 Thurmwänden angebracht. Die Fronte trägt ihrer gewöhnlich drei, die Seitenwände mehr. Die sie überwölbenden Bogennischen springen $^1/_2$' aus der Wandfläche hervor. In solchen Thurm führen aus dem Hauptgebäude Mauerlöcher und sein Inneres ist durch mehrere Rundholzlagen in ebenso viele Etagen getheilt, deren jede in den Wänden

*) Bleibt hier schon klein in der Aehre, ist vielleicht eine von der erwähnten Art verschiedene Species, worüber später erst entschieden werden kann.

kleine Oeffnungen, bisweilen auch dreieckige Schiessscharten besitzt. Ebenso wird die obere Etage des Wohnhauses vom Erdgeschosse durch eine Lage von Rundstämmen getrennt. Dicke Planken mit eingekerbten Stufen dienen dazu, um in den Etagen des Thurmes und Hauses auf und nieder zu steigen. Von Aussen befindet sich am Wohnhause oben eine solche Planke, die sich an einen kleinen Holzbalcon vor der oberen Eingangsthüre mit ihrem oberen Ende lehnt. So wird bei Angriffen, nachdem die Thüre des Erdgeschosses verrammelt wurde, nach oben in die Wohnung gezogen und so dem Feinde das Eindringen erschwert. Die aus den dunklen Schiefern gefügten Wände besitzen keine grosse Dauer, das Gestein blättert oft stark und der Mörtel bindet schlecht. Es sind daher auch die meisten Wände der ältern Burgen und Häuser von vielen Rissen durchsetzt. In ihnen siedeln sich gerne Mauersegler (Cypselus apus), die Hausschwalben (hier nicht H. rustica sondern H. urbica) so wie Ruticilla phoenicurus und Motacilla alba zum Brüten an. Dann wachsen aus solchen Spalten oftmals Sedum und Saxifraga Arten, ja sogar kleine Gebüsche kommen in ihnen fort. Gerne baut der Swane seine Burg auf einen hervortretenden Hügel, an eine anstehende Felsenklippe, um mehr Terrain zu beherrschen. Die meisten Dörfer liegen auf den Terrassen der Anberge und drängen sich mit zunehmender Höhe über dem Meere immer mehr und mehr zusammen. Gegenwärtig herrscht im Dadianschen Swanien vollständige Ruhe. Es unterbleibt also auch der Bau der Thürme, die Neubauten der Wohnhäuser werden aber nach alter Weise ausgeführt, wie ich das bei Tscholoti am linken Tskenis-Tskali Ufer sah. Die Greise am Lentechi erinnern sich noch sehr wohl der Ueberfälle, welche sie vor der Zeit der russischen Oberherrschaft zu erdulden hatten. Jetzt beschränken sich die Fehden mit den Freien Swanen auf den Raub der hochweidenden Heerden und die Fürsten Gelowani von Laschketi beschwerten sich darüber, dass einige der ihnen gehörenden Swanen von den Freien Swanen zurückbehalten wurden. Raubzüge, wie sie früher üblich waren, kommen jetzt, selbst im Freien Swanien nicht mehr vor, aber die Verfeindungen einzelner Gesellschaften sind dort doch noch so gross, dass nicht selten Blut fliesst. Bei unserem Aufenthalte in Jibiani wurden mir dafür manche Belege geboten. Ehe ich der simplen inneren Einrichtung der Swanenhäuser gedenke, spreche ich noch von sonstigen Gebäuden, die man im Hofraume sieht. Soweit die Cultur des Mais möglich ist, sehen wir hier, wie in Mingrelien die luftig aus Holz gefügten kleinen Häuschen, in denen die Maiskolben aufbewahrt werden. In den tiefer gelegenen Gebieten Mingreliens errichtet man sie einen Faden hoch über dem Boden und lässt sie durch 4 Pfosten tragen. Dadurch wird der Einfluss der Feuchtigkeit des Bodens und der Mäusefrass in den Vorräthen vermieden. Man lässt handbreite Lücken zwischen den schenkeldicken Stämmen, welche die Wände dieser Häuschen bilden, damit die Luft freien Spielraum in ihnen habe und man giebt ihnen einen Strohdach. Höher im Gebirge findet man im Hofraume der Swanen-Besitzungen nur einen oder zwei Schuppen, deren drei Wände, wie das Dach aus übereinandergelegten Schiefern bestehen. Sind sie zur Aufnahme des Heus bestimmt, so nennt man sie Kirna. Die Garben der Gerste und des Roggens werden hier ebenfalls aufbewahrt, um sie vor dem Dreschen recht lufttrocken zu machen breitet man sie auf den »Kebr« aus. Es ist das ein glatter, geräumiger Vorbau aus grossen Schieferplatten, der in 1—2' Höhe, seitlich von dem Getreideschuppen zusammengelegt wurde. Dort ist auch die Dreschtenne (lekeri) gewöhnlich ganz mit dicken Schieferplatten ausgelegt. Die Wohnungen der Swanen haben keinen Rauchfang, eine aus Schiefern zusammengefügte Feuerstelle befindet sich bald in der Mitte der Hauses, bald näher einer der vier Wände. Im Winter wohnt der Swane gewöhnlich mit seinen Heerden zusammen im Erdgeschosse des Hauses. Er hat zum bessern Unterbringen des Viehes an einer der Längsseiten der Wohnung drei Etagen aus Holz gezimmert. Die Rinder stehen in der untern, welche ½ Fadenhöhe über dem Boden sich erhebt, auf den hölzernen Fussböden der zweiten treibt man die Schafe und über diesen wohnen die Ziegen. Gern bringt der Swane an dem Gebälk dieser drei Etagen grobe Schnitzwerke an. Die sonstigen Einrichtungen sind sehr dürftig, die Meubel bespreche ich später, sie sind bemerkenswerth. Ausserdem ist das kleine, hängende Häuschen (Kup) erwähnenswerth. Es hängt an Hanfstricken gleich bei dem Eingange in die Wohnung, ist aus Stäben und Brettchen zusammengefügt und dient zur Aufnahme der Käse und der frischen Milch. Im Sommer wohnt die Familie im oberen Stocke des Wohnhauses.

Bis zum 18. Juni blieb ich in Lentechi, die steilen Gehänge des Gulaschi boten in ihrer Vegetation eine Anzahl interessanter Pflanzen. Hier wurden die Arten gesammelt, welche wir Seite 30 bereits erwähnten. Am 18. früh brachen wir auf, um wo möglich an diesem Tage noch Laschketi zu erreichen. Wir mussten zunächst nach Tscholuli kommen. Der Weg dorthin führt dem rechten Tskenis-Tsqali Ufer entlang, fast immer durch stattlichsten Hochwald. Die Gebirgsneigungen sind bisweilen so stark und jähe, dass man sie nicht übersteigen oder umgehen kann, sondern hart an den wüthend hinschäumenden Tskenis-Tsqali Fluthen sich vorbeidrängen muss. Bei hohem Wasser ist die Passage nicht möglich, der an manchen Stellen nur fussbreite Pfad wird dann verdeckt. Oft musste das Gepäck von den Packpferden gelöst und durch die Führer weiter geschleppt werden. Wo sich die Uferstrecken im Dunkel der hohen Zapfenbäume einige Fadenbreit erweitern, sind sie sehr sumpfig. Mit den Circaeen wächst dann die europäische Sanicula und saftig grüne Mniumpolster schwellen an den sickernden Quellen empor. Auch auf dieser Strecke sind die wenigen Lichtungen des Hochwaldes von den Swanen bebaut. An dreien sonnigen Gehängen hatte man unlängst die einzeln stehenden hohen Rüstern und Buchen geringelt und Mais gepflanzt, die starken Stammenden der Bäume ragten überall aus den Pflanzungen hervor. Mit der Erweiterung des Tskenis-Tsqali Thales im Osten dieser Wälder schwinden die unmittelbar zum Flusse tretenden Gebirgstheilungen; die sanftere Basis derselben ist hügelreich, die Strauchvegetation tritt an die Stelle des schattigen Hochwaldes und weithin gegen Osten zerstreut liegen die Ansiedelungen von Tscholuli in einer mittlern Höhe von 3200' über dem Meere. Das rechte Ufer besitzt mehr bebaubaren Platz, als das linke. Bei Tscholuli führt eine Brücke zum linken Tskenis-Tsqali Ufer. Demselben folgten wir, um nach Laschketi zu gelangen. Auf dem Wege dorthin stürzten drei klare Bäche dem Hauptflusse von links her zu. Von rechts

Seite empfängt er ausser mehreren unbedeutenden Bächen den grösseren Cheschur aus schmalem Querthale. In diesem liegt einsam die Lidshi-Berg. Es führte hier noch vor einem Monate eine Brücke über den Tskenis-Tsqali, gegenwärtig war sie durch die Fluthen zerstört. Sie wurde von denjenigen überschritten, die nach dem Freien Swanien reisen wollten. Man überstieg sodann den Latpar-Pass, welcher etwa 8 Werst im Westen von der Dadiasch-Höhe liegt. Es ist dies die gewöhnlich benutzte Passage, um in das Freie Swanien zu gelangen, da die von Mingrelien aus, durch die Engschlucht des Ingur leitende nicht selten unzugänglich ist, nachdem nämlich Hochwasser die An- und Überbrückungen dort zerstören. Die Umgehung der Tskenis-Tsqali Quellen, wie ich sie später von Laschketi aus unternahm, wird von den Dadianschen Swanen wohl nur höchst selten vollführt. Es giebt aber einen, kaum in die Alpenkräuter eingetretenen Pfad, welcher vom Goribolo-Kamme (Rion) zum Fusse des Lapuri (südliche Tskenis-Tsqali-Quelle) leitet und welcher also Gebi am Rion mit Jibiani und Laschketi am Ingur und am Tskenis-Tsqali verbindet. Nur Jäger betreten diesen Pfad ab und an. Von anderen gebräuchlichen Pfaden, die aus dem Hochthale des Tskenis-Tsqali in das des Ingur führen, ist mir nichts mitgetheilt worden. Die Leila Höhe lässt sich östlich umgehen, wenn man von Pari aus nach Lentechi wandern will. Das kann aber nur durch Fussgänger geschehen, für Pferde und Esel ist der Übergang in das tiefere Thal nicht möglich. Dass natürlich der geübte Fuss des swanischen Alpenjägers das Hochgebirge nirgend fürchtet, dass ihm die Eismeere und Gletschermassen des Nennaquara und Lapuri, des Adisch und Uschba zugänglich sind und von ihm gelegentlich betreten werden, versteht sich von selbst.

Die Ermittelung der Niveau-Höhe des Tskenis-Tsqali bei dem Einflusse des Cheschuri, wie sie Herr Gileff*) angiebt, reiht sich vortrefflich in die Höhenzahlen, welche ich ober- und unterhalb dieses Ortes bestimmte. Sie beläuft sich auf [illegible]'. In 4—5 Werst Ferne davon gegen Osten wurde das westliche Ende von Laschketi mit [illegible]' berechnet. Durch den Mangel der Brücke wurden wir gezwungen dem linken Tskenis-Tsqali Ufer weiter aufwärts zu folgen. Ein mächtiger Sturz der platten, halbverwitterten Schiefer nöthigte uns die Uferstellungen zu erklimmen und so den Sturz umgehend, gelangten wir im schattigen Hochwalde wieder zum rauschenden Flusse. Im Halbdunkel, welches die hohen Buchenlaubdome verbreiteten, blühete hier an feuchten Stellen Spiraea Aruncus L. Unter die Sträucher mischt sich mehr und mehr Alnus incana, welche bereits mit dem Eintritte in das Hochthal des Hippus bei Lentechi ab und zu bemerkt wurde. Vorwaltend bleibt im Unterholze an sonnigen Stellen die Haselnuss. Ilex und Laurus Cerasus sind in voller Kraft auf die schattigen Localitäten angewiesen. Die Buche steht hier noch überall als prächtigster Hochstamm und zwar in Gesellschaft der beiden Coniferen (Abies.), die Weissbirke fehlt noch im Thale, aber die süsse Kastanie verschwand auf der Strecke, die wir von Tscholuri

*) Горный Журналъ, 1863 № 4, p. 61

bisher durchwandert hatten *). Es lichtete sich der Hochwald bald, die bebuschten Uferebenen erweiterten sich; wir standen an den ersten Feldern und Wiesen von Laschketi. Der Ueberblick auf das Hochthal vergrösserte sich. Mit dem Hintritt zum untern Laschketi bietet sich dem Auge eine reizende Hochgebirgslandschaft dar, in welcher aus dem herrlichen Grün der Wälder und Wiesen die oft weissgetünchten Burgen, oft auch ihre morschen Trümmer auftauchen. Vor allem macht sich gegen SO. eine steile, über die Schneefelder der vorderen Bergketten hoch hervorschauende, isolirte Spitze, mit jäher Stufung und schroffen Absätzen, bemerkbar. Es ist das der beinahe 10,000' hohe Tschitcharo, dessen grünsteinartiger Labradorporphyr **) einst die aufliegenden Schiefer durchbrach. Der Empfang, den man uns im unteren Laschketi bereitete, war keineswegs einladend. Bald sahen wir uns von wohl 50 Männern, etlichen Weibern und vielen Kindern umringt. Freiwillig gewährte man uns das Obdach nicht. Wir nahmen eine jener oben erwähnten, gedeckten Dreschtennen ein, die hereinbrechende Nacht vertrieb die Swanen und ungestört ruheten wir. Viel freundlicher waren die Bewohner des oberen Laschketi gegen uns. Am 20. früh erschien zunächst einer der vier Brüder Gelowani, ein blauäugiger, dienstfertiger Swanenfürst. Haupthaar und Anzug waren an ihm geordneter, als an seinen Untergebenen, er trug asiatische Stiefeln. Er geleitete uns in seine Besitzungen an den Fuss des Dadiasch, wo wir ganz in der Nähe der Kirche ein luftiges Holzgebäude im Hofe einer alten Swanenburg bezogen. Es steht diese Burg schon in dem hinteren Theile der laschketischen Thalerweiterung. Diese letztere ist die breiteste und geräumigste, welche der Tskenis-Tsqali in seinem Hochlängenthale besitzt. Auf dem Wege dorthin ritten wir durch die sorgfältigst umzäunten Getreidefelder, in den Saaten fand man Rhynchocorys Elephas Gries. als gewöhnliches Unkraut. Auf den Anhöhen, die dem Dadiasch sich erheben, standen viele, weissgetünchte Burgen. Das Bette des Tskenis-Tsqali liegt im oberen Laschketi wohl 15 Faden tiefer als die Ebenen am Fusse des Dadiasch. Die Ufer und einige geringe Inseln sind hier gut bestraucht. Zu beiden Thalseiten stehen gemischte Hochwälder, über sie hinwegsehend erblickt man die alpinen Matten. An den nächsten Tagen verhinderte fast beständiger Regen die Excursionen. Unterdessen hatten sich die Bewohner der nächsten Umgegend mit uns befreundet. Die 4 Fürsten Gelowani erschienen nach und nach, wurden freundlichst bewirthet und befragt. Man findet unter ihnen Niemand der eine Sylbe russisch verstände, jedoch hatte der eine Sohn des ältesten der vier Brüder das Lesen des Grusi-

*) Auf der Strecke Weges von Lentechi bis Laschketi wurden folgende Pflanzenarten gesammelt: Anthyllis vulneraria L. minor, subglabra. Stachys arvensis Vahl. Lotus corniculatus L. γ hirsutissimus Led. Sedum hispanicum L. Hypericum hirsutum L. Trifolium pratense L. Hypericum orientale L. Ranunculus arvensis L. var. tuberculatus DC. Medicago lupulina L. Scrophularia Scorodonia L. Trifolium elegans Koch. Berberis vulgaris L. Ranunculus polyanthemos L. Leontodon hastilis L. var. glabrata Koch. Vincetoxicum nigrum Moench. Sedum stoloniferum S. G. Gml. Trifolium procumbens L. Echinospermum Lappula Lehm. Veronica Anagallis L. Circaea alpina L. Tamus communis L. Datisca cannabina L. Mulgedium albanum Dec. Listera ovata R. Br. Meum alpinum Bieb.

**) H. Abich, Prodromus, etc.; p. 104 (461).

nischen geläufig erlernt, ein zweiter Sohn wird in Kutais erzogen. Ein dienstfertiger Priester und der Besitzer der Burg, in deren Hofe wir lebten, gaben die beste Auskunft über die Art und Weise, wie wir um die Tskenis-Tsqali Quellen kommen könnten. Einstweilen aber gaben mir die Umgegenden von Laschketi genug zu thun und erst am 21. Juni trat ich die grössere Reise in's Hochgebirge an. Bis zu dieser Zeit galt eine grössere Excursion dem Dadiasch und eine andere dem Tschitcharo. Laschketi selbst producirt guten und verhältnissmässig viel Getreide und auch Hülsenfrüchte. Mais und Rebe werden hier nicht mehr angepflanzt. Erst seit zwei Jahren versuchte man einige wenige Reben zu ziehen. Die Kartoffel wurde vor 8 Jahren eingeführt, gedeiht vortrefflich, wird aber nirgend als Feldfrucht angebaut, es soll 1 Pfund schwere Kartoffeln in Laschketi schon gegeben haben. Die Zucht des Rindes, welche vornehmlich betrieben und durch die ausgedehnten, alpinen Weideplätze am Dadiasch und Tschitcharo sehr gefördert wird, beschäftigt die laschketischen Swanen besonders. Nur wenig Schafe werden gehalten, dagegen eine bedeutende Anzahl besonders spitzköpfiger Schweine, die klein und kurzfüssig sind und die zum Theil während des Sommers mit in die Alpenregion übersiedeln. Von den wilden Vierfüsslern sind die beiden Hauptformen des Hochgebirges hier schon stark repräsentirt. Die Jagd des Tur's und der Gemse wird vorwaltend durch die Jäger von Laschketi betrieben. Der Edelhirsch und das Reh gehören zu den Seltenheiten, vom Wildschwein weiss man nichts und der Baummarder wird nur selten angetroffen. Am 23. Juni bestieg ich den Dadiasch. Dieses Gebirge besteht, wie die meisten Höhen der beiden seitlichen Scheidegebirge des Dadianschen Swaniens aus Thonschiefern des untern Jura. Sie sind vielfach von Quarzadern verschiedener Mächtigkeit durchsetzt. Das Massiv des Dadiasch erreicht mit seiner im Wesentlichen bogenförmigen Höhenlinie die absolute Höhe von 9615'*), beiderseits senken sich von ihm nach N. und S. zwei Thäler zum Ingur und Tskenis-Tsqali. Der Gipfel dieses Gebirges liegt kaum 100' über der Schneelinie, welche für diesen Theil des Kaukasischen Gebirges mit 9527' engl. bestimmt wurde**). Wir traten unsere Reise 8 Uhr früh an. Der Weg erhebt sich mit der Basis des Gebirges gleich zu Anfang recht steil. Die Gehänge sind überall mehr berast, als bewaldet. Auch hier in der Nähe des Dorfes wurde die Baumvegetation durch die Bewohner so stark verbraucht, dass der Charakter des Waldes fast gänzlich schwand. Erst, wenn man die Höhe der letzten Culturfelder hinter sich hat, tritt man in Hochwälder in denen die Weissbirke um die Herrschaft mit der Rothbuche kämpft. Später gesellt sich an einzelnen Stellen noch Acer Pseudoplatanus L. in schönen Gruppen zu den lichten Birkengehölzen. Die Höhe der Culturgrenze überragt die Höhe Laschketi's wohl nur um 600', sie würde also mit 4700' zu notiren sein. Diese Grenze ist nicht durch das Klima bedingt. Die Cultur der Gerste und des Roggens ist selbst bei einer Exposition gegen NW. noch in 7100' über dem Meere möglich (Jibiani in Freien Swanien). Es liegen also hier bei Laschketi locale

*) H. Abich, Prodromus etc. l. c. p. 101 (481).
**) H. Abich, Prodromus l. c. p. 101 (481).

Gründe vor, welche die Culturgrenze der Cerealien so deprimirt erscheinen lassen. Der starken Neigung des Terrains, der mühevollen Bearbeitung desselben, ist es zuzuschreiben, dass die Bewohner von Laschketi am Dadiasch nicht höher das Feld bauen. Carpinus, Ulmus, Sorbus, Viburnum, Rhamnus und Corylus bilden am Fusse des Dadiasch die Bestände der Buschvegetation. Die Eiche tritt auch hier der Zahl nach ganz in den Hintergrund. Feld und Heuschlag, der die saftigsten subalpinen Kräuter aufweist, decken die zwischen den Gehölzen liegenden Lichtungen. Die Basis der Wiesenflora wird durch zwei Trifolien, Astrantia, Melampyrum, Rhinanthus, Sanguisorba, kleine Umbelliferen, Valerianeen und Valerianellen, selbst vielen Gramineen gebildet. Dazwischen sieht man einzelne hohe Pedicularis atropurpurea Nord. Selten nur bemerkt man Ranunculaceen. Es ist aber bei den harten und langen Wintern der Heuvorrath, den die tiefer gelegenen Wiesen liefern, lange nicht ausreichend, um den Heerden die Stallfütterung zu gewähren. Die bedeutendsten Heuschläge liegen hier, wie überall bei den Swanen und bei den Bewohnern der Rionquellen über der Baumgrenze in der Höhe von 7—8000' über dem Meere. Mit dem kräftigeren Wuchse der Weissbirke in etwa 5000' Höhe treten einige Formen der hochalpinen Kräuterflora auf. So die schöne, grosslippige Betonica grandiflora Steph. und Pedicularis achilleaefolia Steph. Uebrigens geht Betula alba, die man in leibdicken Stämmen, bei gut erhaltenem nordischen Habitus mit und ohne hängende Aeste hier sieht, am liebsten den sonnigen Abhängen, die einen guten Unterwuchs und eine reiche Kräuterflora ernähren, nach. Das thut weder die Rothbuche, noch der erwähnte Ahorn (Acer Pseudoplatanus L.). Beide sind auf die schwarzerdigen Einmuldungen angewiesen, zu ihren Füssen deckt eine dürftige Kräuterflora nur lückenhaft den Boden. An der Baumgrenze, die im Mittel hier zu 7150' angegeben werden darf, erreichten wir die Sennhütte der Laschketen. Dieselbe ist aus Steinen gebaut. Hierher treibt man im Frühlinge alle entbehrlichen Heerden, nicht nur Rinder und Pferde, sondern auch die Schweine. Die vorjährige Lagerstätte der Hausthiere wurde gekennzeichnet durch ein grosses Feld, welches mit einer breitblättrigen Rumex Art dicht bewachsen war. Diese Pflanze fehlte nirgend im Hochgebirge, wo Heerden längere Zeit ruheten, man findet sie als treuesten Begleiter der Sennhütten. Ich stelle jetzt diejenigen Beobachtungen zusammen, welche Bezug auf die Baumgrenze in diesem Theile des kaukasischen Hochgebirges haben. Die Bestimmungen ähnlicher Höhen, welche Herr Akademiker von Ruprecht im Dagestan und an einigen Punkten der Südseite des Hauptgebirges machte, werden mir später Veranlassung geben, auf die bedeutenden Differenzen hinzuweisen, die durch die ermittelten Ziffern sich ergeben. Diese Differenzen sind gewiss durch klimatische Bedingungen hervorgerufen.

Nach Herrn Akademiker von Abich*) ergiebt sich für das mingrelische Hochgebirge die mittlere Höhe der Baumgrenze zu . . . . 7200' engl.

*) Prodromus, l. c. p. 101.

Herr Gileff ermittelte am Laipar Passe l. c. die Höhe der Baumgrenze gegen Süden zu: . . . . 7[illegible]7' .

Gegen Norden zu . . . . 8[illegible]7' .

Nach meiner Bestimmung wurde die Baumgrenze am Dadiasch gegen Süden berechnet zu . . . . 72[illegible]7' .

Nach meiner Bestimmung liegt dieselbe am Dadiasch gegen Osten noch 2[illegible]4' höher und streift die Region von Rhododendron caucasicum . . . . . . 7547' .

Nach meiner Bestimmung tritt Betula alba am Tschitschuro, Exposition gegen Norden, bis in die Höhe von: . . . . 7[illegible]3' .

Nach meiner Bestimmung wird Betula alba als armdicker Busch auf dem Lastilagri Passe (Weg zum Nakasar), Exposition gegen Westen, gefunden in der Höhe von . . . . 7[illegible]2' .

Nach meiner Bestimmung endet der Baumwuchs am Lascharbach im Norden von Pari, hier durch Pinus sylvestris in 4—5 Zoll dicken und 12—1[illegible]' hohen Stämmen gebildet, in der Höhe von: . . . . 7[illegible]1' .

Nach meiner Bestimmung beträgt am Garibolo (Russ.) die Verbreitungshöhe von Betula alba gegen Osten: . . . . 7[illegible]' .

Als Mittel ergiebt sich die Ziffer: . . . . 7[illegible]' .

Wenn ich bemerke, dass ich bei meinen Bestimmungen stets die vereinzelten, am weitesten postirten Bäume aufsuchte, um die Höhen zu ermitteln, so mag der Unterschied von [illegible]', welchen das Mittel meiner Messungen gegen die von Herrn Akademiker von Abich gegebene Zahl aufweist, damit erklärt sein. Die recht bedeutenden Schwankungen, welche die einzelnen Zahlen in der Tabelle bieten, lassen sich aus localen Verhältnissen genugsam erklären. Die Nordseite der Gebirge bietet nicht allein in den Differenzen der Baumgrenzenhöhe im Gegensatze zur Südseite, auffallende Unterschiede; es treten vielmehr die meisten anderen Pflanzen an ihr auch höher auf, als an den Südseiten derselben Höhen. Am augenfälligsten aber sind die Unterschiede, die wir hier in dem Vorkommen des Rhododendron caucasicum wahrnehmen. Nicht selten scheidet der scharfe Kamm der Gebirgsfirst auf das Bestimmteste die an der Nordseite dicht wachsenden Rhododendron Gebüsche von den gleich hohen alpinen Wiesen, die in unmittelbarer Nähe an der Südseite gelegen sind.

Die ermittelte Baumgrenzenhöhe von 7547' an der Ostseite des Dadiasch giebt mir noch zu folgender Bemerkung Veranlassung. Die an dieser Localität stehenden Hochstämme der Birke waren unter dem Einflusse vorherrschender Westwinde gewachsen. Sie waren zwar durchweg kräftig, erreichten sogar Leibdicke, nichts destoweniger hatten diese Stämme aber doch einen krüppelhaften Charakter. Sie waren vielfach gewunden und gebuchtet, viele abgebrochene Aeste lagen am Boden. Die Westseite dieser Bäume blieb in ihrer gesammten Entwickelung gegen die Ostseite zurück, die erstere besass weder den gleichmässigen Astwuchs noch das kräftige Laub, was beides an der Ostseite zu sehen war. Auch lagen die Windfälle alle gegen Osten. Nach der Erfahrung der Eingeborenen herrschen im oberen

Takenis-Tapali Thale in der That die Westwinde, welche bedeckten Himmel und meistens Regen bringen, vor. Ihnen entgegen setzt zugleich seltener der thalwärtswehende Ost, mit heiterem Himmel und trockener Witterung ein.

Die meisten Straucharten begleiten die Weissbirke bis zu ihrer oberen Verbreitungshöhe. Auch Azalea pontica steigt hier, am Südfusse des Dadianeh bis zu dieser Höhe. Viburnum, Xylosteum, Evonymus, Rhamnus halten eine dieser Höhen ein, werden aber in der höhern alpinen Matte nicht mehr bemerkt. Es fehlt hier die Vermittelung der strauchenden Birken zum Rhododendron Gürtel vollständig. Ueber der Baumgrenze sah ich von Holzgewächsen nur Daphne glomerata Lam. und recht viel Vaccinium Myrtillus L. Die Kräuterflora setzt sich vornehmlich aus folgenden auffallenden Arten zusammen: Geranium amethystinum Led. Ger. platypetalum Fisch. et Meyer. Betonica grandiflora Steph. Polygonum Bistorta L. Orchis latifolia L. Ranunculus acris L. β. Steveni Andrz. Orchis globosa L. Cerastium ruderale M. a B. Pedicularis achilleaefolia Steph. Luzula spicata DC. Anthoxanthum odoratum L. Myosotis sylvatica Hoffm. β alpestris Koch. Lotus corniculatus L. α. vulgaris. Alchemilla vulgaris L. Potentilla opaca L. ect. Gegen meine Erwartung fiel die Insectenausbeute nicht gerade reichlich aus. Auf drei Argynnis, einen Doritis, drei Zygaenen und zwei Hipparchien Arten und einige Spanner beschränkt sich die Schmetterlingssammlung, die ich vom Dadianeh mitbrachte. Von den Käfern waren nebst einigen Mordellen die Genera Cryptocephalus und Clytus am besten vertreten. Man muss höhersteigen, um die schönen alpinen Carabus, Nebria und andere Laufkäfergenera zu finden. Mit dem Höhersteigen deckten sich die Umrisse des Dadianeh immer deutlicher vor uns auf. Die überall bewachsenen Neigungen sind doch so bedeutend, dass man erst im Bereiche der tiefsten Schneefelder einen Ueberblick auf das Gebirge gewinnt. Von der Ostseite aus, einem kleinen Bache folgend, überschritt ich den Rhododendron Gürtel. Die Ufer dieses Bächleins lieferten folgende Arten: Anemone narcissiflora L. Epilobium origanifolium Lam. Cardamine uliginosa M. a B. Potentilla verna L. Veronica caucasica M. a B. Ajuga orientalis L. Trollius patulus Salisb. Anemone alpina L. Veronica gentianoides Vahl. Saxifraga sibirica L. Carex leporina L. Ranunculus Raddeanus Rgl. (n. sp.) Potentilla Nordmanniana Ledb. Primula elatior Jacq. β. amoena Ledb. Potentilla opaca L. Als Pflanzen, welche die dichtbewachsenen Rhododendronbestände begleiten und unter ihrem schattigen, braungrünen Blattdache vornehmlich gerne wuchern, sind neben Daphne glomerata noch Oxalis sp. und Vaccinium Myrtillus zu nennen. Die weithin zusammenhängenden Rhododendronflächen erreichen kaum 7', selten 8' Höhe. Die überaus schönen reichen Blüthenstände der Alpenrose entfalteten sich jetzt. Neben einer Varietät, deren Blumen etwas in's Gelbe ziehen, sieht man die weissblüthige mit rosa Blumenschlund vorherrschen. Grosse Feuchtigkeit meidet Rhododendron caucasicum. Bodenflecken, welche der niedrige Rasen bildet, bleiben wie Oasen im Dunkelgrün der Gebüsche liegen, an ihnen siedelte sich Veronica gentianoides Vahl, Anemone narcissiflora L. und Ajuga orientalis L. gerne an. Im weiteren Verfolge des Bächleins traten Primula elatior Jacq. und P. farinosa L. häufiger auf. Gesellschaftliche Caltha, Trollius und höher die grossblumige Anemone alpina L. nahmen viele Plätze ein. Sie wechselten mit der weissblüthigen An. narcissiflora L. War die Uferflora am Bache eine von Ueppigkeit strotzende, so wurde sie seitwärts und höher von ihm zusehends schwächer. Wir befanden uns mit dem Hinritte zu den untersten Schneefelderlinien auf dem erweichten Alpenboden, dem kaum die ersten Primelkeime entsprossen. Die Schneeschmelze war hier im besten Gange. Der mit halb zerfallenen Schieferstückchen durchsetzte Lehmboden war von den halbfaulen Stengeln der vorjährigen Pflanzen bedeckt. Die überrieselnden Schneewasser hatten ihn schlickig gemacht. Hier lebt im Sommer eine Wühlmaus. Sie muss aber sicher im Herbste bergab wandern, da im Frühlinge während der Schneeschmelze die Baue bedroht werden, theilweise jetzt sogar fortgeschwemmt wurden. Es ist mir nicht gelungen hier, oder aus andern Localitäten des mingrelischen Hochgebirges eine Arvicola Art mitzubringen. Ich besitze nur einen Sminthus und den europäischen Maulwurf aus der Höhe von über 8000' über dem Meere. Mit 8800' Höhe befindet man sich im Bereiche hochalpiner Flora, welche nur sehr mangelhaft, wenigstens in ihren phanerogamen Kräutern, die Schiefertrümmer bedeckt. Die zierlichen Formen von Gentiana pyrenaica L., Campanula Biebersteiniana R. et Sch. Saxifraga muscoides Wulf. Alsine hirsuta Fenzl. Androsace intermedia Led. und der gelbblühenden Draba tridentata DC. setzen die eigenthümliche, dürftige Vegetation zusammen. Dazwischen liegen vereinzelt die grossblumigen Jurineen (Jurinea subacaulis Fisch. et Meyer, Sibbaldia procumbens L. und Alchemilla sericea Willd. bilden grössere Ansiedelungen und an einer Stelle wurde in dieser Höhe noch Ornithogalum umbellatum L. gefunden, sie blühete jetzt erst. In dieser Region, welche gegenwärtig noch von zahlreichen Schneeflecken und Schneefeldern durchsetzt war, hatten wir das Glück mehrere Familien des grossen kaukasischen Felsenhuhnes (Megaloperdix caucasica) aufzuscheuchen. Die Swanen nennen es: Mulkaure oder Mulkare, die Mingrelier: Ixdaure, die Osseten an der mittlern Rionquelle: Sim und die Imeretiner in der obern Radscha: Daberuni. Es ist die Lebensweise dieser Art, wie die des ganzen Genus, das bekanntlich nur die asiatischen Hochgebirge in 4 Species bewohnt, noch so gut wie unbekannt. Deshalb theile ich Einiges über sie mit. Wie diese Vögel in der Anlage ihres innern und äussern Baues im Wesentlichen eine riesige Wiederholung der Feldhuhnarten sind, so befolgen sie auch in der Art ihrer Lebensweise denselben Typ. Schon zeitig legen sie in das ganz kunstlose Nest, welches an schneeentblössten Felsenkuppen am liebsten im Schiefergebirge gebaut wird 12 — 20 Eier. Ich kam zu spät, um diese zu finden. Die Ueberdachungen, welche hervortretende Schieferplatten an sonnigen Gehängen über der Baumgrenze bilden, suchen sie besonders gerne zu den Brutplätzen aus. Anfangs Juni ist das Brutgeschäft vollbracht. Mann und Weib leiten die Jungen im Flaumkleide und halten dann bei der Verfolgung lange aus ohne aufzufliegen. Ist Gefahr vorhanden, so ducken sich die Alten auf das Geschickteste und versuchen sammt der Brut laufend zu entkommen. Die vielen Zacken und Kanten des steinigen Bodens werden zum gelegentlichen Versteck benutzt. Ohne Spürhund verliert man sehr bald das ganze Volk, welches zerstreut unter und neben den hervortretenden Felsen kauert. Sind die Jungen gut versteckt, so laufen die beiden Alten mit nach vorne gestrecktem Halse und niedergebeugtem Körper weiter fort und heben sich in einiger Entfernung vom Jäger, um ihn zu täuschen und seine Aufmerksamkeit von der Brut abzulenken. Ihr Flug ist hühnerartig rasch und gerade, bevor sich die Vögel setzen wiegen sie sich in der Luft zu beiden Seiten einige Male, wie das z. B. die Zwergtrappen auch thun. Gerne lassen sie sich zuerst auf grössere Schneefelder nieder. Ist die Bande gesprengt, so laufen die einzelnen Vögel rasch, wie es die Feldhühner im Winter auf den Schneefeldern auch thun, in verschiedenen Richtungen auseinander, rotten sich später und heben sich nach gewisser Zeit, um zum früheren Aufenthaltsorte die theilweise zurückgebliebenen Jungen zu sammeln. Sie rufen zunächst mit kräftigem Pfiff, ähnlich demjenigen, wie ihn Numenius arquata hören lässt und dann erfolgt ein mehrmaliger, eintöniger Triller. Am Dadiasch verging wohl eine Stunde, bevor die geschreckten Paare zum Sammeln der Brut am frühern Aufenthaltsorte erschienen. Der grösste Theil der Jungen war bereits, obgleich er das Flaumkleid am Körper trug, doch schon flügge. Die Hauptnahrung von Megaloperdix caucasica besteht hier, wie in Sibirien bei der Altaischen Art in den Blumenknospen hochalpiner Pflanzen, vornehmlich Potentilla-Arten

Die Ornis des Kaukasischen Hochgebirges ist keineswegs reich zu nennen. In dem diesmal bereisten Theile, in welchem bekanntlich zwischen Elbrus und Kasbek die Hauptkette ihre bedeutendsten Höhen erreicht, ist mir nicht ein einziges Mal die Riesengestalt eines Lämmergeiers oder Adlers zu Gesichte gekommen. Einige Kernbeisser, unter denen Fringilla nivalis und F. spinus zu nennen sind, wurden am häufigsten in der hochalpinen Frühlingsnatur bemerkt, so auch namentlich in der Nähe dichter Weidengebüsche am Nordfusse des Nakhra Passes. Auf der Höhe des Dadiasch schwebten über den Schneefeldern wenige Alpendohlen (Fr. Graculus) und neben der Alpenlerche machte sich Accentor alpinus durch sein auffallendes Benehmen sehr bemerkbar. Ausschliesslich sind es die untern Schneefelder, welche dieser Vogel bewohnt. Er hebt sich gegen Abend in der Art der Schnepfen, d. h. senkrecht ansteigend. Aus der Höhe von 80—100' stürzt er dann auf die Schneefelder zurück und flötet mit vorher angenommenen im Crescendo sich steigernden Trillern während der Zeit seines Falles. Einzelne kleine Schneeflecken und hervortretende Anhöhen wählte er am liebsten zur kurzen Ruhe, nach welcher er abermals aufstieg. Er ist in dieser Arbeit vor Sonnenuntergang unermüdlich.

Die zusammenhängenden Schneefelder der Ostseite des Dadiasch wurden überschritten. Wir gelangten mit einiger Mühe auf einen schmaler werdenden Rücken. Von der Höhe desselben eröffnete sich nach allen Seiten hin der volle Ueberblick einer grandiosen Hochgebirgslandschaft. Sie wurde besonders gegen NW. unvergleichlich grossartig und pittoresk. Die majestätische Einsamkeit der Alpennatur umgab uns. Die dunklen Tinten der Schiefergebirge zeichneten mit scharfen Zügen im Weiss der Schnee- und Eisfelder die festeren Conturen des Bildes, dessen eintöniges Colorit nur mit zunehmender Ferne nach und nach gemildert wurde. Unser Standpunkt lag circa 200' unter der grössten Höhe des Dadiasch,

Diese beläuft sich nach Herrn v. Abich's Bestimmung auf 8619*); wir standen in 8402' Höhe über dem Meere. Im Vordergrunde gegen NW. übersah man jenseits einer tiefen Schlucht, die bereits in die Dämmerungsschatten sich gehüllt hatte, die [illegible], deren östliche Steilwände die linke Thalwand jener nach Norden geneigten Schlucht bilden. Sie gehören dem Längenjoche zwischen Ingur und Tskenis-Tsqali an. Hinter ihnen tritt dann, als ein nach Süden hervortretender Theil des kaukasischen Hauptgebirges, die durch spitze Pike ausgezeichnete Gebirgsgruppe des Uschba (Bessatsch-mta) namentlich hervor. Die tiefe Einsattelung, welche dieses Gebirge in seiner Haupterhebung besitzt, lässt es leicht erkennen. Hinter demselben und etwas weiter nördlich gerückt, bestimmen die Umrisse des stumpfen, weissen Elbruskegels die entferntesten, festen Haltpunkte am Horizonte. Ich komme bei dieser Gelegenheit auf den Irrthum zurück, den Herr Bartholomaei bezüglich des Elbrus in seinem Artikel über das Freie Swanien begeht**), kann mich aber auch nicht mit Herrn Giletti's***) Meinung einverstanden erklären. Nach letzterem ist der Tetnuld im NNO. vom Dorfe Adisch von Herrn Bartholomaei für den Elbrus fälschlich gehalten worden. Die rohen Zeichnungen, welche indessen Herr Bartholomaei unter No. 1 und No. 37 seiner Abbildungen publicirt, lassen den Bessatsch-mta zur vollständigsten Genüge erkennen. Man vergleiche, um sich davon zu überzeugen die von uns beigegebene betreffende Tafel. Auch sagt der Verfasser p. 158. «Auf der Höhe des Passes (Latpar) hielten wir an . . . . vor uns links erhob sich der wilde Elbrus». Wenige Zeilen tiefer findet sich eine gleichlautende Stelle. Die Benennung Tschitschara, wie sie Seite 159 gebraucht wird, muss in Schhara oder Schhari, dem Nachbargebirge des Nuamquam im NO. von Jibiani, umgeändert werden. Der Tschitschara ist, wie wir gesehen, eine der Haupthöhen zwischen dem oberen Rion und Tskenis-Tsqali. Es ist möglich, dass bei dem Uebergange des Latpar Passes das Massiv des Uschba den gegen NW. gelegenen Elbruskegel ganz verdeckt. Gewiss ist es, dass der letztere vom Ingurthale aus nirgend sichtbar wird, dagegen die viel näher gelegenen, so charakteristisch geformten Uschba Höhen selten nur durch vortretende Gebirge dem Auge des Reisenden im oberen Ingurthale verdeckt werden.

Nicht minder grossartig war der Blick vom Dadiasch gegen Osten. Jenseits der swanischen Grenzgebirge lagern hier die schneegedeckten Gebiete Hochimeriens. Nirgends bieten ihre vielfach terrassirten Profile so eminente Erhebungen wie sie im NW. vom Dadiasch sich uns darbieten. Es war ein selten begünstigter Abend, den ich hier verlebte; der Himmel so rein und die Atmosphäre so dünn und klar, dass alle Details auf grosse Fernen hin recht deutlich zu erkennen waren. Gegen Süden, westlich vom hohen Tschitschara, deutete in weiter Ferne die getrübte, dunstreiche Atmosphäre den Einfluss des colchischen Tieflandes an. Milde verschwammen dort im leicht gerötheten Schimmer der Abendbeleuchtung die Umrisse

---

*) Prodromus etc. l. c. pag. 101.

**) Записки Кавказскаго Отдѣла Имп. Русскаго Геогр. Общ. 1855, кн. III, pag. 158 et sqq.

***) Горн. Журн. l. c. p. 66.

des Quamli, der trotz seiner Höhe von 6400' gleich einem isolirten Zwerge dastand, wenn man ihn den Riesen des näherliegenden Gebirges verglich. Endlich umsäumten in kaum erkennbaren Umrissen, die nur mit Mühe sich verfolgen liessen, die Höhen der Gurischen und Achalzichschen-Gebirge den südlichen Gesichtskreis.

Erst gegen Mitternacht erreichte ich Lentechi wieder.

Eine ähnliche Excursion wurde am 25. zur Westseite des Tschitschara (auch Tschitkara und Tschitkaro) gemacht. In Begleitung des dienstfertigen lentechischen Priesters, mit Alpenstock und Brodsack ausgerüstet, brachen wir zeitig auf. Zunächst muss man einige Werste dem rechten Tskenis-Tsqali Ufer entlang aufwärts reiten, bis man zu dem links einfallenden Chobi-schari (auch Gobi-schari) gelangt, dessen Quellen an der Westseite des Tschitschara gelegen sind. Dort passirt man auf hinfälliger Brücke den reissenden Fluss. Auf den Flachufern des Tskenis-Tsqali walten dichte Ellerngebüsche vor. Es lebt in ihnen hier die Amsel recht häufig. Noch gewöhnlicher als sie sah ich den Carmingimpel (Pyrrhula Erythrina), welcher an den Quellen des Tskenis-Tsqali der gemeinste unter den kleinen Vögeln ist. Er singt bis Anfang August viel und schön, besonders vor dem Regen. Die weisse Bachstelze hatte hier ihre Brut schon aufgezogen und bevölkerten die kleinen Familien die steinigen Uferebenen. Lanius Collurio und Emberiza Cia, die beide in den tiefer gelegenen Bergländern Mingreliens die gewöhnlichsten Vögel sind, wurden hier schon selten. Die seitlichen, oft stark entblössten Hochufer des Tskenis-Tsqali ernähren vornehmlich Berberis Gebüsche, Hippophaë rhamnoides, die man im tiefen Rionthale schon häufig findet, wurde hier nirgend bemerkt. Gleich, nachdem die Brücke überschritten war, ging es steil bergan. Die Felder und Heuschläge des nahe gelegenen Dorfes Chobi wurden durchwandert. In einer Höhe von 4600' standen an den Steilungen des Gebirges die ersten Birken. Giebt man die Baumgrenze gegen Norden an den Vorbergen des Tschitschara mit der runden Ziffer von 7100' an (die Rechnung ermittelte 7063') so gebührt dem Weissbirkengürtel immerhin die bedeutende Breite von 2500'. Im untern Theile desselben prädominiren jedoch die Rothbuche und die Zapfenbäume so bedeutend, dass die Weissbirke hier gesucht werden muss. Schon wenig oberhalb der Einmündung des Chobi-schari in den Tskenis-Tsqali tritt dieselbe auch als Schwächling bis zur Sohle des Flusses, welche Höhe mit 3200' notirt werden kann. Auffallend war ihr Vorkommen auf den hohen Ruinen einer alten Burg im Dorfe Schkedi. Ein kräftiger fussdicker Stamm trieb seine Wurzeln zwischen den gelockerten Steinen der einen Ecke dieser Ruinen. In der Nähe dieser Ansiedelung hatte der Wald wieder sehr merklich unter der Axt der Swanen gelitten. Mit dem Höhersteigen befanden wir uns bald unter den herrlichsten Bäumen des Rothbuchenwaldes und die beiden Abies gruppirten sich an manchen Stellen zu grösseren Beständen. Auf den vereinzelt im Walde gelegenen Heuschlägen bot der kurze Krautwuchs neben gewöhnlichen Strangalien und Lepturen auch einige wenige Cetonien und Hoplia farinosa. Jedoch blieb mein Bemühen im Moder der alten Buchenstämme grosse Raubkäfer zu finden auch hier ohne Erfolg. Ich brachte nur die platten Formen des Hochgebirges nahe der Schneegrenze aus den beiden Hochthälern des Tskenis-Tsqali und Ingur mit. Gegen

11 Uhr erreichten wir die Baumgrenze. Betula alba bestimmt sie. Die Höhe, welche wir erstrebten, heisst bei den Eingebornen Surkischa. Es steigt an ihr, wie auch unterhalb des östlicheren Gorgi-Passes und am Naschka der Rhododendron-Gürtel wohl 300' in die Baumregion abwärts, was nur an den Nordseiten der Gebirge bemerkt wird. Ebenso tief reichend bemerkte ich auch die letzten Exemplare von Anemone narcissiflora. Andererseits treten schwächliche Gebüsche der Eberesche, die ich niemals in solcher Höhe blühen sah, aber die äussersten Birken hervor weit in die düstern Rhododendronbestände. Die Weissbirke wurde auch hier ab und zu von Azalea pontica begleitet, jedoch war letztere bei weitem seltener, als an den gegen Süden offen gelegenen Höhen des Dadiasch. Die Richtung nach Süden einhaltend, erstrebten wir zunächst die trockenen Höhen des Dudiari, auf ihnen wurden zum grössten Theile solche Pflanzenarten gesammelt, welche ich bis dahin noch nicht bemerkt hatte, so z. B. Podospermum Meyeri C. Koch, Viola grandiflora L., Pedicularis crassirostris Bunge, Plantago saxatilis M. a B., Corydalis caucasica DC., Salix arbuscula L., Senecio pyroglossus Kar. et Kir. Sodann wendeten wir östlich, um so in das Quellthal des Chobi-schari zu gelangen, welches den Westfuss des Tschitschharo umzieht. Ein am SW. einmündendes Nebenthälchen, in welchem die ausgedehntesten Matten die Gehänge durchweg bedeckten, besitzt den Namen Rubodzalla. Es ist den Jägern durch den Gemsenstand bekannt, da dieses Wild vom Tschitschharo hierher regelmässig auf Äsung zieht. Zur Mittagszeit liegen diese, im kaukasischen Hochgebirge an den meisten Orten noch sehr häufigen Thiere, meistens nahe von den untern Schneefeldern fest. Am frühen Morgen sieht man aber gemeinlich die alten Böcke einzeln, in eiligen Sprüngen thalwärts setzen, da sie gerne die hie und da vorkommenden geringen Salzlecken besuchen, auch ebenso gerne wie alle andern wilden und zahmen, grasfressenden Vierfüssler die kohlensauren Eisenquellen benutzen. Am Westfusse des Tschitschharo hatte die Schneeschmelze noch nicht alles Terrain blossgelegt. Von den hier hervorkeimenden Pflanzen sind ein breitblättriger Galanthus und Fritillaria (G. plicatus M. a B. und Fr. latifolia Willd.) so wie die schöne Primula pycnorhiza Ledb. besonders zu nennen. Unterdessen begann es zu regnen. Die Sennhütte, welche wir bemerkt hatten, ehe wir von der Dudiari Höhe zum Rubodzalla Thälchen uns herabliessen und die hoch auf dem linken Thalrande des Chobi-schari an der Baumgrenze stand, lag uns jetzt zu fern. Sie wird von zweien Suanen, die Hirten sind und zugleich der Gemsjagd obliegen, bewohnt. Wir zogen es vor, dem Chobi-schari abwärts folgend, den Schutz des Hochwaldes aufzusuchen. Die Passage bietet in ihrem oberen Theile viele morastige Stellen und ist ungemein wild verwachsen. Hier lernte ich die später an den Quellen des Tskenis-Tsquali so oft gesehene, eigenthümliche Flora kennen, welche in unglaublicher Fülle auf den Gebieten der späten Schneeschmelze sich entwickelt, wenn nämlich solche einen guten schwarzen Boden besitzen und im Bereiche der Baumgrenze liegen. Diese Riesenvegetation setzt sich zum grossen Theile aus mehrjährigen Krautgewächsen zusammen, welche, nachdem ihre Wurzeltriebe schon lange unter der Schneedecke vorbereitet waren, dann, wenn diese Anfangs Juni schwindet, bei der sommerlichen Wärme ungemein kräftig und rasch aufschiessen. Es sind einige riesige Um-

belliferen hohe Compositen, mehrere grossblättrige Telekia-Arten, Senecio und ein Mulgedium, ferner Campanula lactiflora M. a B., auch Cephalaria tatarica Schrad. Aconitum variegatum L. et Lycoctonum L. und Delphinium elatum L., die sie hier zusammensetzten. Das Dickicht, welches man ohne Kindshal nicht gut durchdringen kann, wird am Boden noch durch zahllose Petasites-Blätter, durch mehrere Gramineen, durch Lilium-Stauden vermehrt. Ohne die Mithülfe von Schlingpflanzen wird es doch fast ebenso hinderlich und unzugänglich, als die weit tiefer gelegenen von Clematis und Smilax durchwebten Gebüsche. Dabei ist diese Flora so hoch, dass sie oftmals Ross und Reiter überragt. Ihr sporadisches Vorkommen im Hochgebirge deutet auf ganz locale Bedingungen ihrer Entstehung und diese glaube ich in der späten Schneeschmelze an solchen Orten erkannt zu haben. Die durch die Herbstfröste bald getödteten Pflanzenleichen liefern den Gebieten eine dicke Düngerlage; die eingewehten hohen Schneefelder schützen während des langen Winters die meisten wurzelstockigen Pflanzen vor dem Erfrieren; das im Frühlinge beständig durchsickernde Schneewasser feuchtet den Boden vollkommen durch und endlich trifft ihn, nachdem er blossgelegt wurde, die Sommertemperatur. In zwei bis drei Wochen bildet sich dann ein wahrer Wald von krautartigen Gewächsen. Die Tafel, welche eine Ansicht der südlichen Tskenis-Tsqali-Quelle mit dem Lapuri Gletscher giebt, stellt im Vordergrunde diesen eigenthümlichen Hochgebirgsflorentyp vor.

Das Wetter wollte sich nicht vortheilhaft ändern. Vom Regen getrieben überschritten wir, bereits im Bereiche des Buchenhochwaldes den in Cascaden fallenden Chobi-schuri und erreichten Abends Laschketi wieder.

Sonnabend den 27. früh trat ich die Reise zu den Quellen des Tskenis-Tsqali und zu denen des Ingur an. Als Wegweiser nahm ich ausser dem lentechischen Priester noch zwei andere Swanen mit. Es stand uns eine mühselige Hochgebirgsreise bevor. Unser Weg sollte am Nordfusse des Tschitchara, immer an der Nordseite des Scheidegebirges zwischen dem Dadianschen Swanien und der Radscha sich hinziehen. Wir wollten im Osten des Tschitchara die Gebirgshöhe ersteigen, um im weiteren Verfolge derselben gegen SO. den Lapuri Gletscher zu erreichen. Da dies aber eines Erdsturzes wegen nicht möglich war, so mussten wir von der erstrebten Höhe des Ougi-Passes, zwischen Tschitchara und Tamiani uns wieder zum Tskenis-Tsqali herablassen und so durch unwegsame Wälder zu der südlichen Tskenis-Tsqali Quelle gelangen. Dies war die Route, welche verfolgt werden sollte. Am heutigen Tage legten wir die Strecke bis zum Oögi-Passe zurück. Zuerst schlugen wir die Richtung ein, die am 25. uns zum Tschitchara leitete, blieben aber länger im Bereiche des Waldes auf den Höhen des linken Tskenis-Tsqali-Ufers und erstiegen hier bedeutende Höhen. Meistens bewegten wir uns nahe der Baumgrenze, geriethen ab und zu in die Rhododendronbestände und setzten über einzelne Schneeschrammen. Es änderte sich in der Vegetation nichts. Wo Lichtungen sind und wo die Schneeschmelze sich lange verzögerte sah man überall in der Höhe der Baumgrenze üppige Weideplätze von oben erwähnter Zusammensetzung. Man bemerkt auf dem Südabhange des auf den Dadiasch gegen Osten folgenden

Atsaschi ein recht zusammenhangendes, kleines Dorf, welches gegenwärtig der letzte, bewohnte Ort am Tskenis-Tsqali ist, es heisst Macharsch und liegt also auf rechter Seite des hier schon aus seinen beiden gleichnamigen Quellbachen vereinten Flusses. Seiner Lage entsprechend befindet sich auch auf linkem Tskenis-Tsqali Ufer ein hochgelegenes Dörfchen, Marbasch genannt. Noch weilten wir im Bereiche der Rothbuche und Ahorne, als uns ein Mehltransport aus Marbisch entgegen kam. Das Mehl wird in grossen, ganz roh gearbeiteten Schachteln aus Birkenrinde auf Schlitten von Ochsen über die Steilungen der Gebirge geschleppt. Man hatte es mit Laub zugedeckt. Wie wenig der Swane sich bemüht die Stoffe, welche die Natur ihm bietet einigermaassen kunstlich zu bearbeiten, sahen wir bei dieser Gelegenheit. Die so fug- und formbare Birkenrinde hatte in den Händen der Swanen die allerdürftigste, roheste Gestalt angenommen. Wie viel Geschmack und Kunstfertigkeit bemerkt man dagegen bei den Tungusenstämmen Sibiriens, welche die Birkenrinde verarbeiten! Am oberen Verbreitungsrande der Buche gab es eine schroffe, nackte Schieferstellung zu übersteigen, jenseits welcher wir alpine Matte betraten, die hier ebenso, wie am Dadiasch aus Betonica, Geranium, Polygonum etc. zusammengesetzt war. Eine Zeit lang verfolgten wir noch den Rand der Baumgrenze, sodann wurde die Richtung Ost eingehalten. Längst der Höhe eines tief zum Tskenis-Tsqali eingesenkten, steilen Thales blieben wir immer im Norden des Tschitcharo und gelangten nach und nach zu seiner höchst malerischen Ostseite. Es führte uns die eingeschlagene Richtung hart zum Fusse des NO. Abfalles des Tschitcharo. Dieser zeigt die nach Süden geneigten, durchgehenden Schichten von colossaler Höhe mit senkrechten Wänden. Wir hatten eben die Wasserscheide zwischen dem Chobi-tskali und einem östlicher fliessenden Bache überstiegen, als zwei wandernde Gemsenzüge unsere Aufmerksamkeit in Anspruch nahmen. Rudeln von dreissig und mehr Stücken weiden hier noch. Die Vorberge des Tschitcharo sind von der Gemse vorzüglich stark bewohnt. Die beiden bemerkten Züge kamen von alpiner Matte, ein Jäger im Thale hatte sie aufgescheucht. Sie zogen in Linien und erreichten bald die höhern Schneefelder über die sie fortwanderten und zur Südseite des Gebirges sich begaben. Die auf sie gemachte Jagd blieb erfolglos, hielt uns aber einige Stunden auf, während welcher Zeit ich botanisirte und Insekten sammelte. Wir befanden uns im Bereiche der Schneefelder. Die Sonnenwärme prallte von diesen weissen Flächen stark ab und hüllte uns in unerträgliche Hitze, sobald wir über sie schritten. Es erklärt sich dadurch auch der Aufenthalt vieler Laufkäfer auf den Schneefeldern, die alle auf ihnen hurtig umherlaufen, weil sie zwar Wärme aber keine Nahrung finden. Dergleichen Laufkäfer wurden gesammelt. Mit dem Höhersteigen entwickelten sich klar die Formen der im Osten von uns gelegenen Gebirge. Es sind zunächst die bedeutenden Tsmiari Höhen, direct gegen NO. mit ihren nach Westen in kahlen Schiefertrümmern abfallenden Wandungen, welche bemerkt wurden. Sie bilden einen Lieblingsplatz für die kaukasischen Steinböcke. Ueber sie sollte unser Weg zum Lapuri Gletscher führen, jedoch hinderte der oben schon erwähnte mächtige Erdsturz uns daran diese Richtung zu verfolgen. Wir hatten unterdessen die Passhöhe erreicht, welche eine Verbindung der Radscha mit dem Dadianschen Swanien herstellt und also Bogoali mit Laechkoti verbindet. Sie hat den Namen Gurgi, bildet einen sanften Höhenzug, von dem aus man die Radscha, einen Theil Ossetiens überblickt und selbst bis nach Karthli die Landschaft verfolgen kann. Dieses Bild ist trotz seiner Grossartigkeit doch eintönig und öde, man bemerkt nirgend menschliche Ansiedelungen; ein wildes Hochgebirge, in dessen Vordergrund sich kein Waldesgrün von den braunen Schiefersteinen abhebt und wo sich das Auge allein an die alpinen, blumenreichen Matten halten muss. Von der Gurgi-Passhöhe, die zu 9120' bestimmt wurde, wandten wir uns, da es schon spät war, zum Nachtlagerplatze. Um in das Gebiet von Rhododendron und Betula, die beide zur Feuerung nöthig waren, zu gelangen, kehrten wir direct nach Norden und rutschten über Schneefelder und Schiefergeröll tief thalwärts, wo am Rande eines Baches, dessen Namen meinen Führern unbekannt war und den die Karten ebenfalls nicht nennen, in üppiger Wiese Halt gemacht wurde. Bei geringer Feuerung und starkem Thaufall, im Westen des Tomiari, blieben wir hier. Wir verliessen nach dieser kalten Nacht (+ 3° R.) mit Sonnenaufgang unseren Lagerplatz und arbeiteten uns allmählich zunächst ostwärts zu einem steilen, in Folge von Schieferstürzen ganz mit platten Thonschiefersplittern beworfenen Thale durch*). Der Pfad führte durch Rhododendron Gebüsche und theilweise in üppiger alpiner Matte. Dies steile, enge Schieferthälchen mündet abwärts zum südlichen Quellarme des Tskenis-Tsqali. Das Wasser des Baches ist stark getrübt, da es bei so raschem Falle selbst in den schwächsten seitlichen Gerinnen viel vom verwitternden Schiefer abspült. Die Schieferentblössungen sind meistens ohne Pflanzen. Hier hatte sich ab und zu Silene angesiedelt. Oft rutschte man steil ab und Pferd und Bagage schwebten in Gefahr. Ich machte die Rutsche wie auf den Schneeströmen, der Alpenstock diente als Steuer. Es gewinnt das Bächlein sehr bald an Umfang und im Grunde des Thales haben die grösseren gestürzten Schiefer sich einen breiten und festeren Boden gebildet. So gelangten wir gegen 10 Uhr in die schönen Buchenhochwälder, die am linken Ufer des südlichen Quellarmes vom Tskenis-Tsqali stehen. Ein steiles, bestrauchtes Ufer war noch zu erklettern. Trockenes Laub bedeckte hoch den Boden, wenige Kräuter wuchsen auf ihm, ein dichtes Laubdach benahm der Sonne die Macht. Ulmus und Carpinus, Acer und Fagus mischten als Hochstämme den Wald zusammen. An manchen Lichtungen standen weithin zusammenhängende Farrenbestände von 4—5' Höhe, an anderen, grösseren, wo der Schnee lange Zeit gelegen hatte und die gegen die Sonne gut exponirt waren, walteten die öfters schon erwähnten Stauden vor. (Campanula, Compositen, Aconitum und Umbelliferen). In einer solchen Vegetation, nahe von den steilen Nordabstürzen des [illegible] machten wir Halt. Es war Gewitterschwüle, die Nimbuswolken ballten sich über uns. Hier waren in der That die Gewächse 8—9' hoch. Mit Kindshal und Säbel machten wir uns Platz. Grosse Bremsen und Tausende kleiner Musquitos setzten uns stark zu. Ich sah die Eiche hier nicht mehr, als gewöhnliches Unterholz wurde die Haselnuss und an feuchteren

*) Die mich begleitenden Führer wussten keinen Namen für dieses Steilthal, die Karten nennen es ebenfalls nicht.

Stellen die Eller bemerkt. Gegen SO. waren die Kudoschhöhen gelegen, aber durch Vorberge und Hochwald unseren Blicken verdeckt. Nach zweistündiger Ruhe zogen wir weiter. Bärenfährten dienten uns streckenweise als Pfad. Die Farnen exhalirten im Schatten der Buchen den eigenthümlichen Duft ihres ätherischen Oeles. Endlich gelangten wir zum Tskenis-Tsqali. Kleine Inselbildungen, welche wie die Ufer von Alnus und Betula bestanden sind, wurden von den tobenden Fluthen umspült, sorgsam muss man selbst hier noch, wo die Breite des Quellarmes kaum 4—8 Faden misst, die Uebergangsstellen suchen. Grünsteine und Granite liegen als mächtige Rollblöcke im Bette des Flusses. Wir wendeten bald rechts, bald links, überschritten alle Augenblicke den Tskenis-Tsqali und profitirten von den hier und da noch vorkommenden, schmalen Uferrändern, um vorwärts zu kommen. An einer Stelle blieben meine Führer bestürzt stehen und beteten. Es war der hohe Krautwuchs zusammengetreten, man konnte aber keine Spur auf dem feuchten Rasen entdecken, welche zu dieser Stelle, oder von ihr fortführte. Das sei die Spur des Waldteufels meinten sie, welcher die einzeln herumirrenden Jäger auffresse. Spiraea Aruncus stand noch in Blüthe, einige Cerambiciden wurden gesammelt, sehr viele gemeine Culex tummelten sich an den Rändern des Flusses. Der Schluss des Hochthales in NO. wurde durch die Gletscherhöhe des Lapuri (die Swanen nennen ihn Lapuliri) angedeutet. Die Birke wurde prädominirend, das schmale Thal hatte keine Uferränder mehr. An seiner linken Seite wird es durch die Vorberge des Kudrasch und Kulani (auch Kudal), die alle mit ihren Rücken über die Baumgrenze steigen, begrenzt. Diese Höhen bieten ein ungestörtes Weideland der Gemse und dem Steinbocke. Das rechte Ufer, ebenfalls durch Höhen, die die Baumgrenze übersteigen, gebildet, erhebt sich zum Scheider der beiden Tskenis-Tsqali Quellen und hat nach den hervortretenden Gipfeln verschiedene Benennungen (Lamprkisch, Nöschka, Lajeschchoeta). Abends hielten wir etwa zwei Werste vom Fusse des Lapuri-Gletschers, am Basal-Rande der Höhe, die zu dem Nöschka Pass führt, in üppigster Vegetation an. Es waren wieder die Riesenformen, welche sich auf dem Terrain der späten Schneeschmelze entwickeln. Wenige Schritte in NO. neben Birken lagen hier die Fundamente früherer Ansiedelungen. Die Greise im oberen Swanien versichern, dass in früheren Zeiten hier mildere Winter und viel weniger Schnee stattfanden und dass damals die Existenz der Menschen an diesen Plätzen noch möglich gewesen sei. Die Veränderungen des Klimas haben nach ihrer Meinung die Bevölkerung thalwärts zurückgedrängt. Jetzt fällt der Schnee um die Quellen des Tskenis-Tsqali im Winter gewöhnlich so hoch, dass die Gipfel der 30—35' hohen Birken kaum aus demselben hervorragen. Im Winter werden diese Gebiete von den Bewohnern von Laschketl auf Schneeschuhen besucht, um die zum Lapuri herabsteigenden Steinböcke zu tödten. Es vereinigen sich 30—40 Männer zu solcher Jagd nach Weihnachten und sie umstellen sodann den ganzen Lapuri-Gletscher. Im Winter 1863—1864 erlegte man an einem Tage ein und dreissig dieser Thiere.

Leider trat anhaltendes Regenwetter ein. Wir hatten uns kaum unter einigen alten Birken niedergelassen und den dürftigen Schutz eines zusammengehauenen Laubdaches hergestellt, als mit untergehender Sonne ein dichtes Nebelmeer uns einhüllte und feiner Regen ununterbrochen fiel. Derselbe hörte erst am Abend des folgenden Tages auf. Geduldig musste man ausharren. Die swanischen Führer waren wenig redselig. Ab und zu pflückten sie hohe Gräser ab, nahmen 16—20 glatte Halme, legten sie zusammen und schnitten die Enden gleichmässig ab. Sie knüpften dann je ein unteres Ende an ein oberes und, nachdem dies mit allen Enden geschehen war, sahen sie zu, ob die Grashalmenringel je einzeln auseinanderfielen, oder ob durch den Zufall mehrere dieser Ringel ineinander fassten. Im letzteren Falle waren sie unzufrieden, da sie glaubten, es würde noch nicht sobald das Wetter sich ändern. Dergleichen einfältige Gebräuche werden von ihnen überhaupt dann beobachtet, wenn sie den wahrscheinlichen Ausgang eines Unternehmens vorherbestimmen wollen. So befragen sie die Grashalmenringel auch vor der Jagd und erwarten einen günstigen Ausgang derselben, wenn zufällig die Ringel alle einzeln fallen, d. h. also, wenn je die Enden derselben Halme von ihnen zusammengeknüpft wurden. Vom durchnässten Boden, auf welchem der dichte Staudenwuchs wucherte, hoben sich Tausende kleiner Stechfliegen, sobald der Regen nachliess. Sie summten leise um uns her, ihren schmerzhaften Stichen konnte man auf keine Weise entgehen. Uebrigens herrschte um uns die vollste Ruhe. Selbst die Karmingimpel liessen sich heute nicht hören. Gegen Abend traten in NO. die Eisflanken des Lapuri aus den Nebelschleiern zeitweise deutlicher hervor. Nach SSO. gewendet sahen wir einen Theil des Bodrasch-Gipfels und weiter nach Süden, ein wenig schon gegen Westen, bemerkte man zwischen den leichten Formen des Birkenlaubes die stumpfe Spitze des Kulani. Bei dem Blicke gegen NO. zum Lapuri verdeckten die Vorberge desselben, welche den Anschluss zur Nuschka-Scheide vermitteln, nicht allein das nordwestliche Ende des Lapuri, sondern auch die weitere Fortsetzung der Hauptkette. Nachdem am 30. Juni früh eine Zeichnung des Lapuri von unserem Standpunkte aus entworfen war (man sehe die betreffende Tafel) und zugleich der Vordergrund dieses Bildes den Vegetationstypus auf dem Terrain der späten Schneeschmelze repräsentirte, traten wir die Weiterreise über den Nuschka-Scheider zur nördlichen Tskenis-Tsqali Quelle an. Die Steilungen dieses Gebirges, welches in seinem Passe einen kaum 1' breiten Kamm bildet, sind so bedeutend, dass selbst dem Fussgänger die Passage äusserst mühselig wird. Wir folgten zunächst einem kleinen Bache, der keinen Namen hat. Einige tiefe Schneefelder wurden überstiegen, sodann traten wir in die kräftige Vegetation der alpinen Matte. Mich lockten die schönen Centaureen und andere Pflanzen, die ich seitwärts von einem tiefen, schmalen Regengerinne sah, in welchem die Packpferde und meine Leute die Passhöhe zu erstreben versuchten. Die Abweichung von unserem Pfade (denn das war die Regenwasserrinne) hatte ich bald sehr zu bedauern. Es sah die Steilung des Nuschka von unten her gesehen nicht so bedeutend aus, als sie es in der That war. So lange die Vegetation kräftig im Boden wurzelte, fand ich immer noch sichere Haltpunkte für Hand und Fuss; aber nahe der Nuschka Höhe lagen die platten Schiefer frei, kaum haftete hier Centaurea montana und Hedysarum und so vorsichtig ich auch vorwärts rutschte, so unsicher befand ich mich hier. Man darf wohl sagen, dass bei dergleichen Passagen das Leben des Reisenden, wenn auch nicht am seidenen Faden, so doch an schwacher Graswurzel hängt. Ist die Bedrängniss gross, wenn die morschen Schiefer, deren Festigkeit und sichere Lage man sorgsam tastend prüfte, nach und nach zu rutschen beginnen und man ihren Trümmern nachzustürzen fürchtet; so ist die Freude auch wieder gross und die Hoffnung stark, wenn die Hand endlich die etwas höher stehenden Grashalme ergreift und sie stark genug wurzeln, um zum neuen Anhaltspunkte zu dienen. An eine Rückkehr ist in solchen Fällen nicht zu denken. Es ist viel leichter bergan zu klimmen, als langsam die Stellungen bergab zu steigen. Ich hatte die Höhe des Kammes erreicht und tief unter mir sah ich die Pferde und ihre Führer langsam vorwärts wandern. Es wurde den armen Thieren die Arbeit sehr schwer, zweimal stürzten sie mit dem Gepäcke zurück. Gegen 10 Uhr hatten auch sie die Nuarhka Höhe erstiegen. Wir befanden uns in [illegible] über dem Meere. Im Gegensatze zur Südseite wies die Nordseite des Nuarhka grosse Schneefelder auf. Sie hüllten theilweise noch die Rhododendron Gebüsche ein, welche an der Nordseite dieses Gebirges sich bis auf den Kamm erstrecken, an der Südseite aber fehlen. Ueber die Schneefelder fort rutschte ich mit rasender Geschwindigkeit thalwärts, wiederum war der Alpenstock das Steuer und das Barometer nahm auf dem Rücken keinen Schaden. So gelangte ich in eine noch recht winterliche Frühlingsnatur. Die Weidengebüsche am Nordufer des Nuarhka trugen theils die Kätzchen, theils hatten sie, da, wo der Schnee mehr fortgeschmolzen war, ihr junges Laub. Petasites und Primula blüheten. Hier tummelte sich ein Schwarm europäischer Zeisige, (Fr. spinus). Das nun verfolgte Bächlein führte uns nach zweistündigem Marsche zum linken Ufer der nördlichen Tskenis-Tsqali Quelle. Dieselbe übertrifft an Wasserfülle die südliche und kommt vom nordwestlichen Nachbargebirge des Lapuri, welches man mir als Maschqusr bezeichnete. Die neuesten Kartenentwürfe des Generalstabes (5 Werst auf den Zoll), welche auf die so sorgsam ausgeführten Specialaufnahmen dieser Gegenden (2 Werst auf den Zoll) basirt sind, liegen mir zur Benutzung vor. Die Angaben stimmen auf ihnen oft mit den von mir gesammelten Details überein, an manchen Orten weichen sie aber auch sehr ab. Es darf das Niemanden befremden. Die Gebirgsvölker der verschiedenen, oft nahe gelegenen Gegenden, nennen die bemerkenswerthen Localitäten verschieden. So ist es gewiss, dass die Bewohner der Nordseite des Hauptgebirges selten für eine und dieselbe Oertlichkeit auch dieselbe Benennung angeben, wie wir sie aus dem Munde der Bewohner der Südseite vernehmen. Nun aber gruppiren sich gerade um die Quellen des Ingur, Tskenis-Tsqali und Rion sprachlich sehr verschiedene Volksstämme, so wird also auch die orographische Synonymie hier sehr erklärlich sein. Da sind es Imeretiner im Hochthale des Rion, Osseten an der Nordseite des Hauptgebirges, Dadianische und Freie-Swanen gegen Westen und endlich weiter gegen NW. wiederum an der Nordseite des Hauptgebirges Tatarenstämme, welche man zu befragen hat, wie sie die ihnen nahe gelegenen Gebiete, Höhen, Bäche, Plätze etc. nennen. Es ist schwer, vielleicht unmöglich, alle ihre Angaben in Einklang zu bringen. Für die ihnen zunächst gelegenen Gebiete haben alle diese Völker einen ausgezeichneten Ortssinn, aber wenn man sich auf ihre Mittheilungen über entferntere Localitäten verlassen wollte, würde man oft falsche Nachrichten erhalten. Man ist überdies auf die Namenristur der Jäger angewiesen und diese lautet nach meinen Erfahrungen recht verschieden. Also kann man nur so oft als möglich die Erkundigungen wiederholen und das stets Uebereinstimmende als genau und wahr betrachten. Wo demnach meine Angaben mit denen der Karten nicht übereinstimmen, ist damit keineswegs direct gesagt, dass jene der letztern nicht existiren. So viel wie möglich habe ich mich bemüht meine Nachfragen zu wiederholen und gebe also die möglichst rectificirten Erkundigungen. Das Gebirge, welchem die nördliche Tskenis-Tsqali Quelle entfällt, ist auf den neuesten Kartenentwürfen als Grzewsik benannt, es muss mit dem Maschqmar der Dadianschen Swanen ein und dasselbe sein. Der Anschluss des Ntschka zum Hauptgebirge wird durch zwei Vorberge des Lapari und Maschqmar vermittelt, es sind das die mir als Lampekinsch und Lasrequila bezeichneten Höhen. Sie besitzen beide über der Baumgrenze alpine Matte, jedoch sah ich keinen Schnee an ihren Westseiten. Der Lasrequila bleibt also auf linker Seite der nördlichen Tskenis-Tsqali Quelle, ihm gegenüber umfassen die Steilungen des Letschrapra das rechte Ufer der Quelle. Bevor ich die Hauptkette weiter nach NW. verfolge und die Benennungen ihrer Gletscherhöhen bis zum Koruldu erörtere, muss ich zunächst das Nöthige über die südwestliche Fortsetzung des Scheidegebirges beider Tskenis-Tsqali Quellen sagen. Es legt sich dasselbe als stumpfer Keil zwischen beide Quellbäche und tritt bis an dem oben schon erwähnten Gvin-Placne in allmählicher Senkung vor. Soweit man darüber von den Höhen des Scena Thales und bei dem Verfolge der steilen, rechten Abhänge der nördlichen Tskenis-Tsqali Quelle urtheilen darf, hat es den Charakter eines Kammgebirges gegen SW. verloren. Die breiten Rücken sind theilweise mit Urwäldern, in denen die beiden Abies und auch Pinus sylvestris vorwalten, bedeckt. Nicht minder tragen auch die seitlichen Abdachungen dieses Gebirges stattlichen Hochwald, der hie und da von kahlen Schieferstürzen unterbrochen wird. Dieser vordere, keilförmige Theil des Scheidegebirges heisst Lajesch-chow, auch Lajesch-chora. Die Gemsen leben gerne auf ihm. An seinen Höhenlinien sieht man einzelne Schneeklüfte.

Der nördlichen Tskenis-Tsqali Quelle fallen, von der Hauptkette kommend, eine Anzahl bedeutender Wildbäche zu, deren grösster die Scena, mit ihrem Ursprung aus dem Gletscher des Koruldu, ist. Es schliesst sich mit diesem derjenige Theil der Hauptkette, welcher den Tskenis-Tsqali speist. Die beiden hohen nordwestlichen Nachbargletscher des Koruldu, welche mir als Schhari und Nuamquam bezeichnet wurden, nähren bereits den Ingur. Nach mehrstündiger Ruhe am linken Ufer der nördlichen Tskenis-Tsqali Quelle, auf welchem Alnus glutinosa und Weidengebüsche standen, wo auch viele Coccinellen lebten, überschritten wir dieselbe. In der Folge blieben wir bis zum Scena Thale immer auf dem rechten Ufer. Dasselbe ist durchweg sehr steil und stark bewaldet. In tiefgeschnittenen engen Thälchen stürzen viele Quellen zum Tskenis-Tsqali. Man bemerkt selten eine hervortretende Einsicht des Hauptgebirges, da die vorliegenden Berge sie meistens verdecken. In nachstehender Reihenfolge wurden mir vom Maschqmar bis zum Koruldu die Gletscher und ihre Vorberge genannt.

1) Der [illegible] [illegible] mit dem Vorberge Letschrapra.

2) Der Dewakorn mit dem Vorberge Quare.

3) Der Tschorocha
4) Der Godori — denen gleichnamige Bäche entspringen.
5) Der Schkalwai

6) Der Skurcho, dieser letztere ist der Nachbargletscher des Koruldasch. Die erwähnten neuen Kartenentwürfe zeichnen ihn als Höhe im Lajeschchera und nennen die nördliche Tskenis-Tsqali Quelle nach ihm. Ich habe das nicht erfahren, aber den Skurcho Gletscher gesehen, wie im weitern Verlaufe der Marschroute dargethan wird.

Bis zum Schkalwaili, dem Bache, welcher dem Schkalwai entfällt, kamen wir noch am 29. Juni. Auch an der nördlichen Tskenis-Tsqali Quelle befanden sich in frühern Zeiten Ansiedelungen. Die Ruinen derselben sahen wir unweit der Mündung der Tschorocha, woselbst auch die ersten Kiefern (P. sylvestris) bemerkt wurden. Unser Lagerplatz befand sich unter schlanken, hohen Buchen, am jähen, rechten Ufer des Schkalwaili unweit einer Lichtung, auf welcher hohe Wiesenkräuter wucherten. Mit Tagesanbruch ging es weiter. In 5—800' Höhe über dem Tskenis-Tsqali hielten wir die Richtung westwärts ein. Wo Quellen und Cascaden fielen, hatten sie ihre Betten so tief eingewaschen, dass die jähen Ufer kaum für Pferde zu erklimmen waren und man jedesmal das Gepäck lösen und für die Thiere einige Stufen in den Boden hacken musste. Dergleichen Hindernisse waren hier so häufig, dass die Swanen es endlich vorzogen das Gepäck selbst fortzuschleppen. Neben den genannten Schiefern bemerkte man als Rollblöcke vorwaltend helle Granite. Wir bewegten uns an den Südneigungen des Briguni Gebirges, welcher als Vorberg des Skurcho zu betrachten ist. Sein westliches Ende besitzt den Namen Pari und tritt, immer in steilen Gehängen, bis zum linken Ufer des untern Skenis. Die anfangs dichten Buchenwälder lichteten sich, je näher wir dem Skenis kamen immer mehr. Ein oft ganz verwachsener Pfad wurde verfolgt, er bahnte sich durch die reichste subalpine Flora, in welcher Lilium, Lathyrus und Vicia besonders vertreten waren. Wo es der Boden an diesen gegen Süden offen gelegenen Stellungen zu sonnig war, stand die Weissbirke in weitläufiger Vertheilung und sporadisch sah man zwischen ihr die Kieferngruppen. So gelangten wir zur Skenis. Im Westen von unserem Standpunkte auf dem Pari Gebirge, also am westlichen Ende des Briguni, sieht man zunächst zwei stark bewaldete Gebirge, die zum rechten Ufer der dahinstürzenden Skenis sich herabsenken. Das nördlichere von beiden ist zugleich das höhere, überragt die Baumgrenze und zeigt breite Schneeränder auf seinen Gipfeln, es heisst Lasurchel und das davor in SO. gelegene, stark bewaldete, welches an der Ostseite recht viel Abies trägt, heisst Laqamscha. Noch ist der Fernsicht, die man von hier aus hat, zu erwähnen. Sie eröffnet sich nur nach SW., dem nördlichen Tskenis-Tsqali Thale entlang und nach NO. Dort sieht man die schneeführenden Höhen des Lailaschha Gebirges, welches westlich vom Tschilchara und südlich von Laschketi gelegen ist. Hier dagegen in bedeutender Nähe schaut man auf den hohen Skurchu (Skurcho), der einen mächtigen Gletscher besitzt. Man sieht in der Folge zum rauschenden Skenisbache herab und erreicht dessen rechtes Ufer. Die erwähnten Kartenentwürfe nennen den Bach nach seinem Quellgebirge Koritdsach (Koruldu), notiren jedoch die Ruinen eines Dorfes Zen an ihm. Mehr noch als in den bis dahin gesehenen Wildbächen sieht man neben den Quarzen und quarzigen Schiefern im Seena Gerinne auch grosse Granitblöcke, in denen ebenfalls Quarz vorwaltet. Der Seenabach entspringt aus dem Koruldu Gebirge (auch Koruldu oder Guruldu), dessen grossartiger Gletscher bis in das Thal herabsteigt und von dem sich südwestwärts die eigentliche Scheide zwischen Ingur und Tskenis-Tsqali d. h., zwischen Quirischi und Seena, dehnt. Demselben entfallen fünf grössere Bäche nach S. und SO. zur Seena und zwei gegen W. zum Ingur. An dem südlicheren der beiden letztern kommt man zu den hochgelegenen Dörfern des Freien Swaniens, welche hier die Uschkul'sche Gesellschaft bilden. Ehe wir dorthin gelangen ist das Seena Thal aufwärts zu verfolgen. Dies geschieht zuerst auf einem schmalen, an vielen Stellen kaum bemerkbaren, an anderen ganz verwachsenen Pfade. Wir durchwanderten, nachdem wir uns zum linken Seena-Ufer herabgelassen hatten anfangs Buchen- und Rüster-Wälder, das dichte Unterholz musste oft fortgehauen werden, um vorwärts kommen zu können. Dann gelangten wir, rechts wendend, an recht steile, theilweise waldentblösste Abhänge, an denen wir uns wieder durch 5—8' hohe Heracleen, Senecionen, Telekia und Campanula Flora durcharbeiten mussten. Im Abgrunde links tobt hier die Seena und ihre Ufersteilungen tragen schöne Buchen und Birken. Kaum war diese Anhöhe erstiegen, als wir einen swanischen Priester und den Aeltesten der Uschkul'schen Genossenschaft antrafen, welche uns entgegen kamen. Es hatte sich über den Latpar Pass die Nachricht in das Freie Swanien verbreitet, dass russische Leute, an die Tskenis-Tsqali Quellen gehend, nach Uschkul gelangen wollen. Simon [illegible] nannte sich der freundliche Priester und sein Begleiter hiess Gegi Bedschidshe. Sie waren gekommen, um mich weiter zu geleiten. Nach einstündiger Ruhe wendeten wir wieder von N. nach W. und es eröffnete sich jetzt vor unseren Augen der obere Theil des Seena Thales, der einen ganz anderen Charakter hat, als der von uns bis jetzt gesehene. Wir traten in ein flaches, geräumiges Hochthal mit sanft sich hebenden Seitenflächen. Bald auch wurde ein zweispuriger Weg gefunden, den wir verfolgten. Die Bewohner von Jibiani holen nämlich, da bei ihnen kein Hochwald wächst, aus dem Seena Thale ihr Bauholz und die Schlittenkufen, welche sie hier bearbeiten; deshalb findet man ein doppeltes Geleise.

Im NO. steht der pittoreske Koruldu, dessen Zinken und Pike selten ganz wolkenfrei sind und dessen Gletscherfuss, beworfen mit zahllosen Felstrümmern, als graue Masse bis in das eigentliche Thal hinabsteigt. Wir verfolgten unseren Weg meistens im Bereiche der Weissbirke als Jungholz und Strauch, auch Ellern und Weidengebüsche behinderten uns bisweilen. Die Seena stürzt, so nahe ihrem Ursprunge doch sehr kräftig in ihrem Bette, das genährt auf frische Quellwasser. Einige geringe derselben erhält sie auch von Westen her, man sah sie als hohe Wasserfälle von den Schiefergebirgen zum Bache stürzen. Die Sohle des Seena Thales ist an manchen Stellen stark mit grossen Graniten beworfen, welche der Hauptkette entstammen. Ein solcher, sehr mächtiger Granitblock, dessen eine vorstehende Kante gut gegen Unwetter schützt, wird bisweilen von Jägern als Zufluchtsort aufgesucht, er liegt hoch im Thale isolirt, da, wo die Birke fast ganz schwindet. Es nimmt die Fülle der Flora in Folge der Höhe über dem Meere und der Nähe so vieler Gletscher mehr und mehr ab. Sumpfige Stellen die von Juncus- und Carex-Arten dicht bewachsen sind, werden häufiger. Oft sind sie stark mit Eisenoxydhydrat bedeckt und sehr unwegsam. Nahe der Thalhöhe gewinnt man erst eine deutliche Ansicht der eigentlichen Scheide zwischen Ingur und Tskenis-Tsqali, die im NW. vom Koruldu gelegen ist. Ehe ich diese überstieg begab ich mich mit dem Priester zu einer kohlensauren eisenhaltigen Quelle, welche seitwärts vom Seena Bache, vor dem Koruldu Gletscher im Sumpfe quillt. Es führt der Weg dahin über Carex-Wiesen und Sumpfgrund zu einem letzten Birkengebüsche wo die Quelle sintert. Zwei Hörner von jungen Turböcken hingen in der Nähe, mit ihnen wurde das Wasser geschöpft. Es ist entschieden eisenhaltig und besitzt viele freie Kohlensäure. Hier ist man dem Gletscherfusse des Koruldu recht nahe, nur hielt mich die bedeutende Wegstrecke, welche bis Jibiani noch zurückzulegen war ab, mich dorthin zu begeben. Im SO. vor dem Koruldu liegt sein Vorberg Ussgera, dessen Höhe die Baumgrenze übersteigt und dessen Fuss zum linken Seena Ufer abfällt. Von der Quelle kehrten wir zum Pfade zurück, der uns in das Ingur-Gebiet leiten sollte. Man muss zunächst die drei Quellbäche des Lastilagel (zur Seena links) passiren. Diese kommen von den nach Süden abfallenden Lengerahöhen, die, wie alle im Hochgebirge hier gesehenen Gebirge, ganz ohne Wald und Gebüsche sind, die Alpenrosen auch nicht besitzen, dagegen die herrlichsten alpinen Triften darbieten, auf denen Tausende von Schafen überreiche Weide finden würden. Die Lengera Höhen bilden den Anschluss des Nakagar zur Hauptkette und müssen als die westlichen Vorberge des Koruldu betrachtet werden. Der Gemse gehören auch diese Räume, namentlich die höher gelegenen. Der Tur meidet den allzu üppigen Graswuchs und betritt die berasachten Gehänge nicht leicht, er liebt dagegen kahle Felsen, die er besonders zur Nacht stets aufsucht. Es sind die Quellhöhen der Seena, zu denen man auch den aus W. vom Nakagar kommenden Quasauch rechnen muss, vollkommen unbewohnt. Auch hier wird das durch den tiefen Schnee, der im Winter fällt, bedingt. Im Seena Thale tiefer wohnten einst Svanen. Die Ueberreste ihrer Ansiedelungen sind am rechten Ufer noch sichtbar. Wir begegneten hier nur einigen Ochsengespannen, das Bauholz wurde durch sie ohne alle weitere Vorrichtungen nach Jibiani geschleppt. Man kann in zweien Richtungen vom Seena Thale zum Nakagar Passe gelangen. Einmal führt ein schmaler Pfad unweit vom Südfusse der Lengerahöhen über die 3 Quellbäche des Lastilagel und zweitens kann man auch direkt gegen Westen, wenn man die erste Lastilagel Quelle abwärts verfolgt hat, den Ostabhang des Nakagar erklettern. Wir wählten die erstere Richtung, da jene Ostabhänge des Nakagar in ihrem Haupttheile sehr steil sind. Der Bergrücken, welcher die beiden ersten Lastilagel Quellen trennt wurde in 7002' Höhe überstiegen. Die Birke besitzt hier an der Grenze ihrer Verbreitung noch Armdicke, Sorbus und Salix begleiten sie. Die schönsten Alpentriften lagerten sich in weiter Ausdehnung um diese Quellen. Vom rechten Ufer der letzten derselben hebt sich sodann der Pfad sehr steil zwischen Rhododendron Gebüschen an. Man ersteigt auf ihm eben jetzt die Ostseite des Nakagar und nähert sich der Quasuech Quelle. Vor uns lag die muldgeschweifte, fast geradlinig begrenzte Höhencontur des Passes, an dessen östlichem Rande breite Schneefelder lagerten. Hier war der Frühling erst im Kommen. Primula, Trollius, Ranunculus und einige Carices blühten. Mit dem Höhersteigen nahm die Neigung der östlichen Seitenfläche nach und nach dermassen ab, dass man zuletzt, nahe der höchsten Stelle des Passes, wie auf einer Ebene sich bewegte. Ganz im Gegensatze zu den hier überall vorkommenden Kammgebirgen und entsetzlichen Steilungen bot die Wasserscheide zwischen Ingur und Tskenis-Tsqali nicht allein das interessante Beispiel einer den umliegenden Gebirgen ganz untergeordneten Höhe, sondern sie, besass auch den Charakter eines breitrückigen Querstockes, welcher die Vermittelung der Hauptkette mit dem Längenjoche, das beide Swanien trennt, herbeiführt. Mit 8813' war die Höhe des Nakagar erstiegen. In gleicher Weise wie gegen Osten senkt sich gegen Westen dieses Gebirge zuerst sehr sanft und ist die Wiege der Quirischi. Der erwähnte Anschluss des Nakagar geschieht demnach nördlich durch die Lesgara Vorberge an den Koraldi und südlich steigen die Megehar-Höhen mit sanften Bogenlinien an. Sie bilden das östliche Ende des Längenjoches zwischen beiden Swanien und fallen mit ihrer Basis zum rechten oberen Ingurufer ab. Ihrem Nordfusse entlang rinnt der Quasuech gegen Osten. Wir stiegen jetzt westwärts im engen Thälchen der Quirischi bergab, um Jibiani zu erreichen. Die Lesgarahöhen folgen rechts dem Bächlein und enden erst bei dem Dorfe. Sie legen sich als Scheiderücken zwischen den Dabalai (vom Nuamquam und Schkel) und zwischen die Quirischi. Der Pfad schlängelt sich an ihnen hin. Er wird sehr bald, wenn man den Nakagar Pass hinter sich hat, zu einem breiten Fahrwege, den die Schlittenkufen der Swanen theils auf den alpinen Triften, theils auf den Thonschiefern markirten. Tief links liegt die enge Furche der Quirischi, jenseits welcher die linken Ufer zu bedeutenden Höhen sich erheben. Auf der Wegstrecke nach Jibiani, etwa 4 Werste oberhalb des Dorfes, mündet hier, vom finstern Ugan Gebirge kommend, das gletscherführend ist, der Medan. Es ist das Medan Thal breit und kurz und die Nordseite des Ugan sehr steil und zerrissen. Aus diesem Thale holen die Bewohner von Jibiani die Birkengesträuche und Rhododendron, welche sie zur Feuerung brauchen. Westwärts weisen die nach Norden offen gelegenen linken Ufer der Quirischi eben denselben Krüppelwuchs der Weissbirke nebst kräftigen Alpenrosen auf; dagegen besitzen die nach Süden gelegenen Gehänge der rechten Uferhöhen (Lesgara) keine Spur davon.

Gegen Abend erreichten wir Jibiani.

CAP. IV.

Die Swanen, eine ethnographische Skizze. Das Hochthal des Ingur, von Jibiani über Pari durch die Engschlucht des Ingur bis nach Dshwari.

INHALT. Aufenthalt in Jibiani. Umgegend der Tschubiani'schen Genossenschaft. Swanen Fehden, Ursachen derselben. Abend in Jibiani. Blick zum Nuamquam und Sikari. Beschreibung der Kapellen. Bartholomäi's, Bakradse's und Brosset's Arbeiten über die Kirchen in Swanien. Die Gründe, weshalb ich dieselben besuchte. Die Kapelle von Tschubiani. Tur- und Gemsenhörner daselbst. Streit der Swanen unter einander. Allgemeine Beschlüsse. Abermals Streit. Berathung. Einverständniss. Sittencharaktere der Freien Swanen. Anarchische Zustände in den Genossenschaften, die keineswegs Republiken genannt werden dürfen. Die geographische Lage Swaniens erschwert die Gesittung der Bevölkerung. Diese ist in neuerer Zeit numerisch geschwächt und halb verwildert. Geschichtliche Nachrichten über die Swanen. Ehemals beherrschten sie ein grösseres Terrain. Die geschichtlichen Ereignisse lassen die Fürsten Dadeschkilian im 15. Jahrhundert bereits in Swanien auftreten. Die Macht der Gelowani über das obere Freie Swanien schwindet in der ersten Hälfte des 18. Jahrhunderts. Die Swanen gehören dem grusinischen Volksstamme an. Es lässt sich bei ihnen kein durchgreifender Typ in Schädel, Gesicht und Körperformen verfolgen. Zwei Gesichtsbildungen walten vor. Andere Beweise, dass die Swanen der Jetztzeit ein Mischvolk sind. Swanisches Vocabular. Alte und moderne Namen. Substantiva, Zahlwörter, Eigenschaftswörter, Zeitwörter, Pflanzennamen. Die Swanengesänge. Proben derselben. Weiterreise. Jibiani in landwirthschaftlicher Hinsicht. Ueber den Karet und Dschkjumer Gebirge nach Adisch. Nächtliche Passage durch Adisch. Von Adisch in das Thal des Mulchura. Die Genossenschaften Mudahi und Kalachi. Mestia. Jenasche. Das Bal-Gebirge wird überschritten. Der Besotschana. Weiterreise nach Pari. Orientirung im Gebirge. Pari, das Centrum der russischen Verwaltung in Swanien. Vertheilung des Besitzthumes der Fürsten Dadeschkilian. Landwirthschaftliche Verhältnisse von Pari. Saaten und Ernten. Besteigung des Laschkerasch. Der Vorberg desselben Lahmalde. Die Höhe von 10000' wird erreicht. Rückkehr. Abreise. Hauptreise, welche die Ingurschlucht abwärts zieht. Lia und Lachamuli in pflanzengeographischer und sonstiger Hinsicht. Weiterreise. Bäche, die rechts und links in den Ingur stürzen. Die Gegend Kapteri. Die Ipari Brücke. Der Chabiusbach. Das Quabu-Gebirge. Seine Umgegend. Nachtlager am Nerisquil. Chaber wird erreicht. Zu Fusse nach Chudon und Dshwari. Dshwari und seine Umgegenden. Bestimmte Windrichtungen daselbst. Nachrichten über den Ackerbau und Handel. Dshwari als Grenzpunkt gegen Norden für die Verbreitung einiger Thiere und Pflanzen.

Aus den wenigen Scenen, die ich während des dreitägigen Aufenthaltes in Jibiani erlebte, und jetzt erzähle, wird sich der Leser das beste und treueste Bild über die Freien Swanen machen können. Ich schildere also jene Ereignisse, knüpfe an meine Erzählungen einige allgemeine Betrachtungen über das Volk und ihr Land und verfolge sodann meine Reiseroute im Hochthale des Ingur.

Der Abend des 1. Juli 1884, war einer jener klaren, mässig kühlen Sommerabende, wie sie das Hochgebirge im Kaukasus selten bereitet. Auf unserem Wege nach Jibiani sahen wir vor uns gegen Westen die Spalte des Qirischi Baches sich ganz allmählich erweitern. Die ernste Physiognomie der Nordgehänge blieb stets dieselbe. Das Dunkel der Alpenrosengebüsche wechselte mit dem Hellgrün spärlicher Birkengestruppe. Die lachenden Triften gegen Süden deckten nur die Abdachungen des Lengara. Eine alte Burg, einige hundert Fuss hoch auf dem linken Qirischi Ufer gelegen, wird schon lange, bevor man zum versteckten Dorfe gelangt, (der westliche Lengara-Ausläufer verdeckt es dem Auge) bemerkt. Sie heisst Lenqueri und wird als ein Monument, das der gepriesenen Zeit der Königen Thamara angehört, betrachtet. Thurm und Mauern sind soweit erhalten, dass diese Burg als Festung jetzt noch benutzt wird. Ueber derselben heben sich die Ufergebirge der Qirischi zu den ansehnlichen Gasirmabal Höhen. Von Zeit zu Zeit fielen aus der Lenqueri Burg Schüsse. Wir kamen ihr näher. Die feisten Heerden der Bewohner von Jibiani wurden zur Nacht heimgetrieben, ihre furchtsamen Hirten getrauten sich nicht sie über Nacht auf der Weide zu lassen. Ein offener Krieg war in der Uschkulschen Genossenschaft ausgebrochen. Die Bewohner von Mukumerin (Murkmer, Murkmeri der Karten) befehdeten die Nachbardörfer Tschubiani und Jibiani. Es handelte sich um Weideplätze, welche oberhalb von Jibiani am Dshalai lagen und bisdahin von den Jibianern benutzt worden waren. Acht bewaffnete Männer aus Mukumerin hatten sich in die Lenqueri Burg begeben und schossen, was feindlich war, ob Thier oder Mensch nieder. Wir machten eine kleine Wendung rechts hin, das Westende des Lengara war erreicht. Die ersten kleinen Roggenfelder der Jibianer lagen in 7300' über dem Meere vor uns, nahe von ihnen, etwas tiefer, standen die gedrängt gebauten Thürme und Häuser der beiden Nachbardörfer Tschubiani und Jibiani. Die zahlreichen kleinen Kapellen, welche diese Dörfer besitzen, machen sich wenig bemerkbar, sie sind alle niedrig und besitzen keine Kuppeln. In der Nähe der neuesten, nicht weit vom Dshalai, liess ich mich in einem Hofraume nieder. Einer der im 3. Capt. schon erwähnten Getreideschuppen, die aus schwarzen Schieferplatten zusammengelegt sind, gab uns Schutz. Es dämmerte schon, von der Lenqueri Burg fielen ab und zu noch Schüsse. Nicht lange währte es, so hatten sich die Bewohner Jibianis wohl alle um mich versammelt. Mit Gewehr und Kindshal bewaffnete Männer, die aus abgetragenem Tarfellen ein Wams ohne Aermel tragen, andere dürftig in grobem Tuche gekleidet, in zerlumpten Tscherkessen Röcken; Weiber, deren ärmlicher Anzug den Schnitt des mingrelischen Costums besass, die an den Kopfbinden einigen Geschmack bewiesen und endlich Kinder, welche halb nackt dastanden, umgaben mich. Sie waren nicht blöde, man musste sich Alles von ihnen gefallen lassen und nicht gleich bei dem Empfange ihre unverschämte Zudringlichkeit tadeln. Der geschäftige Priester Gabunni erzählte ihnen den Zweck meines Hierseins. Die ältesten Männer zeigten einige Ehrerbietung, sie verbeugten sich tief, als man ihnen von ihrem Kaiser sprach. Einige Geschenke machten sie zutraulich. Sie klagten ihre Noth und baten um Hülfe. Ein Edelmann sei zwar aus dem Dadianschen Swanien zu ihnen gekommen, sagten sie, um Frieden zu stiften; jedoch halte dieser ebensogut die Seite ihrer feindlichen Nachbaren, wie auch die ihrige, profitire von beiden und sei stets betrunken. Es war dunkel, wir schürten ein Nachtfeuer an, dasselbe konnte nur dürftig unterhalten werden, da das Brennmaterial nur den getrockneten Alpenrosensträuchern bestand, die zwar, weil sie harzig sind, rasch auflodern, aber auch sehr bald verbrennen. Ich vertröstete die klagenden Jibianer auf den folgenden Tag. Die Gesellschaft zerstreute sich. Es war ein stiller, sternenklarer Abend. Gegen SO. gewendet fand das Auge, nachdem es den Lauf des Dshalsi aufwärts verfolgt hatte, in den grossartigen Gletschern des Nuamquam und Schkari die nahen Grenzen. Auch diese Eishöhen habe ich nicht ganz wolkenfrei gesehen, weshalb eine Zeichnung von ihnen nicht gemacht werden konnte. Sie gehören zweifelsohne zu den bedeutendsten der Südseite des Hauptgebirges. Um die Eiszinken des Nuamquam legten sich die dichten Wolkenschleier, welche in der poetischen Auffassung der mingrelischen Völker, der langen, verhüllenden Tschadra ihrer Weiber verglichen werden. Es war kühl geworden, der über die Granitblöcke hinhüpfende Dshalsi lärmte und in den Gerstenfeldern schlug die Wachtel eifrig. Die Wohnungen der Swanen lagen in leichten Rauchhüllen vor uns, aus ihnen tönten melancholische Chor-Gesänge, welche in den Melodien am meisten an die der Bergmingrelen erinnerten. Am anderen Morgen war die Pracht der Gletscher nicht mehr zu sehen, bis zu ihrer Basis senkte sich das gleichmässige Grau der lastenden Nebel. Mit Tagesanbruch versammelten sich die Bewohner wieder um mich. Ich wollte ihre Kapellen besuchen. Das wurde mir nach langem Hin- und Herstreiten der Anwesenden erlaubt. Helft mir, so helfe ich euch wieder, bemerkte ich ihnen, als anfänglich Niemand mir gestatten wollte das Heiligthum zu betreten. Man berieth sich und willigte ein. Zuerst stieg ich in Begleitung von mehreren Jibianern ein wenig bergan zu einer isolirt dastehenden Kapelle, die im innern Raume, den eine Ringmauer bildete, erbaut ist. Der Eingang, welcher durch die Ringmauer führt, liegt einen Faden hoch über dem Boden, eine roh gearbeitete Leiter ist an die Schwelle gelehnt. Die niedrige Thüre sowohl in der Mauer, als auch die in der Kirche war mit altem Kupferblech sehr mangelhaft beschlagen. Es sind die Kirchen der Freien Swanen in neuerer Zeit, sammt den darin gefundenen Inschriften durch die Herrn Bartholomäi und Bakradse, deren Schriften ich früher schon citirte, beschrieben worden. Früher schon als diese Herrn hat (1850) Herr Akademiker Brosset in seinen: Rapports sur un voyage archéologique dans la Géorgie et dans l'Arménie (1847—1848) die Resultate seiner Untersuchungen der Kirchen im Dadianschen Swanien mitgetheilt. Mich veranlasste etwas Anderes, als jene Herren, diese alten Kirchen zu beschauen. Man bewahrt nämlich in ihnen, in Folge religiöser Ueberzeugungen alle Gehörne und Geweihe namentlich der wilden, nicht selten auch die der zahmen Thiere auf. Ich hatte somit dort die beste Gelegenheit mich über Gemsen- und Steinbockhörner aus grossen Sammlungen zu belehren und zugleich auch über das Vorkommen der geweihetragenden Zweihufer im Freien Swanien Manches zu erfahren. In der Kirche, welche ich eben besuchte, waren diese Sammlungen nur gering. Ich wollte darauf das Innere der Kapelle zeichnen, die begleitenden Männer aber versicherten, dass sie dazu erst die Erlaubniss der übrigen Bewohner Jibiani's einholen müssten. Einige alte kupferne Taufbecken, die massiv und genietet waren, dabei die Höhe von wohl 1' hatten, fielen mir unter den Kirchengeräthen auf; eine Anzahl hoher, beschlagener, alter Kreuze stand zu beiden Seiten des Altarbogens und die Wände liessen schlechte Malereien erkennen. Auf den Rath der Begleiter begab ich mich mit ihnen, gefolgt von den meisten Bewohnern Jibiani's, nach Tschabiani, woselbst eine an Turhörnern besonders reiche Kapelle existirt. Auch hier musste erst die Erlaubniss der Bewohner erlangt werden, um in die Kapelle zu kommen. In der That, die Zahl der hier gestapelten Turhörner ist Staunen erregend. Seitwärts von der Kapelle, welche auf einem steilwandigen Hügel mitten im Dorfe steht und von einer Ringmauer umschlossen ist, liegen seit undenklichen Zeiten in einem dunklen Anbau die Gemsen- und Turhörner mit und ohne ihre Knochenzapfen übereinander geworfen. Man muss ihre Zahl nach Tausenden schätzen. Bei so seltenem Anblick konnte ich mich nicht enthalten einige dieser Hörner zu berühren. Das wurde jedoch übel von den Anwesenden aufgenommen, man hielt wieder einen allgemeinen Kirchenrath und gestattete es mir zuletzt durch Allgemeinbeschluss. Ein ankommender Tschabianer, der, da er auf dem Felde gewesen war, seine Erlaubniss früher nicht hatte geben können, überraschte uns. Er opponirte. Die ganze Gesellschaft gerieth in Streit. Die wilden Gesichter sahen auf mich, die rauhen Stimmen schrien mich an. Es war das eine unheimliche Scene. Ich verliess die Kapelle und den Tschabianern dolmetschte man: Helft ihr mir nicht, so helfe ich euch auch nicht. Nach einigen Stunden erschien eine förmliche Deputation von Männern aus Tschabiani. Eine wiederum abgehaltene Versammlung der Bewohner hatte beschlossen mir die nähere Untersuchung der Hörner in ihrer Gegenwart zu gestatten. Ich begab mich also wieder an den Ort meiner Arbeit, der Riegel der kleinen Kapelle wurde gelöst und ich begann mich zu beschäftigen. Die Swanen sahen, soviele eben im kleinen Raume Platz hatten, schweigend zu. Es verging keine Viertelstunde, so erhoben sich unter ihnen neue Bedenken. In den tief liegenden Schichten der aufgestapelten Hörner lagen einige von so enormer Grösse, dass ich vermuthen musste, es würden gegenwärtig so starke Böcke wie ehedem nicht mehr erlegt. Dem ist in der That so, die starken, alten Turböcke gehören bereits zu den Seltenheiten im Hochgebirge. Aber kaum berührte ich diese Hörner, um sie hervorzuziehen, so erhoben sich neue Widersprüche. Zum zweiten Male verliess ich die Kirche. Unterdessen war ein Weiberstreit auf einem der benachbarten Gehöfte ausgebrochen, der Lärm und die Schlägerei entwickelte sich dort mehr und mehr. Dann knallten die Büchsen der acht Männer von Markmerin von der nahe gelegenen Lenjaeri Burg; sie hatten ein feindliches Rind erlegt. Aus diesem Tumulte zog ich mich schweigend und schleunigst nach Jibiani zurück und gab es auf aus dem grossen Vorrathe von Turhörnern eine instruktive Sammlung zu erstehen. Ich war aber überrascht, als gegen Abend die gesammten Bewohner der beiden nahen Dörfer zu mir kamen und mir erklärten, sie hätten durch Allgemeinbeschluss entschieden, mir die Wahl von sechs grossen und etlichen kleinen Hörnern zu gestatten, wenn ich dagegen der Kirche ein ansehnliches Geldgeschenk machen wollte. Ich acceptirte diesen Vorschlag mit Vergnügen. Zum dritten Male begab ich mich in die Kapelle von Tschubiani und traf meine Wahl. Die schweren Hörner wurden auf den Hügel neben der Kirche geschleppt, der Kreis der Swanen schloss sich um mich dichter, der vermittelnde Priester Oulenui sprach den Männern freundlich zu und in die hingehaltene Tscherkessenmütze eines der Aeltesten zählte ich die blanken Silbermünzen, beschenkte die Kirche noch ausserdem und wanderte, von allen begleitet, zurück zu meiner Behausung.

Ich habe diesen Fall deshalb ausführlich erzählt, weil er sehr deutlich einen Sittencharakter der Freien Swanen erkennen lässt. Es hat der Einzelne bei diesem Volke nichts zu entscheiden; die Bestimmung aller Mitglieder einer Genossenschaft, oder wenigstens eines Dorfes, muss befolgt werden. Mag immerhin zugegeben werden, dass im vorliegenden Falle, in Folge religiösen Vorurtheils, die Entscheidung den Swanen besonders schwer fiel, und die öftern hinzutretenden Einwände, den zuerst gefassten Beschluss vernichteten; so wird doch auch bei Angelegenheiten rein weltlichen Charakters das gleiche Prinzip befolgt. Es lag z. B. nicht ein Bewohner Muchmeri's mit einem Jibianer der erwähnten Weideplätze wegen in Fehde, vielmehr standen sich alle Bewohner beider Dörfer feindlich gegenüber, sie wollten alle versöhnt werden. Es hat sich also im gesammten oberen Freien Swanien weder die Autorität einer Person, noch die eines zusammenhängenden Gesetzes geltend gemacht. Daraus resultiren die beiden bezeichnenden Grundzüge der socialen Zustände dieses Volkes. Durch den Mangel der durchgreifenden Macht einer oder einiger Autoritäten weichen diese Verhältnisse der Freien Swanen am meisten ab von denen der südlich so nahe von ihnen wohnenden mingrelischen und imeretinischen Bevölkerung. Die Subordination des Bauern zum Edelmanne, des Edelmannes als eidpflichtigen Vasallen zum Fürsten und des Fürsten als eidpflichtigen Vasallen zum Dadian, fehlt. Damit fehlen denn auch die Uebel und Vortheile, welche solche Verhältnisse in den colchischen Landen mit sich brachten. Also einmal: die oft zur Willkür missbrauchte Macht der Höherstehenden, welche im langen Fortbestehen den materiellen und moralischen Ruin der arbeitenden Klasse herbeiführen musste. Andererseits aber auch: der durch das Gesetz sanctionirte Machtanspruch der Höherstehenden über die Zwistigkeiten der Niedern und die zur Geltung gebrachte Macht nach Aussen hin; mit einem Worte, es fehlt die äussere und innere legale Kraft. Man irrt sehr, wenn man, wie ich öfters vernahm, die Genossenschaften des oberen Freien Swaniens als kleine Republiken sich vorstellt. Diese Idee scheint allein aus der einseitigen Auffassung hervorgegangen zu sein, welche nur die Allgemeinbeschlüsse der swanischen Genossenschaften kennt. Eine Republik muss doch vor allen Dingen innere geordnete, staatliche Zustände besitzen und im Stande sein ihre Rechte nach Aussen hin zur Geltung zu bringen. Wo finden wir das bei den Freien Swanen? Bei ihnen fehlt den Beschlüssen sehr oft die gesetzliche Kraft. Die Opposition findet ihre Anhänger, sie wird stärker als die anfänglich entscheidende Partei; vom Widerspruch kommt es zum Zank, Streit, Krieg. Mit dem ersten Blutstropfen, der vergossen wird, entwickelt sich dann die furchtbare Gewalt der Blutrache. Sie verfeindet auf das Bitterste die Einzelwesen. Es sind das die Folgen der Gesetzlosigkeit. Anarchische Zustände sind daher hier ganz eingebürgert. Sie werden erst nach und nach durch den russischen Einfluss beseitigt werden können. Das Land und seine Leute erschweren selbst die ersten Grundlagen eines Fortschrittes der Civilisation hier ungemein. Eingeengt in ein schmales Hochthal, dessen Wände im Norden und Süden ihre Gletscher abwärts senken, welches gegen Osten, wie wir bereits sahen, im spitzen Winkel, den das dadian-swanische Längenjoch mit der Hauptkette bildet, geschlossen ist und gegen Westen auf einer Strecke von 70 Wersten durch hohe Gebirge verriegelt wird, die der Ingur in enger Schlucht durchbricht; blieben die Freien Swanen so gut wie isolirt. Sie entzogen sich so jedem bildenden Einflusse von aussen her und mögen, wenn wir ihrer einstigen Macht gedenken, welche uns im grauen Alterthume durch Strabon's Erzählungen bezeugt wird, ferner eines Documentes erwähnen, das Brosset*) mittheilt und welches aus dem 15 Jahrhundert stammt, nicht nur als ein numerisch gegenwärtig stark geschwächtes Volk, sondern auch als im Laufe der Zeit halbverwildert betrachtet werden.

Jenen ältesten Berichten über die Swanen zu Folge erscheinen sie als ein kriegführendes, mächtiges Volk. Die Erwähnung eines Heeres in einer Stärke von 200,000 Kriegern kann nur so gedeutet werden, dass die Swanen damals entweder eine viel grössere Verbreitung besassen, als sie dieselbe später hatten, oder, dass die Tribus anderer Bergvölker ihrem Heere einverleibt waren. Nie haben die beiden Hochthäler des Ingur und des Tskenis-Tsqali mehr als etwa den zehnten Theil der angegebenen Menschenmenge überhaupt ernähren können. Aus dem erwähnten Berichte, den Herr Akademiker Brosset (l. c.) und neuerdings auch Herr Bakradse**) besprechen, geht ferner hervor, dass im 15. Jahrhunderte das Besitzthum der Swanen grösser war, als das gegenwärtig von ihnen bewohnte Terrain. Sie traten damals nach 19jährigen Feindseligkeiten mit ihren südlichen imeretinischen Grenznachbaren, das Quellland des Rion an Imeretien als Blutgeld für den durch Swanen gemordeten Dchaparidse ab. Es haben sich denn auch bisjetzt die Dörfer der Bewohner der nordwestlichen Rionquelle (Gebi, Tschiora) ganz im Charakter der hochswanischen Ansiedelungen erhalten und die Imeretiner der Radscha betrachten die Bevölkerung an den Quellen des Rion als verschieden von sich***). Herr Bakradse hat in dem einleitenden

*) Voyage archéologique en Transcaucasie, 10-me Rapport pag. [illegible], sowie auch im Bulletin scientifique I. 15. № 17.

**) Записки Кавказского отдела Имп. Русск. Геогр. Общества. Кн. VI. p. 33.

***) Auch Reineggs in seiner «Allgemeinen historisch-topographischen Beschreibung des Kaukasus» erwähnt p. 16, T. II. der [illegible] weiter nach Süden gelegenen Grenzen der Swanen.

Theile seiner Arbeit die wenigen geschichtlichen Nachrichten über die Swanen zusammengestellt, er bekräftigt durch dieselben seine Ansicht, dass die Swanen kein gesondertes Volk seien, sondern dem grusinischen Stamme angehören und eine Abzweigung der Mingrelier bilden. Wir können unsererseits nicht darauf eingehen die geringen geschichtlichen Spuren, welche über dieses Volk existiren erschöpfend zu verfolgen. Es geht aber aus Herrn Bakradse's Mittheilungen hervor, dass die Schicksale Swaniens zeitweise enge mit denen Grusiens, Abchasiens, Mingreliens und Imeretiens verknüpft waren. Theils wird es im Alterthume, mit Mingrelien vereint, durch eingesetzte Eristavs verwaltet, theils auch als gesonderte Provinz des imeretinischen Königreiches regiert. Die inneren Unruhen, von denen Imeretien heimgesucht wurde und die Schwäche seiner Regenten begünstigten den Trieb zur Unabhängigkeit der Swanen. Die Naturverhältnisse erschwerten das rasche Wiedererobern des abgefallenen Landes ungemein. Zu Ende des XIV Jahrhunderts unter Bagrat dem Grossen gelang es den Swanen einen glücklichen Ausfall auf Kutais zu machen und diese Stadt zu verbrennen. Gezüchtigt durch einen spätern Feldzug, den Bagrat über die Radscha gegen sie bis in das heutige dadischkilianische Swanien führte, unterwarfen sie sich wieder dem imeretinischen Scepter und erhielten Gelowani (Gelmani) zum Chef. Die Fürsten Gelowani bewohnen gegenwärtig (wie wir Cap. III. p. 55) gesehen, das Hochthal des Tskenis-Tskali. Sie verloren nach und nach die Macht über das Volk an den Ingur-Quellen, während sich im unteren Theile Swaniens bereits seit dem XV Jahrhunderte die Dadischkilians geltend zu machen gewusst hatten. In der ersten Hälfte des XVIII Jahrhunderts sind die höchst gelegenen elf Genossenschaften am Ingur noch den Gelowani unterthan. Mit dem Rückzuge dieser Fürsten zu den Tskenis-Tskali Quellen wurden diese Genossenschaften frei, wann dies aber im XVIII. Jahrhunderte geschah, ist nicht bekannt. Die Macht der Dadischkilians hat sich zum Theile noch bis in die Gegenwart erhalten, wenigstens insofern, als sie Seitens der Russischen Regierung als Fürsten anerkannt, dem Zaren den Eid der Treue leisteten und in dem von Alters her ihnen überkommenen Besitzthume als Eigenthümer verblieben.

Fehlen nun die sichern geschichtlichen Nachweise über die Herkunft und nationale Selbstständigkeit der Swanen und deutet von dieser Seite her Alles darauf hin, dass sie dem grusinischen Volksstamme sich anschliessen, so wird das Letztere auch noch anderweitig unterstützt. Zunächst überzeugt man sich, wenn man die Swanen in grosser Menge gesehen hat, dass sie weder im Kopfbau noch in der Physiognomie, noch im Wuchse einen durchgreifenden Typ aufzuweisen haben. Wie die Mingrelier, so sind auch die Swanen ein Mischvolk. Hinsichtlich der Kopfbildung lassen sich zwei Formen als vorwaltend bei ihnen bezeichnen. Die eine mit breiter, hoher Stirn und spitzem Kinn, bei dieser ist das Haupthaar hell, meistens dunkel blond und röthlich, gewöhnlich lockig gekräuselt und weich. Die Männer dieses Typus sind kräftig, gross und schlank, breitschultrig; ihr Gesicht lang und im untern Theile schmal, nach oben hin, namentlich in den Schläfen-Dimensionen breit. Die Augen sind bei solchen blau oder grau. Ich sah sie selten in den hochgelegenen

Dörfern am Ingur, dagegen im Besitzthume der Dadischkilians und in Laschketi. Bei der zweiten Form bleibt die Stirn verhältnissmässig kurz, wenngleich breit, der Kopf erscheint niedrig, das Gesichtsoval gleichmässig, das spitze Kinn fehlt. Das Haar ist glatt, stark, schwarz, die Augen sind dunkel, die Brauen derselben kräftig. Solcher Art waren die meisten Swanen, die ich sah. Schöne Männer sind selten, nur die Fürsten Dadischkilian zeichnen sich durch wahrhaft einnehmende Schönheit in Wuchs und Gesicht aus, aber diese dürfen auch kaum als Swanen in ihrer Abkunft betrachtet werden. Abgesehen von einer gewissen Wildheit, die sich in den meisten Physiognomien, besonders der alten Männer, offenbart, wird man kaum einen entscheidenden Charakter zwischen den Swanen und den Berggrusinern bemerken können. Bakradse vergleicht sie den Pschawen und Tuschinen. Viele von ihnen erinnern an die Imeretiner und Bergmingreller. Diesen gesitteteren, gutmüthigeren Bewohnern der südlich von Swanien gelegenen colchischen Landschaften prägte ihr Abhängigkeitsverhältniss meistens den Ernst, die Ergebung und Demuth in die Physiognomie, nicht selten auch vereinigt sich in dem Ausdrucke ihres Gesichtes die Melancholie und das Elend; man sieht aber viele intelligente Gesichter. Bei den Swanen sind solche selten. Es ist Trotz und Roheit, die sich bemerkbar machen; bei alten, widerspänstigen Greisen bekundet der Gesichtsausdruck nicht selten eine zur thierischen Stumpfheit verwilderte Seele. Solche Leute haben bisweilen zehn und mehr Morde begangen, die freilich nach ihren Ueberzeugungen nicht nur gebilligt, sondern sogar gefordert werden, sie sind schweigsam und der Gesammteindruck, den sie auf den Fremden ausüben, ist ein besonders unheimlicher. Nur bei den Gesängen, deren Melodien durchaus an die der Bergmingrelier erinnern, auch mit demselben tiefen und kurzen Tonabfall schliessen, stimmten sich die Züge eines alten uschkulischen Swanen zu rührendem Ernst. Er sang unter anderem noch eine Legende vom Namsquam, die ich bald mittheile. Es spricht entschieden die Gesichts- und Kopfbildung der jetzigen Swanen dafür, dass sie ein Mischvolk sind; dazu kommt ferner, dass sie selbst die Bewohner ihres tiefstgelegenen Dorfes, Lachamuli, für Juden erklären, sie verabscheuen und ihnen vornehmlich den geringen Handel mit dem untern Mingrelien überlassen. In der Physiognomie mancher Bewohner von Lachamuli erkannte ich den Juden zur Evidenz. Es sind die Gebräuche der nahewohnenden Swanen diesen Lachamulen gegenüber so entschieden und von altersher überkommen, dass sie sich nur als festgewurzelte Ueberlieferungen, welchen die Wahrheit der jüdischen Abstammung jener Bewohner zu Grunde liegen muss, erklären lassen. Ferner bestätigt es sich, dass auch in der Sprache der Bewohner der höchstgelegenen Swanendörfer, wenn sie derjenigen der westlicher, tiefer angesiedelten Swanen vergleichend zur Seite gestellt wird, sich Unterschiede nachweisen lassen, die wieder auf verschiedene Abkunft der betreffenden Swanen deuten. Was man Herrn Bakradse darüber mittheilte (l. c. p. 10) erfuhr ich in Pari ebenfalls. Im oberen Theile des Freien Swaniens neigt sich der dort gesprochene Dialect mehr zum Grusinischen, im unteren Theile, dem sogenannten fürstlichen (d. h. dadischkilian'schen) dagegen mehr zum Mingrelischen. In neuerer Zeit hat sich sogar tatarisches Element und mit ihm der Muhamedismus an einem Orte des fürstlichen Swaniens eingebürgert. Durch die Ehe Otar's Dadischkilian, eines Sohnes von Tartachan mit einer Baksan'schen Tatarin, wurden dessen drei Söhne Zioch, Bekerbi und Lewan, welchen die Genossenschaft Betscho gehört, Muhamedaner. Es sollen mit jener Tatarin auch einige weibliche, mohamedanische Dienerinnen nach Betscho gekommen sein, die sich in der Folge mit christlichen Swanen verheiratheten. Gedenkt man endlich noch der abgeschlossenen Lage des oberen Ingurthales und bringt in Erinnerung, dass das frühere Abhängigkeitsverhältniss der Untergebenen von ihren Fürsten in den Nachbarländern oft zur Unzufriedenheit Veranlassung geben musste; die Flüchtlinge in solchen Fällen nicht nur den sichern Versteck im oberen Swanien fanden, sondern auch die persönliche Freiheit (wenigstens damals, als die Gelowanis keinen Einfluss mehr auf die elf Genossenschaften an den Ingurquellen hatten); so wird man die Ueberzeugung gewinnen, dass die Swanen der Jetztzeit ein gemischtes, mehr oder weniger zusammengelaufenes Volk sind, welches zum grössten Theile, begünstigt durch die Terrainverhältnisse ihres Landes, im Stande war, die Unabhängigkeit sich zu erhalten und nicht der Herrschaft eines Fürsten sich zu beugen.

Ich lasse hier die Wortproben folgen, bemerke aber ausdrücklich, dass ich dieselben nur als nothdürftiges Vocabular betrachte. Vom linguistischen Standpunkte wird meine Schreibweise natürlich viel zu wünschen übrig lassen, da ich mich nur des deutschen Alphabets bediente. Wo ein Unterschied der Worte, die ich in Jibiani notirte, mit denen in Pari erkundeten stattfindet, wurde in zweiter Rubrik der Ausdruck von Pari notirt.

I. Alte Swanen-Namen, einer Urkunde, die grusinisch auf Pergament geschrieben war, entnommen. Ehedem war diese Urkunde Kircheneigenthum, sie wurde jetzt bei dem Pristaw Swaniens in Pari aufbewahrt.

Namen der Männer.		Namen der Weiber.
Alp.	Kik.	Gunána.
Pilasia.	Tabuga.	Adjilar.
Néhe.	Torhtó.	Chaline.
Bébe.	Tschawach.	Aituina.
Partsch.	Schalwa.	Chatuta.
Peikua.	Muschrila *).	Natella.
Indo.	Lulá	Twalschawi **).
Dadá.	Kuah.	Husanda.
Gua.	Surum.	Thamara.
Bémi.		

*) Bedeutet im Grusinischen die Faust; die sechs letzten Namen sind grusinischen Ursprungs.
**) Bedeutet soviel wie: Schwarzauge.

2. Moderne Swanen-Namen (in Jibiani notirt).

Der Männer.	Der Frauen.
Pépa.	Sandach.
Nágo.	Dechmáse.
Berjián.	Maka.
Gigo.	Churkschi.
Gáchber auch Kachbér.	Dórhi.
Bekal.	Manual.
Dóda.	Berdach.
Gégi.	Didó.
Tschépa.	Dáda.
Kai.	Maau.
Leont.	Tila.
Hjadi.	Tamí.
Púta.	Sitané.
Káldan.	Tata.
	Torhari.
	Tóchwa.
	Dadeshi.

Worte.	Anmerkungen.	Worte.	Anmerkungen.
Wind, bjék *).	bikle, B.	Fürst, mewad.	
Donner, lörchaual.	lirchaual, B.	Sklave, glech-máre.	
Blitz, mech.	mech, B.	Kaiser, Chensipe.	
Wolken, mare.	mere, B.	Hirte, andaw.	
Nebel, bnala.		Ackerbauer, muckhue.	
Regen, ataché.	atachelm, B.	Jager, méchwar.	
Schnee, erbter.	mus. B.	Schmidt, mécheklut.	
Eis, qinarem.		Zimmermann, mutabé.	
Regenbogen, lareh.		Färber, mechgore.	
Himmel, deg	dez. B.	Mann, tschaseh.	in Pari maré, bei H.
Gott, germet.	gerbet und germet, B.		B. gilt maré für Mensch
Engel, angelm.	gker und angles, B.		und Swash mare für
Teufel, mábeger.			Mann. In Pari kannte

*) Ich schreibe genau, wie ich nach mehrmaligem Aussprechen des Wortes es hörte. Diejenigen Worte, welche sich in dem Vocabular des Herrn Bartholomäi ebenfalls, aber anders geschrieben, vorfinden, setze ich in seiner Schreibweise in der 2. Rubrik bei. Es wird von Herrn Bartholomäi nicht angegeben in welcher Gegend des Freien Swaneten er sein Vocabular niederschrieb.

	niemand den Ausdruck tschasch.
Frau, chōch.	In P. dsurál, bei B. checha surál, wird gleichbedeutend mit Weib aufgeführt.
Greis, metschi oder metschi-maré.	
Alte Frau, tötoröpaij.	in P. dadá oder metschi surál.
Kind, gāml, bei B. = Sohn.	in P. bewschar.
Knabe, shinte.	in P. pitshél.
Tochter, diná.	in Pari ebenso.
Blinde, tsrál ligaichár.	d. h. der mit den Augen nicht sieht.
Hinkender, mukli.	
Kropf, quitsch.	
Gesundheit, chotschamdári.	(gute Gesundheit).
Krankheit, legmerdá.	
Geburt, tschwadgmsch	
Taufe, lepristi.	
Heirath, nischaggs.	
Ehe, legarginelli.	
Hochzeit, kordsill.	
Tod, tschwadgas.	
Begräbniss, tschwaschtsch.	
Sarg, kobo.	
Fieber, mazacha.	ebenso für Nervenfieber.
Kopfschmerzen thumamasik.	
Bruststechmerzen kunemalis.	
Kopf, thum.	in P. ebenso B. tchum.
Haare, pats.	e ganz kurz, in P. ebenso, B. patwar.

Auge, tsoralla.	in P. tsevar, bei B. ebenso.
Nase, löpchas.	in P. ebenso, bei B. arpchma.
Zahn, schikare.	e ganz kurz, in P. schtikar bei B. ebenso
Bart, tschadsch.	in P. tschardsch, bei B. laspara und wars.
Schnurrbart, urmasch.	in P. ulmasch.
Mund, pilare.	bei B. pila.
Ohren, tschimrale.	in P. schtimrar, bei B. schtmarar.
Genick, hinsch.	in P. kintsch, bei B. hintschch.
Hals, vordere Seite, kija und kan.	
Brust, undshóde.	in P. motschád, bei B. kwegmar und mutschad.
Brüste, tus.	in P. ebenso.
Rippen, lesgar.	
Rücken, schicha.	in P. schich, bei B. siky und tschagur.
Achsel, tagleasch.	
Stirn, sigha.	bei B. sobgwa.
Kinn, sikare.	in P. sikin, bei B. nekpa.
Augenbrauen, sichtscha.	in P. schtscha bei B. segtschar.
Schulterblatt, bardshial.	in P. bardsch, bei B. die Schulter, bordsh.
Arm. ? ?	in P. mechra.
Hand, schlar.	
Finger, pchólar.	in P. pchále bei B. ebenso.
Nagel, schanal.	in P. schanár bei B. ebenso.
Schenkel, makadabags.	
Knie, galai und Katshal.	in P. katn, bei B. kotal.

Kaukehle, griku.	in P. gnaich.
Unterschenkel, shalár.	
Enkel, pirakal.	
Wade, paascht.	
Fuss, kischkar auch tschiarkka.	bei B. tschischeh.
Zehen, wie Finger.	
Nabel, chade.	
Gesäss, s'adrak.	
Gehirn, iwal.	
Blut, sischl.	bei B. slow.
Milch, ledja.	bei B. ledsche.
Urin, násra.	
Fäces, auskea.	
Schlaf, tschal-inabe.	
Traum, istam.	
Tag, ládsch.	
Nacht, lett.	
Sonne, mish.	bei B. mysh.
Mond, doschtal.	bei B. ebenso.
Sterne, amtquask.	bei B. amtschoagjar und amtschwas'gar.
Musik, ldschmar.	
Gesang, légral.	
Tanz, Iischparé.	
Kopfbedeckung jeder Art, selbst die Filzhüte, páko.	bei B. pakw.
Hemde, patán.	bei B. ebenso.
Kniehose, sedchár.	
Unterhose, arschále.	in P. arschwall.
Hose, schechár.	in P. ebenso.
Fussbedeckung, tschapal.	bei B. für Stiefeln: tschaplar.
Ueberrock, wos'dre.	bei B. für Kaftan: omr.
Barke, gart.	
Leibgurt, larth.	bei B. ebenso, gleichlautend mit der Benennung des Regenbogens.

Feuerzeug, kumé.	
Knopf, phil.	auch Schlachking.
Stahl, hikatsch.	
Riemen zum Stahl, löb.	od. grasinisch, idarma.
Feuerstein, gatsch.	auch gatsei oder kätsch in P. sol.
Schwamm, kabét.	
Schnupftabak, tkilmare.	
Pfeifenkopf, galins.	in P. lulrár.
Pfeifenrohr, gäre.	in P. [illegible].
Dolch, khándshal.	
Säbel, idschmai.	
Sporn, das.	
Brustpatronenbesatz auf dem Tscherkessenkostüm, takiai.	in P. s'spieiaast.
Gewehr, top.	
Schmierbüchse dazu, kanzomár.	
Hülle dazu aus Bärenfell, kide.	
Ladestock, sumbal.	
Feuerschloss, tschachmach.	
Kugelzieher am Gewehr, latchár.	
Patronen auf der Brust, kiljär.	
Sattel, hangir.	
Bauchriemen, enzsartan.	
Sattelkissen, balisch.	
Steigbügel, anjandá.	
Zaum, angwir.	
Pferdeschwanz, haquad und hanquet.	
Perlenschnur am alten Kostüm der Weiber, grichel.	

Pulver, dabage.	
Blei Kugel	in Jibiani für beide Begriffe: pintieh. in Pari für beide Begriffe: tchö.
Alpenstock, patie.	
Eisenbeschlag an den Sohlen, mumburâ und madahure.	
Scheere, torkalé.	
Fass, s'agemella.	
Kleines Fässchen für Reisen bestimmt, ochri.	
Nadel, noske.	
Zwirn (Faden überhaupt) kip.	
Leinwand, s'kwur.	bei B. han und sgwir.
Tuch, kuli.	
Leder, gwaare.	
Haut, koarb.	
Nagel, eiserner, lusmar.	
Beil, missel und wenn es klein ist: kâgda.	bei B. kada.
Hammer, quner.	
Sense, mértschil.	bei B. ebenso.
Sichel, mochik.	
Pflug, gentsisch.	bei B. gunswisch.
Egge, har.	bei B. lamdir.
Dreschbrett, kawr.	
Sack, dandorá.	
Schaufel, lauché.	
Gabel, (zum Heu etc.) rog.	
Gabel, (dreizinkige) pusail.	
Holz, megém.	
Eisen, hèwarh.	
Gold, dâro.	

Silber, wartschil.	
Zinn, kâlla.	
Kupfer, terbôi.	
Salz, dahla.	
Salpeter, quardahillá.	
Schwefel, gögir.	
Kohle, schich.	
Holzschemel, paherne.	
Kessel, tschalin.	
Glas (aus dem Russischen) stjakan.	B. hat das Wort terbik.
Löffel, kiese.	bei B. koach.
Saat (im Allgemeinen) lasch.	
Dreschplatz (mit Schiefern belegt oder erdig) kai.	
Getreide- oder Heuschuppen im Hofe, kisân.	
Getreide- oder Mehlkasten, kidehém.	
Mit Schiefer belegter Platz zum trocknen des Getreides, lekerá.	
Stall, quate.	
Haus, kor.	
Hölzernes Häuschen im Hofraume, s'ekra.	
Bergthurm, merach-wau.	bei B. markwam.
Dach, ka.	bei B. ikas.
Thüre, kerafie.	
Treppe, laquim.	
Fensteröffnung, s'eumai.	bei B. lachwra.
Oeffnungen in den Thurmwänden, chwoniak.	

Stube, Zimmer, gleich Haus.
Tisch, tapak. | bei B. tabeg.
Bank, s'kam, s'kám. | bei B. s'kjam.
Bettplatz, logara.
Decke im Zimmer, bei B. dir. s'abun.
Wiege, aquán.
3-saitige Balalaika, tschénil.
Bogen dazu, kjamjhi.
Bock unter den Saiten, tzál.
Griff an der Balalaika, makerr.
Saiten, sea und dem.
Zerdroschenes Stroh, bae.

Zahlwörter.

In Jibiani.	Bei H. Bartholomai.
1 oschra.	oschra.
2 jori.	jori.
3 s'emi.	semi.
4 oschta.	woschtschw.
5 oschdetz.	wochwischd.
6 asqua.	negwa.
7 ischqnit.	ischgwid.
8 árra.	ara.
9 tschichra.	tschchara.
10 iascht.	jeschd.
11 iaschtoschra.	jeschd-oschrha.
12 iaschtjori.	jeschd-jeri.
13 iaschts'emi.	jeschd-s'emi.
14 iaschtoschtu.	jeschd-woschtschw.
etc.	etc.
20 jerwescht.	jerweschd.
30 jerweschtiascht.	s'emeschd.
40 jori-jerweschi = 2 · 20.	woschtschweschd.
50 jori-jerweschi — iascht = 2 · 20 + 10.	wochwischdeschd.
60 s'emi-a-jerwescht = 3 · 20.	negwaschd.
70 s'emi-a-jerwescht — iascht = 3 × 20 + 10.	ischgwdaschd.
80 oschtjerwescht = 4 × 20.	araschd.
100 aschir.	ebenso
200 joraschir.	
300 s'emaschir.	
400 oschtaschir.	
1000 atass.	

Null, nichts, súdma.

Eigenschaftswörter.

viel, massird.
wenig, moidgar.
bitter, tsádoib.
suss, chadschn-go-masch = guter Geschmack.
sauer, tschim.
dick, skel.
dunn, dótschol.
breit, mascheri.
hoch, kóltche.
tief, nachtuni.
klein, chúchra. | bei B. ebenso und koll.
gross, chóschn. | bei B. ebenso und dogyd.
hell, nargi.
dunkel, lat.

Zeitwörter.

schlafen, tschala-chuscht? bei B. liwshe.
essen, tschwaddäw.
gehen, chedila.
stehen, schächke.
springen, lihene.
schiessen, liquänne.
tödten, dägra.

leben, larde.
sterben, dohädgan.
schreiben, liri.
sprechen, ragaut.
nähen, lischkwi.
mähen, litschmé.
reisen, lisi.
singen, ligrdl.

Benennungen einiger Pflanzenarten.

In Swanien.	in Mingrelien.
Kiefer, Pinus sylvestris, gegib.	sadoni.
Tanne, Abies orientalis, gamur.	
Nordmann's Tanne, Abies Nordmanniana, näse.	putschui.
Azalea pontica, badri.	jeli.
Juniperus sp., darbkeri.	
Rosa sp., quari.	
Fagus sylvatica, zipra.	tipelli.
Corylus Avellana, schtschund.	
Vaccinium Myrtillus, molgunni.	
Populus tremula, jöchura.	
Vaccinium Arctostaphylos, sinka.	mozwul.
Essbare Pilze, thibhus.	
Daphne glomerata, deren drastische Wirkung bekannt ist, madjura.	
Salix sp., hoch, breitblättrig, bagara.	
Kirsche, beb oder gaebe, sowohl die Frucht, als auch der Baum.	
Ulmus campestris, schlissra.	
Birne, bysirb oder ysca.	
Farne, gümmur.	
Himbeere, wjäch.	
Pedicularis atropurpurea Nord., monkol.	
Acer campestre, pächwra.	
Quercus, dabigra.	
Crataegus, sanci.	
Alnus incana, holhosch.	

Salix sp. (Gebüsche) gántschierh.
Buxus sempervirens, zahal. bza
Humulus Lupulus, sviterh. swuia.
Helleborus orientalis, karsin.
Gentiana cruciata, dahäger.
Rubia tinctoria, ëndra. endro.
Rhododendron caucasicum, ajkóre.
Betula alba, jokwar oder jokwga.
Essbare Umbellifere, (Heracleum) gue.
Apfel, wusch.
Pflaume, klian; 2-te Art, barjnea.
Juglans regia, gak.
Castanea vesca, quitsch. zälde, Mingrl.
Getreide im Allgemeinen, d.ar, bei B. wird «Brod» ebenso bezeichnet.
Waizen, quézen, bei B. kuezen, in Pari, dinr.
Winterroggen, mandech, bei B. mananech.
Sommerroggen, hále in Jibiani, kul in Pari.
Gerste, hire, bei B. terbemin.
Hafer, mintcho, bei B. magdenar und dinte.
Spreu, libále. Haferstroh, tarhäla.
Mais, simidi.
Hirse, putn oder putw.
Hanf, käne.
Hanfsamen, gimbusch.
Bohnen (grosse) géder und rug in Madshar.
Erbsen, nesing-géder, d. h. kleine Bohnen; bei B. rug.
Linsen, kirzi (oder kirs z. B. in Madshar).
Kartoffeln, kartofil.

Ich lasse nun einige der erkundigten Lieder folgen, man singt dieselben ebensowohl im Chor, wie auch einzeln, mit oder ohne Begleitung. Zur letztern wählt man entweder die dreisaitige Balalaika, oder die siebensaitige kleine Harfe. Diese letztere gebe ich in genauer Abbildung auf der Tafel, welche einige ethnographische Details enthält. Die Harfen der Swanen, Tschangi, sind aus Tannen- oder Kiefernholz geschnitzt und besitzen einen hohlen Resonanzboden. Der aufrechtstehende Griff bildet mit dem Körper des Instrumentes einen rechten Winkel und ist sauber geformt, sowohl der Resonanzboden, wie auch der Griff haben 1½—2' Länge. Die Saiten sind aus Pferdehaaren zusammengedreht, sie werden mittelst kleiner Holzpflöcke angespannt. Die dreisaitige Balalaika, wie ich sie in Jibiani sah, ist das roheste Instrument, was man sich denken kann. Die Resonanz wird durch eine über einen Holzring ausgespannte Haut erzeugt; die untere Seite dieses Ringes bleibt offen. Einzelne Personen haben im Freien Swanien als Sänger besondern Ruf, sowohl Männer als auch Frauen. Die Frauen verbinden sich, wenn sie singen, den Mund. Wir setzen das Portrait einer alten Sängerin aus Pari hier in treuer Abbildung daneben, um den sonderbaren Gebrauch des Mundverbandes deutlicher zur Anschauung zu bringen. Die Bewohner von Uschkul rühmen sich besonders viele Gesänge zu besitzen, sie sprachen von mehr als hundert. Sie besingen nicht allein die Königin Thamara, sondern auch die Thaten verwegener Jäger und des Berggeistes; ihre Gesänge beziehen sich dabei meistens auf bestimmte Personen und auf bestimmte Localitäten. Während der Trauer singen die Swanen nicht.

Fig. 9.

I. Thamara-Lied.

Ich Thamara
Bin nicht zu Hause;
Obgleich ich nicht zu Hause bin,
So bin ich doch zu Hause *).
Refrain: Thamar dedopal **), Thamara.

*) D. h. so sicher fühle ich mich auch ausserhalb der Grenzen meines Besitzthumes.
**) Herrscherin.

Kaichosro*) sagt Thamara:
Dadian zieht gegen dich.
Und die Herrscherin zog in den Krieg,
Als ob es eine Hochzeit wäre
Refrain: Thamar dedopal, Thamara.

Sie zog gegen die Abchasen und Dshigeten**)
Und sprach: Euch Abchasen will ich so vernichten,
Dass eure Ziegen gewürgt werden durch Katzen
Und euer Rind durch die Raben gefressen wird.
Refrain: Thamar dedopal, Thamara.

Bei Thamara waren auch Tataren.
Da umzingelten die Krieger Thamaras den Dadian,
So dass er fürchterlich zitterte.
Refrain: Thamar dedopal, Thamara.

Ich habe Alles Euch geopfert,
Selbst den Letschak***),
Meine Kleider, selbst Fusszeug,
Jeglichen Wohlstand, jetzt den Schmuck,
Refrain: Thamar dedopal, Thamara.

Als die Ernten noch fern,
Nicht Gerste und Roggen reif geworden,
Trotzdem habe ich Dadian,
Dshigeten und Abchasen besiegt und vernichtet.
Refrain: Thamar dedopal, Thamara.

So viele habe ich besiegt,
So viele Gefangene und Vasallen gemacht,
Dass ich jetzt den Suranen damit lohnen kann,
Dass alle nur ein Ei Zins zahlen
Refrain: Thamar dedopal Thamara.

---

*) Minister, Edler.
**) Bundesgenossen des Dadians.
***) Langer Schleier am weissen Zeuge.

Ihr Ruhm wie eine Sonne in der Welt. —
Und alle Feinde hielt sie in Tschimut *)

Die drei folgenden Kriegslieder theilte mir Herr A. Bergé, der sie während seiner mingrelischen Reise erfahren hatte, freundlichst mit.

Das erste handelt von Islam Dadischkilian, er war der Sohn des Futa und wurde einer Amme aus dem kabardischen Lande (Tscherkessen) anvertraut, diese wohnte im Dorfe Berianti. Der Vater Futa wurde erschlagen durch die Uschkuler Swanen. Als Islam davon hörte nahm er die Krieger seiner Amme aus dem Dorfe Berianti, näherte sich Uschkul und vernichtete viel Volk. Hierauf bezieht sich der Gesang. In ihm wird Islam mit dem Beinamen «Beriani» genannt, das geschah im XVI. Jahrhundert.

2. Kriegs-Lied.

Schwililne, Islam ist aus Beriani gekommen,
Und brachte eine Armee aus Rischwisk mit;
Später kam er nach Tawrari,
In der Mitte der Pchotrer-Kischwesch Gegend,
Mit hochbeladenen Maulthieren.
Als er auf der Strasse von Pchotrer stand,
Betete zum Engel (er)
Und opferte einen weissen Ochsen zur Hülfe.
Nachdem er Ritschgiani **) angegriffen hatte
Stellte er sein Zelt in Tkabler auf,
Aus Feindschaft gegen Ritschgiani.
Er hat ja Ritschgiani ganz vernichtet,
Der eine Frau hatte Maretcha,
Die goldene Haare besass,
Und amethisten Augen, Perlenzähne.

3. Von Stoch Dadischkilian.

Oi ja, Oi ja, er stellte das Zelt an der steinernen Brücke auf,
Oi ja, Oi ja, es begann eine Unterhandlung zwischen den Swanen Fürsten,
Sie hatten keine Nachrichten (Vorschläge)
Und gaben auch keine guten Antworten.
Der älteste Tscherkessi hat mit der Hand das Heer berührt ***)

*) Tschimut oder Tschmuni (grusinisch) d. h. Gefängniss, ein Dorf in der Gemeinschaft Jeteri.
**) Eine Person.
***) D. h. das Heer bewegte sich.

Zioch mit Entschlossenheit gab den Befehl.
Der von Gott gesegnete Babazioch
Hieb einem Tscherkessen gerade auf die Stirn.
Gegen bestieg die Höhe des Gebirges,
Unser Herr besiegte die Tscherkessen,
Unser von Christus gesegnetes Heer
Schoss aus Gewehren in Terskol,
Sie streckten Reiter und Pferde nieder.
Der Zar und seine Helfer kehrten zurück mit ihrem Tross.
Christus segne die Helfer Zioch's
Chadadabugwa wurde auf dem Schulterblatte verwundet.

Dieses Gedicht wurde auf Babazioch Dadisch-kilian, der mit dem Karbadinischen Fürsten Chadadshug Streit führte gemacht. Es ereignete sich das etwa 75 Jahre vor uns. In diesem Streite verwundeten die Swanen den Chadadshug, nahmen ihm Pferd und Waffen. Der Zar ist gleichbedeutend mit dem Tscherkessen-Fürsten.

6. Von Puta Dadisch-kilian.

Wie die alten Swanen erzählen, behauptete und besiegte dieser Puta die Abchasen nach ihrer Meinung 330 Jahre vor uns.

Nu, da gehe ich zu den Truppen
Des Herren, das vor Pkhotrern steht —
Die Jünglinge von Useri prahlen sich sehr.
Und hörte (er) eine angenehme Nachricht.
Puta zog den Säbel,
Und pflanzte Hoffnung in die Herzen der Userischen Jünglinge.
In Usur spielt man auf der Buhi *),
Aber in Schkikeri schlägt man sich;
Da ist es auch gut zu kriegen.
Es schlug die Stunde der Tapferkeit.
Niemand ist ja besser, als die 300 Brüder.
Dshalab ist Anführer des Trosses,
Aber sein noch sichererer Bruder,
Namens Schelch-Murza, sammelt hinten das Heer;
Aber Nazipa, ihr Bruder, bemüht sich um das gute Ankommen.

*) Instrument.

Diese drei Bruder wurden von Niemand übertroffen.
In den Handen hatten die rothen Gewehre,
Mit denen sie sicher Menschen tödten,
Die Gewehre mit dem Zubehor, die man von der Rothe des Blutes sind,
Sind mit Schmutz beschmiert.
Pata hielt in der Hand den Säbel,
Er stand am Hofe des Dabichara als ein starker Thurriegel.

In Pari sang man mir ein Lied, welches mit geringen Abweichungen den eben mitgetheilten Gegenstand behandelt. Es wurde mir als ein altes Kriegs-lied (laschkur) bezeichnet. Localitaten und Personen lassen sich in beiden Gesangen als dieselben erkennen. Es lautet folgendermaassen:

3. Kriegs-Lied.

Wir Krieger schlagen uns,
Wir horten viel Schlechtes,
Mag Jesus Christus segnen Tschuche Sormanne*).
Wir sind voll List und Klugheit.
Es sammelte sich ein Haufen Krieger
An der Pchotchrel'schen**) Kirche.
Sie ruhmten die Junglinge des oberen Jeseri.
Es liess sich vom Berge Otar der Ton der Horner vernehmen,
Als man am Otar blies,
Da hallte der Knall der Schusse bei Schiker***) wieder.
Als der Wiederhall vor Schiker horbar wurde
Und vom Otar der Ton des Hornes,
Da sagten die Junglinge an der Kirche von Pchotchrelle:
Jetzt ist der ein Tüchtiger, der sich auszeichnen wird.
Jetzt wollen wir Führer wahlen,
Die uns leiten sollen.
Drei kluge Bruder waren da.
Der eine besser, als alle: Schecho-maran.
Die Krieger gingen
Sie warfen sich auf ein Wachthaus.

---

*) Sormann wird als Ahne einer nicht fürstlichen Dadeschkilan Familie betrachtet.
**) Ich schreibe so, wie ich es Pari hörte.
***) Gegend in Abchasien.

Und Pata*) zog zuerst den Säbel
Und ging zuerst auf das Wachthaus los
Er hieb mit einer Keule**) die Thüre zunichte,
Er trat hinein und hieb mit seinem Säbel
So viele nieder, dass die Köpfe im Blut fortschwammen;
Der beste von Allen war Pata.
Dokaink, noch besser als die andern,
Hieb nieder die Lenghiner —
So haben die drei Brüder die Feinde alle niedergemacht.
Das Volk staunte sehr und liebte sie noch mehr.

6. Jäger-Lied Metki's (in Puri).

Er spricht: Metki ist unglücklich und zu bedauern.
Die Leutchen waren versammelt zum Murgwal***).
In den Kreis der Tanzenden sprang ein schwarzer Hase
Zwischen die Füsse des Metki's, nachdem er zuerst um den Kreis gelaufen war.
Metki sagt: Bleibt ruhig hier, es ist mir das noch nicht passirt,
Ich werde des Hasen Spur folgen;
Hoch im Thale finde ich immer die Spuren. (Er ging)
Ich kam zu einen Platz, wo Turböcke lebten,
Ich kam an steile Felswände,
Jetzt sah ich den schwarzen Hasen als weissen Turbock.
Jetzt, da ich an solchem Orte und der schwarze Hase zum weissen Tur geworden,
Mögen meine Sünden auf die Seele meiner Schwägerin fallen****).
Metki klammert sich mit der rechten Hand und mit dem linken Fuss an den steilen Felsen:
Da kam ein Freund aus demselben Dorfe,
Weinte, als er sah, wie Metki hing,
Und hörte wie Metki sprach;
An ihn wendete Metki sich, hatte ihn aber früher verwundet.
Erinnere mich nicht daran, aber erzähle mein Unglück.
Erzähle dem Vater: ich falle von hier an den Wohnplatz des Turs,

---

*) Bruder von Scherdie.
**) Zerdal = Keule.
***) Rundtanz.
****) Frau seines Bruders, seine Geliebte.

Bereite Wein mit Honig und bewirthe die Gesellschaft.
Und meiner Mutter sage, dass zum Heile meiner Seele
Sie Brod, Käse und Bärengrütze den Leuten gäbe,
Und meiner Frau sage, dass sie meine Kinder gut erziehe,
Und meiner Schwester sage, dass sie die Haare gut abschneide *).
Und meinen Brüdern sage, dass sie gut das Haus wahrnehmen
Und nicht in Feindschaft leben.
Meinen Freunden sage, wenn sie mich beweinen, dass sie im Chore schön
singen,
Meiner Thamara sage, dass sie am Fusse des Berges sich mit mir begegne,
Dass sie auf ebenem Wege auf der grossen Zehe gehe und an Berge wei-
nend steige.
Ueber mir fliegt ein Rabe, der sucht mein Auge zum Frass,
Und unter mir am Fusse des Berges wartet der Bär, welcher mein Fleisch
fressen will.
Ich bin dem Sterne Venus **) unhold.
Venus ging auf und die Nacht und der Tag gingen auseinander.
Meine Sünde mag liegen auf dem Berggeiste ***).
Du Geist erlöse mich, oder lass mich sinken in den Abgrund.
Als die Morgenröthe erschien und Tag und Nacht sich schieden
Fiel ich herab und alle meine Sünden werden dem Berggeiste zufallen ****).

7. Tschhul-lásman.

Tag und Nacht berathen wir uns.
Es war an einem Sonntage —
Darauf zogen sie am schwarzen Montage *****)
Zur Insel Zakarwaah,
Und begegneten einer Truppe Wachteln ******).
Und umgingen sie an der linken Seite,
Und diese Wachteln waren ein böses Vorzeichen.
Wir werden diese Nacht am Felsen von Bardabaach bleiben.
Was werden wir Mittags und Abends am Bardabaach essen?

---

*) Zur Trauer schneiden die Weiber das Haar ab.
**) Venus = mörçul.
***) dal-ur-ah gemindach, böser Berggeist.
****) Er hatte seiner Geliebten (der Frau seines Bruders) vom Bündnisse mit dem dal erzählt und dieser strafte ihn dafür.
*****) Der Montag in der Char-Woche.
******) Wachtel = [illegible].

Mittags und Abends bringt Beke uns den Tarkopf.
Doch diese Nacht wird Unglück sein, wir hatten schlechte Träume.
Wir standen früh auf und sahen die Spur des Kadshi *).
Wer von uns schlecht war, ging der Spur des Kadshi nach,
Und diese gelangten auf den Nummquam.
Aber Beke ging zum Kirure Berge, wo alles voll von Dshigwui **) ist.
Und er tödtete sie dort alle und füllte eine tiefe Spalte mit dem getödteten
Wild.
Und die dem Kadshi folgten, wurden von der Lawine fortgerissen,
Und setzten sich auf die losen Schneestücke,
Das sah aus, als ob sie auf Schimmeln ritten.

8. Lied in Pari erkundigt.

Ich hatte drei Mädchen in S'ála ***).
Refrain: Oi-ri-da.
Und wir gingen auf einen Hügel.
Refrain: Oi-ri-da.
Ihr färbt Euch immer die Augenbrauen. Refr.
Und Eure Liebhaber kennt Jeder. Refr.
Und Euren Werth kennt die Welt. Refr.
Der Werth Eurer Liebe ist drei Paar Ochsen ****). Refr.
Ja, die Tochter des Lachwanaschen Aeltesten, Refr.
War die Geliebte des Popen, Refr.
Und sie hatte mit ihm drei Söhne, Refr.
Und sie wuchsen heran, Refr.
Und sie zogen auf's Feld zu ackern. Refr.
Als sie pflügten kam ihr Vater. Refr.
Der Pope sagte, ihr fremden Kinder, was pflügt ihr, Gott geb' Segen. Refr.
Die drei Söhne waren dadurch beschimpft, dass er sie «fremde» nannte,
liessen die Arbeit liegen und gingen weinend nach Hause. Refr.
Wir wollen ihn tödten sagten sie. Refr.
Die Mutter sagte, warum kommt ihr so weinend nach Hause? Refr.
Wir weinen deshalb, weil unser Vater, der Pope, uns «fremde» genannt
hat. Refr.

---

*) Böser Geist.
**) Dshigwum, Benennung des Tur's.
***) Ein Dorf in der Lendsher'schen Genossenschaft, die bei dieser Gelegenheit nur als Lendsher'sche bezeichnet wurde.
****) Weil man die Mädchen kauft.

Nichts, sagte die Mutter, wir wollen Mittag essen, dann geht, arbeitet, das hat nichts zu sagen; Refr.
Wenn ein andermal der Pope Euch das sagt, so antwortet ihm: Gott gab' Segen dem, der umsonst arbeitet. Refr.
Am andern Tage ging der Pope wieder über dasselbe Feld. Refr.
Er sagte wieder: Gott gab' Segen, fremde Kinder. Refr.
Sie antworteten gleichfalls: Gott gab' Segen dir Pope, du Arbeiter auf dem fremden Felde. Refr.
Da ging der Pope mit drohendem Haupte und in schlechter Stimmung nach Hause. Refr.
Die Mutter fragte die Kinder: habt Ihr so geantwortet, wie ich Euch sagte? Refr.
So haben wir gethan, und der Pope ging mit Aerger nach Hause. Refr.
Die Mutter war zufrieden — künftig wird Niemand Euch «fremde» nennen.

Ol-ri-da.

9. Anfang eines Liedes, dessen Ende der Sänger in Pari nicht mehr kannte.

Aus Aegypten (Misiridan) ging auf die Jagd
Amiran und seine Diener.
Er hatte Gold und war berühmt.
Er kniete nieder und schoss,
Dann ging er weiter.
Und in der Mitte des Thales sah er ein Haus.
Haus sah ich und den Thurm,
Nur das Blut meines Weibes sah ich nicht.
Und schlug sich dreimal an die Brust.
Ich ging früh Morgens an das Haus
Und sah im Zimmer angebunden ein Seepferd (russ.: fabelhaftes Pferd)
Im Rachen hatte es ein Mundstück aus Eisen
Und vor ihm lag Hafer etc..

Mit der Wiederaufnahme meiner Marschroute kehre ich nun zunächst nach Jibiani zurück. Ehe ich das Ingurthal weiter abwärts verfolge sei noch bemerkt, dass nach der Aussage der Bewohner von Jibiani die Schneehöhe im Winter hier zwischen 3—3½ Faden schwankt. Vor dem 1. Juni kann das Feld nicht bestellt werden, da alsdann erst die Schneeschmelze in der Nähe des Dorfes beendet ist. Mit dem 15. Juli beginnt man in dieser Höhe (also 7200—7500') das Heumachen und der erste September gilt als gewöhnlicher Termin für den Beginn der Ernte. Die Gerste bildet das vornehmlichst angebaute Getreide, sie wird aber meistens nicht ganz reif auf dem Halme; wird grün gemäht und zum Nachreifen in die oben erwähnten, gedeckten Scheuern aus Schiefersteinen gebracht. Man kann, da die Samen eben im Herbste nicht ganz reif werden, sie nicht bald nach der Ernte dreschen und wartet damit, bis starkerer Frost eintritt. Man drischt ganz in grusinischer Weise, d. h. man quetscht vermittelst eines breiten, schweren Brettes, dessen untere Seite viele, kleine, eckige Steine eingesetzt hat, das ausgebreitete Stroh, indem man vor das Brett ein Paar Ochsen spannt und über das Stroh langsam hin und her fährt. In Jibiani backen die meisten Swanen ein gesäuertes, sehr schwammiges Brod, die Verwendung des Mehles zu den harten, kleinen Broden, welche auf heissen Steinen gebacken werden, findet meistens nur auf Reisen statt.

Am 4. Juli, nachdem so manche Unannehmlichkeit mit den Jibianern überstanden war, wir auch endlich auf eindringlichstes Zureden, ein uns gestohlenes Pferd, zurückerhalten hatten, traten wir gegen Mittag unsere Weiterreise an. Der Weg, welcher gewöhnlich verfolgt wird, um thalabwärts zu steigen, durfte von uns nicht betreten werden. Erstens, weil die Bewohner von Murkmeri mit den Jibianern verfeindet waren und Niemand aus ihrem Dorfe passiren liessen und zweitens, weil auch die Bewohner von Ipari (auch Iprari), die ein Dorf in der Kaldeschen Genossenschaft besitzen, vermieden werden mussten, da sie nebst denen aus dem Dorfe Kalde, (auch Chalde und Klde) als arge Räuber bekannt sind. Der gefällige Priester schlug also vor unter seiner Leitung zunächst im Dshaini Thale aufwärts zu steigen, dann die Richtungen N. und NW. einzuschlagen, die steilen Seitenrippen des Hauptgebirges, Karét und Dschhjomér zu überklettern und so zum Adischbache zu gelangen. Hier wollten wir rasten, um in der Nacht das Dorf Adisch, dessen Bewohner ebenfalls in dem Rufe arger Räuber stehen, zu passiren und dann weiter in die Mulachische Genossenschaft zu reisen. Mit einem letzten Blicke nach Westen gekehrt, umfassten wir noch einmal das Quirlschi Gerinne, welches durch das Dshoba Gebirge (links vom Ingur) in der Ferne geschlossen wird, an ihm machten sich Schneesporen kenntlich. Sodann kehrten wir gegen NO. Angesichts der wolkenfreien Kuppen des Nuanquam und Schkari stiegen wir ziemlich steil die linke Thalwand des Dshalaibaches heran. Die Höhen beider Gletscher verschleierten leider auch heute sich in dichte Nebel. Die gegen Süden vor dem Schkari gelegenen Vorberge, welche den Namen Pahalschi haben, entsenden ein Bächlein gleichen Namens dem Dshalai zu. Man wendet, nachdem die bei den Jibianern und Murkmerern in Streit befindlichen Weideplätze durchzogen sind, nach N. und steigt dann steil bergan. Die nächsten (in NW.) Gletscherhöhen zeigten sich uns, sie heissen Zisis'ugar und ein zum Dshalai abfallender Bergrücken, der ihnen als Vorberg dient, führt den Namen Zemiasch. Es deckt sich nun bald mit dem Höhersteigen nach N. eine sanfte Bergrückenlinie dem Auge auf. Diese senkt sich von dem Görtscho Gletscher ab, der als westlicher Nachbar des Zisis'ugar zu betrachten ist. Dieses Gebirge musste überstiegen werden, um in das Thal des Kalde-dshalgai (auch Klde-dshalai) zu gelangen. Es heisst Karét und wurde in der Höhe von 9880' über dem Meere überstiegen. An der Südseite dieses Gebirges wachsen unter anderen seltenen Pflanzen noch eine braunrothe, grossblüthige Orobanche*) und hier, nahe der Kammhöhe wurde ein Sminthus gefangen. Die NW. Seite des Karet zeigte wieder im Gegensatze zur SO. Seite den durchgreifenden Vegetationscharakter des Hochgebirges. In der Höhe von circa 6000' begannen dort die Rhododendronbestände, welche an der SO. Seite vollständig fehlten. Mit dem NW. Fusse des Karet Gebirges erreichten wir in einem Seitenthälchen des Kalde-dabalai ein Schneefeld, etwas höher als dieses steigt die Birke als schwächlicher Strauch vereinzelt in die Alpenrosengruppen und Sorbus aucuparia erreicht in den äussersten vorgeschobenen Gebüschen eine Höhe, welche die der letzten Birken um 3—400' übertrifft. Der Uebergang über das Karet Gebirge und das Herabsteigen zum Kalde-dabalai hatten 5 Stunden in Anspruch genommen. Kaum im Thale des letzteren angekommen stiessen zu uns 3 Kalde-gaasr, welche die Weiterreise in ihrem Gebiete uns nur gegen Bezahlung gestatteten. Mit trübem Gletscherstrome entfällt der Kalde-dabalai dem Fusse des Gordscho Gletschers, der mit breitem, schmutzigem Basallappen tief in das Thal tritt. Das anstehende Gestein der Vorberge, über welche wir schritten ist immer Thonschiefer, mit oft senkrechtem Einfalle, aber im Bette des Kalde-dabalai, wie auch in dem später zu erreichenden des Adisch-dabalai liegen vornehmlich granitische Rollblöcke und diese bilden auch die Seiten-Moränen des Gatan-tau Gletschers, den wir sogleich, weiter im Westen der Hauptkette kennen lernen werden. Hier an den Quellen des Kalde-dabalai weideten in herrlicher alpiner Matte die Heerden der Bewohner der Kalde'schen Gemeinschaft. Nachdem der reissende, trübe Gebirgsbach überschritten war, stiegen wir gleich wieder bergan, das Scheidegebirge zwischen dem Kalde- und Adisch-dabalai musste nun überschritten werden, es hat den Namen Dschkhjanér und ist an seiner SO. Seite nicht so steil geneigt, als das Karet Gebirge, erhebt sich auch nicht so hoch, lässt jedoch die Verbreitungshöhe der Birkengebüsche weit unter der Höhenlinie an seiner NW. Seite. Es sind im Norden zwei, dem gletschertragenden Hauptgebirge untergeordnete Höhen noch namhaft zu machen, sie heissen Totomr und westlicher Ubleitchem oder Ubleilatchem. Man ersteigt die Höhe des Dschkhjanér auf zweispurigem Pfade, ein Beweis, dass hier die Schlitten der Swanen benutzt werden. Dort angekommen, gewannen wir nicht nur einen vollen Ueberblick auf die Südseite des Adisch-Gletschers, den die Eingeborenen auch Gatan-tau nennen, sondern es eröffnete sich gegen Westen das Adischthal auf beträchtlicher Strecke und die Thürme des damals noch heidnischen Dorfes waren deutlich zu sehen. Wir liessen uns nun zum Adisch-dabalai herab, passirten abermals die Region der Rhododendron und traten dann in dichte Birkengebüsche. Vor uns im Norden lag der präch-

*) Wahrscheinlich ist dies eine neue und sehr schöne Art. Die bis jetzt noch nicht ganz beendete Bestimmung der botanischen Ausbeute aus dem Suanischen Hochgebirge und von der oberen Kura, welche die Herren v. Trautvetter, Ruprecht, Regel und v. Herder in St. Petersburg besorgen, ergiebt etwa 20 Species als neu. Es sind diese: Centaurea bella Trautv. Campanula Raddeana Trautv. [illegible] Trautv. Papaver monanthum Trautv. Veronica [illegible] Trautv. Ranunculus subtilis Trautv. Hypericum nummularioides Trautv. Scrophularia lateriflora Trautv. Primula grandis Trautv. Digitalis ciliata Trautv. Senecio [illegible] Trautv. Agrostis calamagrostoides Rgl. Ranunculus Raddeanus Rgl. Saxifraga [illegible] Rgl. Astragalus Raddeanus Rgl. Oxytropis [illegible] Rgl. etc.

tige Gestola-tau mit seinem grossen Gletscher. Die westerhin westlichen Hauptzüge, die alle firnbedeckt waren heissen Lachwar. Um mit den Bewohnern des Dorfes Adisch am Tage nichts zu thun zu haben, blieben wir auf den Anhöhen nahe am linken Ufer des Adisch-dshalai, unweit des Gletscherfusses am Gestola-tau in einem Birkengehölze und beschlossen in der Nacht ungesehen durch das Dorf zu reisen. Die Höhe, in welcher wir uns befanden und die zugleich diejenige des vortretenden Randes vom Gletscherfusse ist, wurde zu 7491' über dem Meere bestimmt. Der Mond, welcher im ersten Viertel aufging, beleuchtete bereits die ohne jeden Wolkenflor daliegenden Eishöhen des Gestola-tau, als wir unsere nächtliche Reise in aller Stille antraten. Das linke, steil einfallende Ufer des Adisch-dshalai wird gegen W. bald besser bewaldet, jedoch tritt erst 1½ W. westlich vom Dorfe Adisch zu beiden Seiten des dort schon bedeutenden Baches, die Kiefer, sammt der Tanne (Ab. orientalis) und der Birke, als ziemlich starker Wald auf, der allenfalls einige Hochstämme liefert. Mit diesen Wäldern auf der rechten Seite des Adisch-Baches beginnt bereits das Gebiet der Mushal'schen Genossenschaft, welche sammt der im W. ihr nahegelegenen Malachischen am Mushalalis-Bache in Frieden lebt und nicht den Streit, Raub und Mord der Adischer kennt. Das rechte Ufer des Adisch-dshalai steigt zu gut mit Kräutern bewachsenen, aber vom nahen Hochgebirge aus oft ganz mit hellen, quarzigen Graniten beworfenen Höhen an, die zugleich an den meisten Stellen die freie Aussicht auf die in westlicher Hauptrichtung sich hinziehende Hauptkette verdecken. Die Nacht war still und kalt, der Mond schien klar; wir ritten, immer dem rechten Ufer des Baches folgend, an einer Burgruine vorbei und beobachteten mit dem Näherkommen zum Dorfe tiefes Schweigen, um Niemand zu wecken. Trotz der bedeutenden Höhe, in der wir uns befanden (circa 7000') schwammen auch hier noch einzelne Lampyris*) durch die kalte Luft. Es war im Dorfe Alles still, die Wohnungen standen in bläuliche Rauchwolken gehüllt da, die Nachtfeuer der Adischer waren noch nicht erloschen, durch die Fugen der dürftigen Schieferbauten drang der Rauch in dünnem Qualm. Noch hörten uns die Hunde nicht. Die kalkigen Thonwände wurden vom fahlen Mondlichte beschienen. Ueber die dunklen Kieferwälder, die im Westen vom Dorfe standen, schaute der tiefe Sattel und seine nahen Piks des Basotsch-ssta zum sternerfüllten Himmelsgewölbe. Ein kleiner Bach, der von den Vorbergen des hohen Totonal (Tetnuld der Karten) kommt und sich nahe dem Dorfe in den Adisch ergiesst, musste jetzt überschritten werden, an ihm stehen die Mühlen der Adischer. Nun ging es steil bergan, wir betraten den Weg, der durch den oberen Theil des Dorfes führt. Die Hunde schlugen an. Im forcirten Schritte ging es vorwärts; es wurde im Dorfe lauter, wir schwiegen; die Heiden schliefen. Anderthalb Werst weiter befanden wir uns in der Nähe der erwähnten Kieferngehölze an einer verlassenen Heuhütte, die auf der Grenze des Besitzthumes der Mushalen steht. Hier blieben wir, die Nachtfeuer loderten bald. Vier Uhr früh las ich +4° R. am Thermometer ab. Ehe wir über das Schneidegebirge zwischen dem Adisch und Mushalalis weiter reisen und

*) In der Sprache der Swanen heissen sie Mucher

so in das Thal des letztern gelangen, ist noch in Bezug auf Adisch Folgendes zu bemerken. Die Naturverhältnisse der Umgegend von Adisch haben noch ganz den Charakter der Gegenden an den südöstlicher gelegenen Hauptquellen des Ingur (Quirlachi), weshalb hier auch, wie in den Uschkulschen- und Kaldeschen-Genossenschaften vornehmlich Gerste gebaut wird. Der Roggen ist noch selten, die Gemüse fehlen gänzlich, ebenso die Obstwildlinge, als Aepfel und Birnen und die angepflanzten Kirschen und Wallnussbäume. Alles das trifft man erst an, wenn jene Wasserscheide zwischen dem Mushalalis und dem Adisch-dshala überstiegen wurde und die Höhen von 5000 bis höchstens 5700' erreicht sind. Auch lässt sich nicht verkennen, dass die Adischer in gesellschaftlicher Hinsicht in ihrem einsamen, kalten Thale, sich den berüchtigten Kaldeern und Uschkulen anschliessen, die Bewohner des Mushalalis Thales dagegen, wie die der in demselben Thale tiefer wohnenden Genossenschaften von Mulachi und Mestia, friedfertiger, einigermassen gesitteter und viel wohlhabender sind. Es umgiebt sie eine weit ergiebigere Natur. Im Winter 1864—1865 sollen die Bewohner von Adisch getauft worden sein.

Wir verliessen den Platz unserer Nachtruhe, nachdem der freundliche Priester sich uns, da wir auf sicherm Boden uns befanden, empfohlen hatte, noch im Dämmerlichte. Es währte lange, bis die Sonne hinter den gegen Osten so hohen Gebirgen hervorkam. Schon lange wurden die Spitzen des überaus pittoresken, mit tiefem Sattel vor uns in NW. liegenden Ileuolsch-mta von der Sonne beschienen, als wir noch im Schatten wandernd, drei bedeutende Höhen zu übersteigen hatten und dabei drei dem Adisch tributäre Bäche, nahe von ihren Quellen, überschritten. Theils bewegten wir uns in schöner, subalpiner Matte, theils hielten wir uns nahe der Baumgrenze, die hier ebenfalls durch die Birke gebildet wird. Die Wege sind bis auf wenige sumpfige Stellen gut betreten und meistens nicht übermässig steil. Schon von der zweiten Höhe aus sahen wir im Westen einige Dörfer der Genossenschaft Zurma (auch Zwirma und Zrama), die aber von uns nicht berührt wurden. In der Richtung NW. eröffnete sich unserem Blicke dann auch bald das geräumige Quellthal des Mushalalis und die Besitzungen der beiden grossen Genossenschaften Mulachi und Mushali; letztere mit den dazu gehörenden Dörfern hart am Nordabhange des von uns erstiegenen Gebirges gelegen, war noch nicht ganz zu sehen. Jedoch lagen sehr bald, als wir höher stiegen, umgeben von herrlichen Getreidefeldern und Heuschlägen die Wohnungen der Mushalen mit ihren vielen weissen Thürmen gruppirt vor uns. Direct aber im Norden steigt von dem Thuber Gebirge, welches zur kaukasischen Hauptkette gehört, ein mächtiger Gletscher herab, dessen Basis sehr schmutzig erscheint und in doppelter Schlangenwindung tief zum Thale des Mushalalis bereits sich senkt. Der Thuber Gletscher besitzt drei obere Arme, deren Seitenwände, wie alle hohen Steilungen der bisjetzt von mir gesehenen kaukasischen Gletscher, mit frischem Firn gedeckt und aus unzähligen Absätzen gebildet, ferner durch senkrechte Spaltungen getheilt waren. Der Thuber Gletscher bietet die bequemste und häufigst besuchte Passage, die auf die Nordseite des Hauptgebirges, in das Flussgebiet des Tschegem führt. Er ernährt aber nicht allein den Mushalalis, dieser gewinnt am Osten von ebenso hohen Tetnuld (Tetnald der Karten auch Tetanar und Totonald), der ebenfalls am zweiten Firngletscher mit schmalem Lappen tief thalwärts abfällt, noch zwei kleinere Quellbäche. Beide Gletscherflüsse steigen bis in den grünen Birkenwald, der die westlichen Steilungen der hier noch sehr schmalen Thales bedeckt. Zwischen dem Tetnual und dem östlicher erwähnten Gatsch-tan, dem Quellgletscher des Adisch-tschalai, bietet das Gebirge keine erwähnenswerthen Höhen und hat die allgemeine Benennung Larhwar. Von der erreichten Höhe, auf welcher die Birke in Gebüschform und Rhododendron verbreitet standen, übersah man gegen Süden gewendet, auch einen bedeutenden Theil der Nordseite des Längenjoches, welches beide Swanien scheidet. Hier machten mir meine Führer folgende drei Höhen namhaft. Zunächst lag im Süden von uns der mächtige Lasili (übereinstimmend mit den Karten), weiter westlich das niedrigere Usdar Gebirge und ihm folgte in gleicher Richtung das höhere und gletscherführende Dzarald Gebirge.

Wir stiegen nun thalabwärts. Am linken Ufer des Mushalalis hielten wir am Platze Madahür zur Mittagsrast an. Es steht dort vereinsamt ein Swanenhaus ohne Thurm, nicht weit vom Mushal'schen Dorfe Tschaldasch (Zaldasch der Karten), herrliche Wiesen umgeben es. Beide Thaler, sowohl das des Mushalalis, wie auch das westlichere, aus Norden von der Gwalda Gruppe der Hauptkette kommende des Mestia-tschalai, sind von der Natur reich begabt. Zunächst ist hier kein Holzmangel mehr, ja es fällt sogar auf, wie beide Gehänge der Ufergebirge des Mushalalis, sowohl der Nord- als auch der Südseite, reichlich mit den drei Coniferen (also Pinus sylvestris, Abies orientalis und Ab. Nordmanniana) und Birken bestanden sind. Gewöhnlich ist in dieser Hinsicht die Nordseite der Gebirge vor der Südseite bevorzugt. Hier nun auch liegen die äussersten Culturgrenzen für den Tabak und die Hülsenfrüchte, so Linsen, Bohnen, Erbsen, ferner die der Kartoffeln. Die ermittelte Höhe von Madahür wurde zu 5234' berechnet; mit der Ziffer 5500' wird die Höhe der Mushalschen Dörfer im Mittel wohl getroffen sein. In dem höchstgelegenen Dorfe dieser Genossenschaft Dschwabosch (Dshabosch der Karten) steht noch ein grosser Wallnussbaum, der dem Gletscherfusse des Tetnual also sehr nahe tritt. In dem tiefer liegenden S'eti, einem Dorfe der Mestia Genossenschaft, sah ich ebenfalls drei hohe, alte Wallnussbäume, die Swanen nennen sie Kak. Ferner gesellen sich schon oberhalb von Madahür zu den kräftigsten Obstbäumen (Birnen und Aepfel) einzelne Linden und Eschen, die man dann thalabwärts wandernd als Hochstämme namentlich in der Nähe der Ansiedelungen bemerkt. Die Eiche als Jungbaum und Gestrüpp sah ich erst am linken Ufer des Mestia Baches, bevor das Dorf S'eti erreicht wurde. Die Lage des oberen Theiles vom Mushalalis Thale ist eine verhältnissmässig so günstige, dass ein zweimaliger Heuschlag hier möglich ist. Gegenwärtig waren die Wiesen auf das Sauberste gemäht, Anfangs September macht man auf ihnen eine zweite Heuernte. Nach kurzer Rast setzten wir die Reise westwärts weiter fort. Zunächst wurde der breite Mushalalis überschritten, seine Gerölle sind vorzüglich quarzige Granite. Die linken, grösstentheils bewaldeten Uferhöhen, welche den Mulachischen Dörfern, die wir bald erreichten, gegenüber sich erheben, nennen die Swanen Qmanaguli, die rechten steigen zu den Vorburgen der Hauptkette an und heissen Dsholasch *). Das Dsholasch Gebirge überragt die Baumgrenze, an einigen Punkten bemerkt man, selbst vom Ufer des Muschalalis Baches die Einhöhen der Hauptkette, sie haben hier den Namen Lagamir. Im weitern Verlaufe gegen NW. entwickelt das Hauptgebirge sich bald zur imposanten Gualda- oder Gwalda Gebirgsgruppe, die in dem etwas nach S. vortretenden Basotsch-mta, der auch als Betschur-bahi-tau und Uschba genannt wird, ihre höchsten und wildesten Formen bietet. In jenem Winkel, den die Ostseite des tiefmutteligen Basotsch-mta mit der Gualda Gruppe bildet, entspringt der Mestia-dshalai mit zweien Hauptquellen. Er bewässert ein tiefes Querthal, in welches wir schauten, als der Weg nach Seti verfolgt wurde. Die Genossenschaften Mestia, Lendjera und Latali durchströmt der untere Lauf dieses Baches, der sich bei Seti mit dem Muschalalis vereint. Auch heute waren die Gletscher des Hauptgebirges von Wolken gedeckt, nur zeitweise erschienen im grauen Nebelflor die Umrisse des Gualda und Basotsch-mta, gegen Abend kamen wir in Seti an, dessen Bewohner freundlich, wenn schon recht wild und aufdringlich waren. Die Höhe dieses Ortes über dem Meere beläuft sich auf 4626′. Anhaltender Regen nöthigte uns hier zu bleiben. Erst nach 10 Uhr, als sich der bis dahin starke Regen endlich etwas gelegt hatte, brachen wir am 6. Juli auf. Sehr bald aber schwächte sich der einsetzende Ostwind wieder ab, die Nebel zogen wieder von W. auf und es regnete tüchtig weiter. Dies war der Grund, weshalb wir schon im nahen Jenaschi, einem Dorfe der Genossenschaft Latali blieben. Etwas südlich und oberhalb desselben fallen die Qulrischi und der Mestia-dshalai zum Ingur zusammen. Schon mit der Genossenschaft Mestia gewinnt unter den Feldfrüchten der Roggen entschieden die Oberhand, man sieht hier grosse, zusammenhangende Felder und der Roggen wechselt mit der Poa Hirse, deren Culturgrenze sich bis in die Mulachische Genossenschaft zieht. Die Bewohner von Jenaschi und überhaupt von Latali sträubten sich früher hartnäckig gegen die Herrschaft der Dadischkilianis, deren Gebiet nicht fern im Westen und Norden mit den Genossenschaften Jezeri und Betscho beginnt. Auch lag dieses Dorf noch vor dreien Jahren in heftiger Fehde mit dem Nachbardorfe Soli der Lendjer'schen Genossenschaft, so dass die Communication zwischen beiden Dörfern gefährdet wurde. Die Höhe von Jenaschi über dem Meere wurde zu 45[illegible]′ berechnet. Wir fanden in dem Hofraume einer alten Swanenburg bei einem freundlichen Priester Obdach. Es regnete beständig fort. Dieser Priester stammte aus Imeretien und befand sich seit 1½ Jahren hier, um bei den Swanen den Kirchendienst zu besorgen. Er hatte sein Weib mit hierher genommen und sich ein kleines Häuschen im Innern des Hofes, der von hoher Ringmauer umgeben war, erbaut. Seine Auskunft über den Fortschritt der Lehre des Wortes Gottes unter den Swanen fiel, der Wahrheit gemäss, sehr betrübend aus. Die Swanen seien taub gegen jede Lehre, nur im Guten könne man überhaupt mit ihnen einigermassen fertig werden.

*) Die neuern Karten haben hier in der Mulachischen Genossenschaft das Dorf Tscholasch und etwas östlicher auf rechtem Ufer des Muschalalis steht der Name Matsch[illegible]. letzterer ist wohl mit dem von mir erkundeten Madshur identisch, dieser Ort liegt aber auf hohem Ufer des Baches.

Sie fürchten, dass man von ihnen Rekruten nehmen werde und meiden jedes Verständniss, jede Belehrung, die man ihnen geben will. Trotz des heutigen Gottesdienstes, der hier gewöhnlich Sonnabend und Sonntag gehalten wird, bleiben ihnen die Begriffe der kirchlichen Lehre fremd, weil sie in der ihnen unverständlichen grusinischen Sprache vorgetragen werden. Auch sollen die Swanen durchaus keine Lust an den Tag legen ihren Kindern die grusinische Sprache lehren zu lassen, obschon die Regierung theils durch die angestellten Priester, theils auch durch eine neuerdings in Pari hergerichtete Schule ihnen die Möglichkeit es zu thun gegeben hat. Wie in den meisten Dörfern des oberen Freien Swaniens, so ist auch in Jenaschi selten ein Mann zu finden, der nicht einen oder mehrere Morde begangen hat. So war es z. B. auch bekannt, dass die beiden Brüder, bei denen der Priester wohnte, sieben und acht Swanen umgebracht hatten. Es waren das zwei robuste Greise mit abschreckend verwilderter Physiognomie. Zur Nacht trieb man ihre Heerden alle in das Hauptgebäude und verlegte das hölzerne Hauptthor der Ringmauer sorgfältig. Obgleich das untere Mestia Thal recht viel Getreide producirt, so bezahlte der Priester für je drei Batman (zu 27 Pfund) groben Roggenmehles doch 60 Kop. Silb. Bis in diese Gegend kommen die Bewohner von der Nordseite des Gebirges über den Thuber Gletscher; es geschieht das theils in Geschäften, theils besuchsweise, im letzteren Falle der Aepfel und Birnen wegen, die hier häufig sind. Man bringt von der Nordseite des Gebirges Eisen und Salz, sowie auch fertige Burken, (Filzmantel) welche letzteren durch die Swanen bis nach Letschchum und über Lachamuli nach Mingrelien verhandelt werden. Mestia liegt unter dem klimatischen Einflusse der hohen Gualda Gruppe noch im Bereiche der tiefen Schneefälle, die hier bis 2 Faden Höhe in manchen Wintern erreichen sollen. Im Winter 1863—1864 wurde eine solche Schneehöhe erreicht, im vorhergehenden fiel der Schnee nur bis zu 1 Faden Höhe; westlicher fällt tiefer Schnee nur ausnahmsweise. Am 7. setzten wir die Reise westwärts weiter fort. Es musste nun das Scheidegebirge, welches den Mestia-dshalai vom Betscho-dshalai trennt, überschritten werden. Das geschieht, indem man gleich von Jenaschi an gegen NW. stark bergan steigt und das Bal-Gebirge überschreitet. Die Höhen tragen hier meistens Junghölzer der Eiche, Hasel, Buche und Espe in schlanken Stangen. Das Holz der letztern ist bei den Swanen besonders beliebt, da es bei dem Brennen wenig Rauch verursacht. Wir trafen in diesen Wäldchen, die so nahe von den Dörfern und Feldern standen, sehr viele Bärenspuren. Gegen W. gewendet überblickt man die zerstreut liegenden Dörfer der Latal'schen Gemeinschaft und jenseits der engen Ingurschlucht auf dem linken Ufer stehen die wenigen Ansiedelungen, welche die Zchomar'sche Gemeinschaft bilden. Folgt man den dort zum Rückgebirge ansteigenden Höhen des Langenjoches, welches beide Swanien trennt, so sieht man gegen Süden in der gletscherführenden Kegelspitze des Laila hier die vorzüglichste Entwickelung dieses Gebirges. Die Nachbarhöhen des stumpfen Laila Kegels wurden mir im Osten von ihm mit Leukeru, im Westen mit Laschkura benannt. Diese Gebirge tragen auf ihrer von hier aus nur sichtbaren Nordseite mehrere Gletscher, auf ihrem Basaltheile wächst stattlicher Hochwald, in welchem Tannen vorwalten. Erst, wenn man die Höhe unseres Weges erreicht hat, gewinnt man auf einzelnen Lichtungen, die im Walde sich befinden, nicht nur die Aussicht auf das S. Ende des Betscho-mta, sondern auch über einen kleinen Theil des Baches, der nach ihm benannt wurde und bemerkt einige Dörfer der Genossenschaft Jenari. Das Bild, welches das SW. Ende des Betscho-mta darstellt, ist eine der schönsten Alpenlandschaften, die man sich denken kann. Zwischen den beiden nahen Hauptspitzen, deren östlichere die breitere und höhere ist, befindet sich die tiefe Einsattelung. Der Abfall des obern Gebirgstheiles zum Hauptmassiv ist ausserordentlich steil, viele Firnfelder hängen auf ihm. Den Rahmen zu diesem Bilde formt das kräftige Laub der Rothbuche, oder die lichten Espengehölze und der Beschauer befindet sich auf üppiger Kleewiese, über welche die Colias- und Argynnis-Arten hinfliegen. Wir stiegen nun bergab um den reissenden Betscho-dshalal zu erreichen. Diesen Bach nannten die Bewohner von Pari nicht so wie meine Führer, sondern Dodra oder Dolara. Vor uns gegen NW. lag am Abhange gut bestrauchter Höhen das kleine Dorf Dali. Es führt von diesem Dorfe ein enger Pfad durch Gebüsche und Wälder über die nordwestlichen Höhen in das Gebiet der Genossenschaft Tschubi-Chewi, wir zogen es jedoch vor den zwar weitern, jedoch viel bessern Weg über das tiefer gelegene Ughauli (Ugwali der Karten) zu nehmen. Zu diesem Zwecke verfolgten wir einen Weg, der dem rechten Ufer des Betscho-dshalal (Dodra) entlang an den Abhängen hinführt. Sehr bald übersieht man auf diesem Wege die Dörfer auf dem linken Ingurufer. Der Ingur selbst strömt in enger Schlucht, deren Wände die entblössten Schieferstellungen und mässig bewaldete Hochufer zeigen. Bei den Eingebornen nimmt er schon mit dem Einfalle des Dodra oder Betscho-dshalal die Benennung Lechera-tschera, d. h. »der gemeinsame Verein« an, weil in der That die Quellwasser sich nun alle vereinten. Dem Waldrande des rechten Ufers entlang erstrecken sich höher die vorzüglichen Felder und Wiesen der Dörfer Sopi und Tschwibari (Tscheriri der Karten), die wie überall in Swanien, so auch hier, sorgsam eingezäunt sind. Die Gerste war in dieser Höhe beinahe reif, das Heu schon grösstentheils gemacht, die Orthopteren lärmten, aber die Frühlingsinsekten der Ebene, so die Onthophagen, Hister und Aphodius Arten waren in dieser Höhe (im Mittel 4500') ebenfalls noch zu finden. Man bleibt bei dem weitern Verfolge des Weges gegen Westen, von Ughauli (Ugwali) an, immer hoch über dem rechten Ingurufer und hat drei grössere Wildbäche zu passiren, ehe man nach Pari kommt. Auch diese Höhen sind Schiefergebirge mit oft fast senkrechtem Einfalle der dünnen Schieferlamellen. Es fehlt auf ihnen überall Hochwald, die Verhacke der Hanne haben hier, wie in Mingrelien, seit alten Zeiten stattgefunden, man sieht viel Krüppelgesträuch. Die Eiche, Carpinus, Fagus, an feuchten Orten Alnus und Corylus, ab und zu Sorbus und Viburnum, Rhamnus und selten Acer bilden diese Gesträuche; die zwischen ihnen wachsenden Kräuter boten wenig Eigenthümliches. Die drei erwähnten Thäler westlich von Ughauli heissen wie ihre Bäche Dachschar, Hedisera und Chonara oder Choni, den letztern nennt die Karte Kyni. Am Chonara (Choni), der zwar der kleinste und westlichste von ihnen ist, quillen saure Wasser, er bildet zugleich die Grenze zwischen dem Eigenthume der Bewohner von Jenari und von Tschubi-Chewi und fliesst in tiefer Schlucht, die er sich in den Schiefern wusch. Die oberen Theile der drei Bäche fliessen in freierer, baumarmer Gegend, in der man eine Anzahl ziemlich elender Dörfer im grünen Wiesengrunde liegen sieht. Gegen Norden gewendet bemerkt man keine hervorragenden Höhen des Hauptgebirges, die Höhenlinien verlaufen meistens im Bereiche der alpinen Wiese und nur hie und da heben sich Schneefelder hervor. Weiter westlich trennt sich von diesen Höhen ein mächtiger Ast, der gegen SW. ziehend den riesigen Scheider zwischen dem Thale der Nakra und dem der Nenskra bildet und dem wir auf der Reise westwärts nach Pari uns mehr und mehr näherten. Er schliesst, bis zum rechten Steilufer des Ingur mit seiner Basis vortretend, das Längenhochthal des oberen Theiles dieses Flusses ab. Es tritt der Fluss, von der rechten Seite durch dieses Gebirge, von der linken durch den Bachazug eingeengt, in die enge Felsenschlucht, durch die er sich auf einer Strecke von 73 Wersten drängen muss, um bei Dshwari das offenere Thal mit seinen Flachvorländern zu gewinnen. Das erwähnte Gebirge, welches dem Auge die Fernsicht gegen W. und NW. verdeckt, hat in seinem südwestlichsten Theile den Namen Utar oder Utwir. Andere nannten mir für diese Partie des Gebirges den Namen Utrusch-bark und die südlichste Spitze bezeichneten sie als Kiraz. Der Bezeichnung der nördlichen Partie Stanlér entspricht das Schtawiar der Karten, bei der Besteigung des Laschkrasch nannten die Führer aus Pari eben dieselben Höhen Schalér. Eine allgemeine Bezeichnung des gesammten Gebirges fehlt ihm; in seiner nördlichen Verlängerung befinden sich die Höhen des Stanlér und Zalmag. Dagegen heisst der in nordwestlicher Richtung vom hohen Laila sich abzweigende Gebirgszug, wie ich bereits erwähnte, Bacha oder Bachi; er verflacht sich nach und nach in der Weise, dass ihm die Schneeschrammen und Schneefelder bald mangeln und er mit seinem NW. Ende tief unter der Baumgrenze liegt. Seine westlichste Höhe, von der an er zum Ingur abfällt, hat den Namen Habyqur oder Kilos*). Vom Bacha Gebirge östlich bis zum Laila ist noch das gletscherführende Gebirge Utchur zu nennen und östlich vom Laila erkundete ich in Pari (mit den Karten übereinstimmend) den Guadarasch.

Seitdem das Bal Gebirge uns im Osten blieb, bemerkte man in der Bauart der Swanen Wohnungen insofern einen Wechsel, als die Burgen seltener wurden; mit dem Eintritte in das sogenannte Dadischkilianische oder fürstliche Swanien, welches die Genossenschaften Betscho, Jeseri, Tschubi-Chewi, Pari und Zchomari in sich schliesst, schwinden die Vertheidigungsthürme immer mehr und mehr. So sieht man z. B. in Pari (dem Dorfe), der ehemaligen Residenz Constantin Dadischkilianis, des jetzigen Centrums der russischen Verwaltung, wohl eine Reihe ziemlich niedriger Swanenhütten und neben den Trümmern einer alten Burg einen Thurm aus neuerer Zeit, der den hölzernen Dachaufsatz schon ganz in der Construction, die wir an den Dadianschen Burgen bemerkten, besitzt. Als Ersatz der hohen Burgen tragen die Dächer der meisten Wohnungen ein grob aus dünnen Balken zusammengefügtes Häuschen, welches die Höhe eines Menschen besitzt. Pari erreichten wir am 7.

*) Die Benennung Kilos erfuhr ich durch meine Führer zum Laschkrasch, die erstere, Habyqur, erkundete ich in Pari.

Nachmittags, es liegt einige hundert Fuss über dem Ingurbette auf rechtem Ufer in einer Höhe von 4655' über dem Meere. Seit sechs Jahren hat nach der unheilvollen That von Constantin Dadischkilian, die er mit dem Leben büssen musste, die russische Regierung hier ihren Sitz etablirt. Einem Kreishauptmann (Pristaw) ist die Verwaltung des gesammten Freien Swaniens anvertraut. Derselbe ist in seiner officiellen Stellung dem mingrelischen Rathe in Sugdidi untergeben. Es ist bemerkenswerth, wie auch hier die Regierung mit dem Principe der Milde den rohesten Bergvölkern entgegentritt. Als executive Gewalt sind dem Pristaw von Swanien nur zehn Kosaken beigegeben. Es kann also von einer energischen Durchführung der meisten Maassregeln nicht gut die Rede sein, da man sich erinnern muss, dass im Freien Swanien jederzeit einige Tausend Mann bewaffnet dastehen. Nur durch Zureden, allmähliches Ueberzeugen, durch Duldung mancher, für den Augenblick noch nicht abzuändernden Missverhältnisse, kann Seitens der Regierung hier gewirkt werden. Der Erfolg muss unter solchen Umständen natürlich nur sehr langsam sein; allein er ist gesicherter als der, den eine energisch militairische Disciplin hier haben würde. Das Hochthal des Ingur würde überdies nicht im Stande sein, eine grössere militairische Macht zu ernähren und die Naturschwierigkeiten, welche sich dem Transporte der Munition und Lebensmittel hier entgegensetzen, würden den Unterhalt einer solchen Macht ungemein vertheuern. Wozu auch am Ende eine militairische Macht dem verwahrlosten, aber unterworfenen Swanenvolke entgegenstellen? Die Morde würden dadurch nicht verhindert, der Ackerbau und die Viehzucht nicht gefördert werden. Die Ausdauer und Zähigkeit, mit welcher die Regierung hier ihren Principien folgt, wird die wilden Swanen doch mit der Zeit zähmen; sie werden sich nach und nach die grusinische Schrift und Sprache aneignen und sich an friedlichere Existenz gewöhnen. Vom fürstlichen, d. h. Dadischkilian'schen Swanien gehört durch Confiscation der Güter von Constantin Dadischkilian ein beträchtlicher Theil der Regierung, er schliesst das Besitzthum der Genossenschaft Tschubi-Chewi in sich. Die zum Theile tatarisirte Genossenschaft Betscho, gehört den drei Söhnen Otar's Dadischkilian: Lewan, Ziosh und Bekerbi, von ihnen besitzt Lewan den grössten Theil. Otar, ihr Vater, wurde durch die Ehe mit der Bekmurz'schen Tatarin Mirat Mohammedaner. Gegenwärtig leben, da im Geleite der Gattin Otar's einige muselmannische Leibeigene nach Betscho kamen, die sich später verheiratheten, zwölf Mohammedaner in dieser Genossenschaft. Drei andere Brüder: Tengis, Gela und Bekir, die Söhne von Dshansuch Dadischkilian, der ein Bruder von Otar war, besitzen die Jenarische Genossenschaft als Eigenthum. In der Sprache der Swanen scheiden sich beide Theile Swaniens durch folgende zwei Benennungen, dem fürstlichen Theile haben sie den Namen Tschubi-Chewi gegeben*) das eigentlich Freie Swanien nennen sie Jube-Chewi, d. h. das obere und untere Thal (Spaltung). Ich verweilte längere Zeit in Pari, theils, um die gesammelten Nachrichten zu notiren und kleinere Excursionen zu machen,

*) Bakradse schreibt p. 79. l. c. Tschwabe, dem grusinischen Kwela entsprechend, mir sagte man das Wort Tschubi in Pari ebenso wie z. B. auch in Jibiani.

theils auch, um von hier aus gegen Norden zum Hauptgebirge zu steigen, wozu ein möglichst günstiger Tag erwartet werden musste. Die Vegetation der Wiesen in Pari hatte ihre Sommerentwickelung erreicht. Auch hier bildeten Trifolium, Sanguisorba, Spiraea Filipendula und zarte Umbelliferen die Elemente der Wiesenflora, diese Pflanzen waren verblüht, die Centaureen begannen ihre Blumen zu entfalten und deuteten schon auf die Herbstflora. Der Heuschlag war meistens beendet. Die Erkundigungen, welche ich hier über die Ernten und den Ackerbau einzog lauten folgendermassen. Der Winterroggen wird Ende August gesät, man säet auf das Flächenmaass Sqandisch, welches soviel in sich fasst, als ein Paar starke Ochsen an einem Tage ackern können und von dem drei etwa eine russische Desjätine bilden, eine Kidola Getreide (eine Kidola wiegt etwa 2 Pud), es kommen also auf die Desjätine nur 6 Pud Einsaat. Die Felder sind überall sehr rein, man sieht wenig Unkraut, nirgend bemerkte ich z. B. den Klatschmohn. Die Pito Hirse (in Pari Potw genannt) wird, wie der Mais in Mingrelien, zweimal im Frühlinge gekrautet. Hirse säet man auf einen Sqandisch nur ¼ Kidola, also einen Jatschpul, d. h. 11 Pfund; das beträgt auf die russische Desjätine nicht ganz ein Pud. Die Sommergetreide werden in Pari schon Ende März und im April gesät, in Jibiani, wie wir oben bemerkten, frühestens Ende April, meistens erst im Mai und Anfangs Juni. Von der Gerste machen die höchstgelegenen Genossenschaften, also Betscho, Malachi, Mushali, Uschkul etc., die besten Ernten, die bisweilen das 12. Korn liefern. In guten Jahren erntet man in Pari folgende Kornzahl:

Winterroggen, Manaarb,	das 4. Korn.	Hafer, ziniecho, das 11. Korn.	
Sommerroggen, Kul,		Hirse, Potw, das 70. Korn.	
Weizen, didr, das 6. Korn.		Erbsen, uzing-géder,	das sechsfache.
Gerste, Kère, das 11—12. Korn.		Bohnen, géder,	

Am 11. Juli konnte die Besteigung des Laschkrasch, einer im Norden gelegenen Höhe der Hauptkette, von Pari aus unternommen werden. Man begiebt sich zu dem Zwecke zunächst zum kleinen Dorfe Kapi und von dort auf sehr steilem Pfade zum Laubwalde, der als Vorberg des Laschkrasch zu betrachten ist. Wir gelangten zuerst zur Kirche des heiligen Georg, die in Kapi gelegen ist. Es sind die wenigen Häuser dieses Dorfes ganz aus Kiefernholz gebaut, sie stehen nahe bei der Kirche. In dieser Kirche, deren Inschriften nach Herrn Bakradse's Beschreibung (l. c. p. 58 et sequ.) kein besonderes Interesse bieten, versammelt man sich am 8. November und Jeder bringt einen Holzspeer mit, den er gegen den hochgewölbten Hauptbogen wirft und der dann in der Kirche bleibt. Deshalb sieht man hier eine grosse Anzahl solcher Holzspeere in einem Winkel stehen. Auch diese Kirche ist, wie die meisten andern, aus einem Kalktuff, einer Süsswasserbildung jüngster Zeit, die viele Blattabdrücke enthält, gebaut. Die Blätter und Stengel sind nicht selten so frisch und gut erhalten, dass man die Chlorophyllspuren deutlich erkennen kann. Dergleichen Kalke sollen sich nicht selten in den Schiefergebirgen des Freien Swaniens finden und zwar, wie die Swanen sagen, vorzugsweise in unmittelbarer Nähe der Bäche. Die Kirche des heiligen Georg trägt einen von Aussen gestützten Holzaufsatz, wie ihn die Thürme der Dadian-

bergen besitzen, sie hatte ehemals noch eine Vorhalle, die stark angeräuchert gewesen ist. Diese ist bis auf die eigentliche Kirchenwand jetzt durch einen elenden Holzverschlag ersetzt. Auch hier hingen einige kleine Hörner vom Tur an dem Gebälke. Von der Kirche, in deren höhlenreichen Wänden viele Eidechsen leben, hebt sich der Weg steil bergan. Man sammelte jetzt hier als Winterfutter für die Ziegen, die Blätter einiger Gesträuche, namentlich die von Corylus, und stapelte sie, wie die Tataren der Krimm das Heu, zwischen die gabeligen Aeste einiger Bäume, die zu diesem Zwecke besonders ausgeholzt waren. Wir gelangten auf die Vorhöhen des Lakmalde, sie dienen als Weideplätze den Heerden von Pari und S'api. Hier wird die Baumgrenze gegen Süden durch Pinus sylvestris bestimmt. Die Vegetation ist nicht besonders reich, die Weissbirke begleitet in einzelnen Bäumen die Kiefer nicht ganz bis zur äussersten Höhe ihres Vorkommens; sie bleibt 3—400' tiefer zurück. Mit Rhododendron caucasicum finden sich auch hier zwei Arten von Geranium und Vaccinium Myrtillus. Die äusserste obere Verbreitungshöhe der Alpenrose liegt auf dem Lakmalde in 9018' über dem Meere bei einer Exposition gegen Süden. Die Baumgrenze wurde zu 7301' bestimmt. Die Schiefer sind am Lakmalde schon im Bereiche der Rhododendron von einem Granite, der wenig Hornblende, aber sehr viel Feldspath besitzt, durchbrochen, die Profile des höher liegenden Laschkrasch sind alle granitisch, sie streifen die Schneegrenze. Ziegenheerden, die vornehmlich aus der hochbeinigen Raçe gebildet, weiden in diesen Höhen ohne Hirten; da es hier keine Wölfe giebt, so kann man sie sich selbst überlassen. An diesen Ziegen konnte man sehr deutlich die bereits in den südeuropäischen Gebirgen beobachtete Thatsache wahrnehmen, dass sie bei einer Lebensweise, welche derjenigen des Stammthieres der Hausziege (Aeg. Aegagrus) nahezu gleichkommt, besonders dazu hinneigen, zur Stammart zurückzuschlagen. Das lässt sich von der Gestalt sowohl, wie auch besonders von der Zeichnung und Färbung behaupten. Nie aber fehlt den Hörnern dieser Hausziegen die nach Aussen gerichtete Schweifung des Spitzenendes. Die Felle dieser grösseren Ziegenraçe, die dem Aeg. Aegagrus so nahe steht, werden theuer bezahlt, man schätzt sie als Weinschläuche (Burduk); auch das obere Thal des Rion liefert sie, man bezahlt sie mit 3—5 Rbl. Slb. Am Ostrande des Laschkrasch, den wir nunmehr erreicht hatten, sieht man in die Quellabgründe der Chenura (Choni), sie sind bedeckt mit den Trümmern des Granites der Hauptkette. An den hervortretenden Blöcken des anstehenden Gesteines sieht man eine gewisse, regelmässige Zerklüftung, die an das Gneisgefüge erinnert. Die Flora dieser Granithöhen ist viel dürftiger und ärmer, als die der tiefer liegenden Schiefergebirge; der Grund dafür liegt nicht allein in der absoluten Höhe, die Gesteinsart und der von ihr wesentlich bedingte Boden betheiligen sich daran. Uebrigens wiesen mir die Granitgebirge, bis auf eine Gagea Art, nur solche Spezies auf, die ich auf den Schiefern früher schon gesammelt hatte. Wir stiegen bei Schneegestöber, das mittlerweile eintrat, bis zu den Schneefeldern des Rippenkammes vom Laschkrasch und mochten die Höhe von 10000' erreicht haben. Die letzten Spuren des phanerogamen Pflanzenwuchses wurden am untern Rande dieser Schneefelder durch die Arten: Ranunculus acris. L. var. Gagea

Liottardi Schult. Draba tridentata Dec. Phleum alpinum L. und Corydalis caucasica D. C. bestimmt. Von jenem Rippenkamme des Laschkrasch fielen die Höhen gegen Westen in schroffen Steilungen zu einem tiefen Thale ab. Unser Rückweg führte uns, westlich von der am Morgen eingeschlagenen Richtung, bald wieder in die alpinen Triften des Lakmalde, auf welchen das prächtige Hornvieh der Bewohner von Tschubi-Chewi weidete. Mehrere Wipern (Vipera berus) wurden hier im üppigen Kräuterflor über der Baumgrenze gefunden. Ihre Verbreitungshöhe im Gebirge, die Ménétriés *) zu 6000' Fuss Höhe angiebt, darf also bis zu 7500—7700' angenommen werden. Ebenso hoch steigen selbst im Winter an den Gebirgsstellungen, die eine freie Lage gegen Süden haben, die Birkhühner, welche die Swanen schlechtweg Hühner, Katam, nennen. Ich stiess am Lakmalde auf die vom vorigen Winter zurückgebliebenen Schlingen, mit welchen man diese Vögel an bestimmten künstlichen Aesungsplätzen fängt. Die Art und Weise in der man solches hier bewerkstelligt, entspricht vollkommen der Methode, die bei den sibirischen Völkern gebräuchlich ist. Man befestigt die Pferdehaarschlingen in halbkreisförmigen Bogelhölzern, die man aus Weiden formt und deren beide Enden man fest in den Boden treibt. Im Sommer verharren die Birkhühner im Bereiche der Baumgrenze, wo sie ihre Brut erziehen. Sie sind im mingrelischen Hochgebirge zu dieser Jahreszeit zwar schwer, aber doch fast überall zu finden. Ihr Vorkommen am Dadiasch und Tschitscharo, sowie oberhalb Gloia und an den Quellen des Tskenis-Tsqali kann ich aus eigener Erfahrung bestätigen. Wir kamen, stark bergabsteigend, bald zum Thale des Kalerhid, an dessen rechter Seite, etwas oberhalb Pari, mehrere eisenhaltige, kohlensaure Quellen zum Durchbruche kamen. Ihr Wasser wird hier, wie auch das ähnlicher Quellen in Lachamuli und in den Dörfern an den Rion-Quellen (Gloia, Uşeri) nicht allein von Menschen des Wohlgeschmackes wegen getrunken, sondern auch sämmtliche Hausthiere geniessen es mit ganz besonderer Begierde. An diesen Quellen vorbei reitend, schlugen wir die Richtung gegen SO. ein und erreichten gegen Abend Pari wieder.

In Pari hatte ich Gelegenheit ebensowohl ein Paar alte Swanenharfen (Tschangi) und Pulverhörner, nebst andern ethnographischen Gegenständen zu erstehen, als auch eine alte, bejahrte Swanin dahin zu bestimmen, das ihr gehörende alte Swanen-Costüm anzulegen und so sich von mir abzeichnen zu lassen. Die betreffende Tafel (zu Anfang dieses Werkes) stellt diesen Anzug dar und auf einer der andern (am Schlusse dieses Capitels) habe ich die Details des Silberschmuckes nachgebildet. Eine nähere Beschreibung der Einzelnheiten enthält die «Erklärung der Tafeln»; es sei hier nur bemerkt, dass diese alten Swanen-Costüme jetzt nicht mehr getragen werden und grusinischen Ursprunges sind. Der Tag unserer Abreise von Pari war auf den 16. Juli festgesetzt. Es hatten sich die Herrn Castaing und Wahlberg, die beide über den Latparpass in das Freie Swanien gekommen waren, um den Ingur auf seinen Reichthum an Gold zu untersuchen, an mich geschlossen und ausserdem begleitete uns der Kreishauptmann und eine bedeutende Anzahl

*) Vergl. Wagner. Reise nach Colchis, ect. pag. 335.

von Swanen, die den sogenannten Weg in der Ingurschlucht verbessern sollten. Diesem Wege folgend wollten wir so rasch als möglich Dshwari und damit den untern, freiern Lauf des Ingur erreichen. Die Karawane bestand aus 12 Lastpferden und einem sehr vorsichtigen Esel, der die gefährlichsten Stellen an den Schieferabtheilungen zuerst betreten musste. Das Personal belief sich in Allem auf 25 Menschen. Gegen Abend am 18. stiegen wir zunächst die Gehänge abwärts, um das untere Lia (Tschubi-Lia) zu erreichen. Dieses Dörfchen liegt in einer Höhe von 3017' über dem Meere und 800—900' über dem Ingurbette auf rechtem Steilufer. Die tausend Fuss Höhenunterschied, welche also zwischen Pari und dem untern Lia bestehen, influiren auf die Zeitigung der Feldfrüchte doch so bedeutend, dass z. B. die Gerstenernte in Lia jetzt schon beendet war, in Pari aber erst der Halm dieses Getreides zu gelben begann und der Weizen in Blüthe stand. Das untere Lia ist auch der äusserste Punkt im Freien Swanien, an welchem die Rebe nothdürftig gedeiht; sie wird hier wie in Lentechi an horizontalen Spalieren gezogen und weder geschnitten, noch gebrochen. Die Traube wird nie ganz reif, sie hängt im Schatten des reichlichen Weinlaubes und obschon die Stellungen, an denen sie gepflanzt wurde gegen Süden offen liegen, so geht ihr in dem engen Ingurthale, welches hier schon den Charakter einer Schlucht angenommen hat, die Morgen- und Abendsonne ganz verloren. Der wenige Wein, den die Bewohner von Lia und die von dem westlicheren Lachamuli machen, wird seiner Säure wegen mit Honig versetzt und bleibt dennoch ein sehr elendes Getränk. Schon in dem ein wenig höher und östlicher gelegenen oberen Lia fehlt die Rebe. Eben in dieser Höhe findet Castanea vesca die ersten Vertreter in schwächlicher Strauchform, die Swanen nennen sie Quitsch, bei den Mingrelen heisst sie Zählе. Bevor wir Abends das untere Lia erreichten, kamen wir an einen links vom Wege gelegenen, etwas erhöhten Platz, auf welchem neben den Ruinen einer alten Kirche ein stattlicher Baum (ich glaube eine Esche, es war schon dunkel und ich konnte nicht mehr deutlich unterscheiden) steht. Die Ruinen sind unbedeutend, es knüpft sich aber an sie das Andenken an drei Dadischkilians, die hier bei den ewigen Familienfehden dieser Swanenfürsten den Tod fanden. Im untern Lia nächtigten wir; der mingrelischen Sitte gemäss verpflegte unser Wirth den ganzen Tross so gut er es konnte. Der Schmaus währte bis tief in die Nacht. Vier Werste weiter gelangten wir am nächsten Tage in das untere Lachamuli, welches aus 13 Wohnungen gebildet ist und in einer Höhe von 3178' über dem Meere liegt. Es ist dieses Dorf ebenfalls auf den steilen Abhängen des rechten Ingurufers in gedrängter Anordnung gebaut. Seine Bewohner treiben geringen Handel mit Mingrelien. In den Augen der Swanen sind sie jüdischer Abkunft und, wie ich oben schon erwähnte, verrathen die Physiognomien Einiger entschieden jüdisches Blut. Auch sollen bei ihnen Vornamen wie z. B. Kale, Tobia etc. üblich sein. Der Handel der Lachamulen mit den Mingreliern beschränkt sich auf folgende Gegenstände: sie erhalten aus Mingrelien: Honig, Nelkenköpfe, Pfeffer, etwas Silbergeld und Tabak, liefern dagegen: Wollenfilze, grobes Tuch, fertige Burken, Felle und etwas lebendiges Vieh. Lachamuli besitzt zwar nicht die günstige Lage wie das tiefstgelegene Dorf im Dadianschen Swanien (Lentechi); jedoch erinnern seine Weinguirlanden und schönen

Wallnussbäume an Lentechi. Die Wohnungen der Lachamulen sind hohe, zweistöckige Gebäude, Thürme fehlen fast ganz. Die Umgegenden müssen eine ergiebige Jagd liefern, hier herrscht die Sitte, die Unterkiefer des Wildes nebst den Geweihen und Hörnern übereinander zu reihen und in den Giebelwinkel unter dem Dachkarniese anzubringen. Man sieht an den meisten Häusern der Lachamulen dergleichen stattliche Jagdtrophäen in grosser Anzahl. Nur auf vieles Zureden und nach stundenlangem Streiten gelang es hier die nöthige Arbeiterzahl zur Reparatur des Weges, den wir zurücklegen wollten, zu miethen. Dem unvermeidlichen Abschiedsschmaus, welchen der Aelteste des Dorfes bereitete, konnten wir auch hier nicht entgehen. Das Brod und Heinale, was uns dabei gereicht wurde, war das ausgezeichnete kohlensaure Wasser, einer nahe gelegenen Quelle entnommen. Im Regen brachen wir endlich um drei Uhr Nachmittags auf, überschritten in geringer Ferne vom Dorfe den 30—40' breiten Ingur auf guter Brücke. Es schiessen seine schmutzigen Fluthen mit entsetzlichem Getöse hier zwischen kahlen, stark verwitterten Schieferufern. Das Zusammenschlagen grosser Rollblöcke übertönt ab und zu den Lärm der stürzenden Wasser. Schon nahe vom Dorfe waren wir gezwungen im losliegenden Schieferschurf den verschütteten Weg zu reinigen und traten sodann auf linkem Ufer in die Wälder. Diese bestehen vornehmlich aus Betula alba und Abies orientalis; Abies Nordmanniana ist seltener; ebenso Carpinus, Fagus sah ich nur vereinzelt, Ulmus gar nicht; beide Alnus Arten und Corylus bilden das Unterholz. Der Wald ist hier noch nicht sehr hoch, wird jedoch an manchen Stellen recht dicht, die Farne stehen in ihm vereinzelt, sie bilden noch keine zusammenhängende Bestände. Man übersieht von hier aus die hohen Abhänge des rechten Ingurufers, auf ihnen stehen die Dörfer Tsarar, wahrscheinlich das Tawlar der Bakradse'schen Karte) Irqusch (Erkwani) und zwei Thürme von Tscherblas (Dabscblani). Es sind das die südwestlichsten Swanendörfer im oberen Ingur Thale. Das Laki Gebirge bildet hier jenseits des Ingur (rechtes Ufer) die zunächst gelegenen, bedeutenderen und bewaldeten Höhen. Gegen NO. gewendet sieht man den schneelosen Letschwer Berg und über jenen genannten drei Dörfern schaut auch der ebenfalls schneelose, mit alpiner Matte gedeckte Qua hervor. Wir nächtigten kaum sechs Werste vom untern Lachamuli. Auf der Strecke von Lachamuli bis zum swanischen Grenzbache (dem rechts einfallenden Asi-, Aasi- auch Jeai-Tsqali wurden mir nachstehende Zuflüsse zum Ingur angegeben:

Rechts einfallend.

1. Der grosse Näka.
2. Der Lachara.
3. Der Sermaldasch mit kleinem Wasserfall.
4. Der Chälma (ihm gegenüber nächtigten wir am 19. Juli).
5. Der Kullura.
6. Der Mächtar

Links einfallend:

1. Der Uskura, bedeutend, aus SO. kommend, durchfliesst er das Gebiet Kuprori, wo wir am 18. Mittags Ruhe hielten.
2. Der Chébra. Gleich unterhalb des Uskura liegen hohe, steile Schieferentblössungen am rechten Ufer zu Tage, diese heissen: Ibas. Aehnliche, ebenfalls auf rechtem Ufer, aber oberhalb der Uskura Mündung

7. Der Láchan.
8. Der Sántar.
9. Der Nenokra, aus der Quelle wird so genannt, in seinem fernern Laufe bereits dieser grosse Zufluss den Namen: Tscho-bér.
10. Der Skórmet.
11. Der Rom.
12. Der Naziequil, d. h. der Mühlenbach.
13. Der Laraqumqum, dieser kommt vom abchasischen Scheidegebirge, wo an seinen Quellen die alpinen Wiesen als gute Heuschläge die Benennung Lara haben, also etwa: Heuschlagbach.
14. Der Totan.
15. Der Chábe, in dessen Nähe die Ansiedelung Chabér sich befindet.
16. Der Tschjúna.
17. Der Azis oder Aesi, auch Aesi-Tsquil und Jesi genannt, d. h. soviel, als der geschleuderte, geworfene Bach.

gelegene, haben den Namen Schtschéri.
3. Der Ipsira.
4. Der Mochbáchira.
5. Der Quaibe (Qvabia) d. h. der Kürbis.
6. Der Chaisch.
7. Der Larbara, d. h. der Verein, welcher aus dem Uesch Gebirge kommt.
8. Der Zogum.
9. Der Naziequil, welcher № 12 des rechten Ufers entspricht.
10. Der Totan.
11. Der Stéinbach.
12. Der Bardzhibach.
13. Der Chábe (beiderseits).
14. Der Ka.

Am 18. gegen Mittag wurde der grosse Uskura überschritten und an seinem linken Ufer, wo sich ein massiges Flachland, das mit einigen Kiefern und Ellern bestanden ist, Halt gemacht. Die Waldweide setzt sich auch hier wesentlich aus Trifolien Arten zusammen, es gesellen sich dazu hohe Valerianen, Eupatorium, Senecio, Solidago etc. als mehrjährige Krautpflanzen. Es wird diese Gegend für die Verbreitung der grossblättrigen, colchischen Varietät des Epheus bemerkenswerth. Schon etwas oberhalb des Uskura treten Hedera und Ilex als Schwächlinge im Schatten der Laubhölzer auf. Im Thale des Uskura gab es früher Ansiedelungen, das Gebiet, in welchem sie sich befanden, nennt man Kapreri, es erstreckt sich bis zum Einfalle des Uskura in den Ingur und schliesst also auch unsern Lagerplatz in sich ein. Die Benennungen der steilen Schieferwände auf rechtem Ingur Ufer wurden bereits oben erwähnt, diese Schiefer sind ausserordentlich fest und es fehlt ihnen die lamellarische Lagerung. Um drei Uhr zogen wir weiter, immer das linke Ufer des Ingur verfolgend, bis zur Brücke von Ipari oder Iparari; auf dem Wege dorthin überschritten wir den Chébra. Es hat hier der Hochwald bereits seine grösste Ueppigkeit erreicht. Die Buche nimmt an Kraft der Stämme, wie auch in Bezug auf die Häufigkeit die erste Stelle unter den Waldbäumen ein, die beiden Tannenarten erreichen nicht selten eine Dicke von 4—6' im Durchmesser des Stammes. Alte, mächtige Sturzbäume verlegen oftmals den schmalen Weg,

Rhododendron ponticum tritt als Hochstrauch auf, jedoch bemerkte ich oberhalb der Ipari-Brücke P. Laurocerasus noch nicht. Wo reiner Buchenwald in Hochstämmen steht, mangelt am Boden die Kräuterflora bisweilen ganz. Wir nächtigten wenig unterhalb der Ipari-Brücke auf rechtem Ingur Ufer. Am nächsten Tage, dem 19. konnten wir nicht mehr als 7. Werste zurücklegen, da die Aufbrückungen, mittelst welcher einige Steilufer oberhalb der Chabna umgangen werden mussten, verfault waren und die Reparatur derselben uns lange aufhielt. Wir erreichten gegenüber vom Chabna Bache (rechts) ein schmales Uferländchen gleichen Namens, wo wir nächtigten, die Höhe in welcher wir uns befanden belief sich auf 2630' über dem Meere. Vor uns gegen S. W. erschien die Ingurschlucht durch den bewaldeten, stumpfen Quaibe (auch Quabin d. h. der Kürbis) förmlich geschlossen. Hinter diesem sieht man das eigentliche Quabin Gebirge, welches durch seine gegen Norden steil zum Ingur abfallenden Wände die Passage sehr erschwert. Auf dieser Strecke Weges, von der Ipari Brücke bis zum Chabna, sah ich zuerst im Thale des Ingur Castanea vesca als hohen 4—5' dicken Baum, die beiden Abies erreichten auch hier oft 130' Höhe. Die Buche und der Ahorn (Acer platanoides) erscheinen als starke und schlanke Hochstämme. Pr. Laurocerasus und Buxus fehlten auch hier noch, dagegen standen die Farne in voller Kraft auf den schwarzerdigen Tiefen. Am 20. hatten wir die schwierige Umgehung des Quabin zu vollbringen. Dunkle, meistens schwarze und violette Melaphyre bilden dieses Gebirge. Am rechten Ingurufer erheben sie sich zu 6—800' hohen Wänden, die oberhalb des Quabin den Namen Schulder besitzen. Juniperus Gesträuche hängen aus den Spalten dieses Gesteines herab. Der Ingur wird durch dasselbe auf eine Breite von nur 15—20' an manchen Stellen eingeengt und ihm der schmale Weg oft durch colossale Blöcke verlegt. Erst Abends 8. Uhr gelangten wir zu den Steilwänden des Quabin. Ein kleiner Staubbach fällt von ihrer Höhe herab. Unser Lagerplatz bot eine üppige Strauchvegetation dar, die sich aus Himbeeren, Rubus caesius und fruticosus, Sambucus Ebulus und Farrenkräutern gruppirte, der Epheu war hier schon häufig, ab und zu trat an sonnigen Stellen Clematis Vitalba auf, Smilax fehlte noch. Durch das so sehr verzögerte Vorwärtskommen in der Engschlucht des Ingur und durch die Grösse des mitziehenden Personals waren unsere Vorräthe an Nahrungsmitteln bereits fast ganz erschöpft, als wir das Nachtlager am Quabin aufschlugen. Es war nöthig, wenn wir der grössten Noth entgehen wollten, die Weiterreise zu forciren und wenigstens sobald als möglich Chuber, die erste mingrelische Ansiedelung in der Ingur Engschlucht, zu erreichen. Wir trennten uns deshalb am 21. früh von dem Pristaw und von seinen wegverbessernden Swanen und zogen, mit Hacke und Spaten versehen, mit unserer Karawane von dannen. Bis zum Nasiquell gelangten wir an diesem Tage. Unweit vom Südende des Quabin Gebirges tritt Pr. Laurocerasus als Unterholz an den durchweg sehr feuchten Uferabhängen in vollster Kraft auf; Arum maculatum trug die rothen Beeren. Der Wald wird hier entschieden durch mächtige Laubhölzer gebildet, die Buche und die Linde, seltener Acer platanoides wetteifern an Höhe und Stärke. Wo die Thalwände übersehbar sind, bemerkt man jedoch auch noch die Coniferen, deren Häufigkeit mit den Höhen der seitlichen Ufergebirge zunimmt. Wir bewegten uns auch heute im Gebiete der dunklen, bisweilen auch braunrothen und selten mit mandelsteinähnlichen Gebilden versehenen Eruptivgesteines. Gegen zehn Uhr befanden wir uns am grossen und klaren Chaisch. Hier stehen wieder an beiden Seiten senkrechteinfallende Schiefer an. Im Unterholze treten an gelichteteren Stellen des Hochwaldes neben Corylus auch Evonymus und Sambucus nigra auf; wo die Sonne noch mehr Gewalt gewinnt und namentlich dem schmalen Pfade entlang, wucherte Urtica urens in 4—6' Höhe und wechselte mit Stauden von Sambucus Ebulus. Die Bestände des reinen Buchenhochwaldes bieten einen kahlen braunen Boden dar, der an manchen Stellen fusshoch mit dem vorjährigen Laube der Bäume bedeckt ist. Am Nasisquil, den wir Abends erreichten, bemerkte ich die ersten grossen Kalksteinblöcke. Die colchischen immergrünen Unterhölzer sind hier schon alle in voller Kraft vertreten, nur Buxus fehlt noch. Erst in der Nähe von Chubér, am linken Ingurufer, vier Werste oberhalb dieses Ortes, mischt sich alter baumartiger Buxus in die Unterhölzer; er erreicht bisweilen Schenkeldicke und wird um so häufiger, je mehr man sich Chudon und Dabwari nähert und die derben Kalksteine betritt. Auf dem Wege nach Chubér verloren wir, wenige Werste oberhalb dieses Ortes am 22. Juli die Spur unseres Pfades an den zusammengestürzten Anbrüchungen einiger Felspartien. Wir waren gezwungen Gepäck und Lastthiere zurückzulassen und eilten zu Fusse weiter, um Chubér zu erreichen. Das geschah am Abend desselben Tages. In der Nähe der beiden Chubér Bäche, welche beiderseits dem Ingur zufallen, haben sich einige arme Mingrelier in wenigen zerstreut liegenden Hütten niedergelassen und treiben hier Bienenzucht und etwas Maisbau. Die bedeutendere Anzahl dieser Hütten steht auf rechtem Ingurufer; wir traten in die Maisplantage auf linker Uferseite und fanden bei einem elenden Mingrelen Obdach. Der Mais hatte zum grössesten Theile abgeblüht und setzte die Kolben an, dieselben waren noch nicht geniessbar. Etwas Gommi Hirse (P. italicum), gelbe Pflaumen und Honig waren uns um so erwünschter, als wir seit dem Nachtlager am Nasisquil uns nur mit wenigen Mehlkuchen, die auf heissen Steinen gedörrt wurden, begnügt hatten. In der Nähe von Chubér fanden wir Mentha aquatica, welche als Thee benutzt wurde. Die Bienenzucht gedieh hier vortrefflich, unser Wirth besass 158 liegende Stöcke, meistens aus den Enden hohler Baumstämme gefertigt, auf einem eingezäunten Platze neben dem Hause, mitten in der recht bedeutenden Maisplantage. Diese Stöcke waren grösstentheils mit der Lindenrinde überdacht. Erst seit der Confiscation der Güter Constantin Dadischkilianis sollen sich in Chubér wieder Mingrelier auf eigentlich swanischem Boden niedergelassen haben. Einige Ruinen alter Gebäude deuten jedoch darauf hin, dass auch ehedem hier Menschen lebten. Der Chuberische Mingrele bewirthete uns nach der Sitte seiner Landsleute; das auf heissen Steinen gedörrte, harte Brod der Swanen wurde uns hier nicht mehr verabfolgt, sondern ein aus Gommi Hirse, Maismehl und Honig geballter Kuchen, der lange im Wasser gekocht wurde, ersetzte das Brod. Die Gebirge tragen hier noch überall den stattlichsten Laubholzwald, welcher sich jedoch flussabwärts, unweit Chudon, schon sehr bedeutend lichtet. Es lebt in diesen Wäldern das Rothwild häufig, jedoch fehlt der Eber bis Dabwari hin am

Ingur gänzlich. Die Räubereien der Swanen, besonders der Lentechen beeinträchtigen die armen Mingrelen von Chuber und Chudon sehr. So hatte unser Wirth im vergangenen Sommer 300 seiner Schafe auf der alpinen Weide verloren und war nun ein armer Mann; die Lentechen hatten sie unter dem Vorwande, sie seien in ihr Weideland gekommen, fortgeführt. Selbst in Dshwari klagte man noch über das Raubwesen der Swanen. Der 23. wurde in Geduld und Mangel in Chubér verlebt. Am 24. Mittags brach ich allein zu Fusse nach Dshwari auf, um von dort Hülfe und Nahrungsmittel meinen Leuten entgegen zu senden. Schon Tags zuvor hatten mich die Herrn Wahlberg und Castaing verlassen, um in Chudon Hülfe zu schaffen. Unsere Leute und Packpferde hatten zwar auf mühsamen Umwegen Chubér erreicht, konnten aber die zwei Werst weiter flussabwärts gelegene Brücke, da zwei ihrer Tragbalken gebrochen waren, nicht überschreiten und sahen sich so gezwungen in Chubér bis auf Weiteres zu bleiben. Erst, wenn man den swanischen Grenzbach rechterseits, den Acsi-Tqali überschritten hat, verliert die Engschlucht des Ingur den ihr eigenthümlichen düstern Charakter. Es werden die links gelegenen Uferhöhen sanfter und weniger dicht bewaldet. Im Unterholze mehrt sich der baum- und buschartige Buxus und verdrängt stellenweise den Kirschlorbeer ganz. Das geschieht sehr augenfällig unterhalb der Brücke, die vom rechten zum linken Ingurufer leitet und sich oberhalb Chudon befindet. Namentlich kräftig und weithin zusammenhängend werden die Buxus-Bestände unterhalb dieser Brücke im Ufergebirge, wo hellgelbe, sehr harte Kalke anstehen. Man übersteigt dieses Ufergebirge gleich nach dem Uebergange vom rechten zum linken Ingurufer auf steilem Pfade. Vom ehemaligen Hochwalde bemerkt man hier nur noch schwache Spuren, mit dem Beginne einer ausgedehnteren Cultur, wie wir solche schon in Chudon finden, wurde der Urwald auch hier im Verlaufe der Zeit vernichtet. Man bemerkt jedoch wie hier die Eiche häufiger wird und wie sich Smilax selbst durch die Buxus-Gebüsche rankt. Chudon ist ein grosses Dorf, welches ganz in der Weise der mingrelischen Dörfer gebaut ist, seine schlechtgefügten Holzhäuser, die gewöhnlich keine Rauchfänge besitzen, sind im üppigsten Grün der gekappten Bäume, an denen die Rebe in schenkeldicken Stämmen rankt, versteckt. Dazwischen bemerkt man die üppigsten Maisplantagen und Hanfschläge. Hier werden schon einige Gemüse gezogen, es giebt auch viele gelbe Pflaumen, doch sah ich keine Getreidefelder, der Mais ist die gewöhnlichste Culturpflanze, der Tabak hatte 3—4' Höhe erreicht. Nach kurzer Rast, und nachdem ich in Erfahrung gebracht, dass die Herrn Wahlberg und Castaing bereits heute nach Dshwari gegangen seien, brach ich ebenfalls dorthin auf. Der Pfad führt dem linken Ingurufer entlang, welches nur spärlich bewaldet ist, die Kalke stehen an ihm überall zu Tage, die Uferhöhen werden niedriger, doch nicht breitrückig, das Thal erweitert sich so bedeutend, dass Inselbildungen im Ingur gewöhnlich werden. Seitdem ich Chudon verlassen hatte regnete es unaufhörlich, es war windstill. Der Ingur hat hier die Hauptrichtung gegen Süden, die linken Uferhöhen folgen seinem Bette unmittelbar, sie legen sich als Scheider zwischen den Unterlauf des Maganbaches und den Ingur, sind kaum gut bestraucht, oft aber auch mit Mais bepflanzt. Bevor man Dshwari erreicht muss die Höhe des linken Ufergebirges abermals überstiegen werden. Man übersieht von der erstrebten Höhe die geräumige Hügellandschaft auf der Dchwari mit seinen zerstreut vertheilten Besitzungen gelegen ist. Sie liegt in einer mittlern Höhe von 1100' über dem Meere. Das Magnaflüsschen tritt hier ebenfalls aus seinem Thale hervor, um sich bei Dchwari mit dem Ingur zu vereinen. Dem rechten Ufer des ersteren folgt man auf Geröllen und kleinen Wiesengründen noch zwei Werste, dann überschreitet man den bedeutenden Bach auf sehr nothdürftiger Brücke, erklettert noch den Abhang der Dchwari Ebene, mit dem sie sich zum Ingur und Magna Ufer (linkes) absenkt, und befindet sich auf einer weitgedehnten, hie und da mit einzelnen Bäumen und Gebüschen bestandenen Fläche. Maisfelder sind auch hier überall zu bemerken, die einzelnen Wirthschaften liegen in den Gehölzen vertheilt und theilweise versteckt. Aus schönen Baumgruppen tauchen die bessern Gebäude dreier Brüder Dadian hervor. Bis zum 28. blieb ich in Dchwari, da erst Tags zuvor die Packpferde und ihre Führer, die wir an der Chabér Brücke zurücklassen mussten, ankamen. Die Umgegenden von Dchwari sind von der Natur ebenso schön, wie reich geschaffen. Theils mildert hier schon die absolute Höhe über dem Meere (1110') die Sommerhitze der mingrelischen Tiefländer, mehr aber geschieht das noch durch regelmässige, abkühlende Luftströmungen. Dchwari liegt unter dem Einflusse regelmässiger Land- und Seewinde. In den Sommermonaten strömt die kalte Luft vom swanischen Hochgebirge durch die Engschlucht des Ingur ab und erscheint in Dchwari als N. Wind. Gewöhnlich setzt dieser erst um Mitternacht ein und hält bis 7 Uhr früh an. Vom Juni bis September wehen diese Nordwinde und bringen meistens heiteres Wetter. Im Frühlinge, namentlich im Aprilmonat, beginnen sie aber schon zeitiger, meistens gleich nach Sonnenuntergang und währen bis 6 Uhr Morgens. Während des heissen Sommers macht sich dagegen bis Mitternacht ein leichter Süd als Seewind bemerkbar, der gegen Mitternacht zu wehen aufhört. Im Winter sollen die Nordwinde nicht selten zu vierundzwanzigstündigen Stürmen gesteigert bei Dchwari prädominiren und gewöhnlich Abends beginnen. Die mittlere Höhe des Schneefalles beträgt bei Dchwari 5—6'. Die reizenden Umgegenden nehmen gegen N. W. und N. den Charakter der grossartigsten Hochgebirgslandschaft an und der Blick in die finstere Engschlucht des Ingur eröffnet gegen N. eine Perspective von düsterem, ernstem landschaftlichem Typ. Gegen N. W. treten zunächst die bedeutenden Höhen des Ochatschkue Gebirges (Ochatschkhu der 5 werstigen Karte) rechts vom Ingur dem Auge entgegen. Seine Ostabstürze erreichen das rechte Ingurufer gegenüber von Chudon, auf ihm liegen die alpinen Wiesen der drei Gebrüder Dadian. Die Bedeutung des Namens dieses Gebirges steht mit seiner Höhe und mit den durch dieselbe bedingten Schneeschlüften in Verbindung. Ochatschkue wurde mir in Dchwari mit «pflügen, ackern» übersetzt und die Bewohner dieser Gegenden meinten: so lange sich der Schnee auf diesem Gebirge erhalte, sei es noch Zeit, das Feld zu bestellen und zu säen; ist aber bis zum Verschwinden der letzten Schneespuren auf dem Ochatschkue nichts eingesät, so wird das später bestellte Feld auch keine Ernte liefern können. Südwestlich vom Ochatschkue Gebirge erstrecken sich die weniger bedeutenden Retschi Höhen, die als Grenze gegen Samurzakan dienen. Weiter gegen Norden heben sich als Hintergrund der Hochgebirgslandschaft die Zitseldinisch-abchasischen Grenzgebirge hervor. Sie umgrenzen den Horizont mit ziemlich gleichmässiger Höhenlinie, die mannigfach gezahnt und geschartet ist, es hüllt sich das Ganze in den blauen Duft der Ferne. Viel näher dem Vordergrunde, die Ingurschlucht von links her mit den vordersten westlichsten Ausläufern begrenzend, sind zwei Höhenzüge zu nennen. Der eine von ihnen legt sich als Keilmassiv zwischen Ingur und Magan und heisst Zolischi; er ist bewaldet und übersteigt die Baumgrenze nirgend. Der andere, geringere, legt sich zwischen die Bäche Magan und Maramchani und heisst Nanskeneli. Die ziemlich gleichmässige Fläche von Dshwari selbst wird von NO. nach S. im Bogen durch eine Hügelkette, die durchweg dünn bewaldet ist, umzogen, sie mag nur um 3—400' die niedrigere Dshwaristufe überragen, so wie diese letztere wieder die Alluvionen des Ingur mit 100—150' beherrscht. Jener zuerst genannte Höhenhalbring hat keinen besondern Namen. In SW. sieht man am freien Horizonte zwei hochstämmige Bäume emporstreben; sie deuten die Grenzmarken in dieser Richtung des Eigenthums der hier wohnenden drei Dadians-Brüder an. Dasselbe erstreckt sich bis zu den Grenzen des Dadianschen- und Freien-Swaniens und gegen NW. bis nach Abchasien. Es sind das herrliche Länder, aber arme Leute bewohnen sie. Ein meistentheils ungebildeter, roher Adel, der an Nichtsthun gewöhnt ist, übt hier den Druck auf die untergebenen Vasallen aus. Dshwari producirte ehedem viele Seide, die über Sugdidi in den Handel kam. Jetzt wird der Seidenbau hier nur in sehr geringem Maasse betrieben. Seit 8 Jahren wüthet das Oidium in den Weinbergen und sucht sämmtlich die hellen Trauben heim. Man will in neuerer Zeit sogar eine Krankheit des Hanfes beobachtet haben, sie soll sich in der Brüchigkeit und Fäulniss der Faser offenbaren. Tabak und Mais werden nur zum eigenen Bedarfe gebaut. Die Plantagen des letztern besuchen zur Zeit, wenn die Kolben noch milchig sind, gerne die Hirsche und machen dann grossen Schaden. Des geringen Handels, den die Mingrelier Dshwaris mit den Swanen führen, habe ich oben schon gedacht; ausserdem kaufen Türken ziemlich viel Buxus (sogenanntes Palmenholz) bei den drei Dadians und führen es über Anaklea nach Constantinopel aus. Dieses Holz wird auf dem Stamme an Ort und Stelle nur mit 25 Kop. Silb. pro 150 Pfund, d. h. pro 50 Oka, oder einen Kantar, bezahlt. Fällen und Fortschaffen der Stämme ist Sache des Käufers. Da beides schwierig ist, so steigert sich der Werth des Holzes bis Anaklea von je 150 Pfund bereits bis auf 3 Rbl. Slb. und in Constantinopel kauft man ein ebenso grosses Quantum für 5 Rbl. Slb.

In Hinsicht der Verbreitung einiger Thiere und Pflanzen, namentlich vieler Culturgewächse, wird Dshwari zu einer besonders interessanten Localität. Am Südrande jenes mächtigen Gebirgsriegels gelegen, der das Längenhochthal des Ingur (das Freie Swanien) vom Unterlaufe dieses Flusses, mit einer Breite von circa 75 Wersten, trennt, bieten die Umgegenden von Dshwari nicht allein durch die geringere Höhe über dem Meere, sondern auch durch die freie Lage der Hügellandschaften solche Verhältnisse für das Gedeihen von Pflanzen und Thieren, wie sie weder die Ingurschlucht, noch das hochgelegene Swanien besitzen.

Die charakteristischen Thiere der colchischen Ebene und ihrer Vorberge dringen nirgend in die düstern Wälder der Ingurschlucht vor. Der Schakal schweift in den Umgegenden von Dahwari nur noch selten umher; Lanius Collurio, Coracias Garrula und Corvus Cornix, die gemeinsten Sommervögel der colchischen Tiefländer, von denen die Nebelkrähe auch hier, wie die Elster, nur in sporadischer Verbreitung vorkommt, scheuen die Nacht der Ingurschlucht. Nicht anders ist es mit einer Anzahl von wilden Gewächsen und Culturpflanzen. Arundo Donax und Diospyros Lotus finden bei Dahwari die Grenze ihrer Verbreitung gegen Norden im Ingurthale. Cydonia, Morus, die Gartenpflanzen, als Kohl, Zwiebeln, Knoblauch, Dill, Coriander, Kürbis, Gurken; endlich einige Zierpflanzen als Hibiscus sinensis, Rosa, Granaten, Ipomaea, Balsaminen wurden bei Dahwari und Chudon bemerkt, fehlen aber im oberen Swanien und in der Ingurschlucht gänzlich.

CAP. V.

Das Hochthal des Rion. Die drei Rionquellen.

INHALT. Herbstliche Flora an der Südseite des Nakerala Gebirges. Schaormeda und seine Eisgrotte Sakinuele. Chotewi. Die Bejdjalo [?] Felsen. Der Lachambach. Mindaricha. Oni. Die grosse Strasse, welche Wladikawkas und Kutais verbinden soll. Klimatische Schwierigkeiten. Statistische Nachrichten über die Radscha. Zahl der Bevölkerung. Die Vertheilung des Eigenthumes. Uebervölkerung, periodische Auswanderung eines Theiles der Einwohner. Getreide Production. Viehzucht und Handel. Weiterreise von Oni über Uzeri und Glola zum Mamisson Passe. Der Garulabach, das Quaisisch Gebirge. Die Mineralquellen von Uzeri. Die Digorischen Gebirge. Ruinen von Zidrotichi. Der Magalchide Platz. Der Dshandshachi-tapali. Glola. Der Scheralu-tapali. Rückblick in's Gebirge von Glola aus. Orientation im Hochgebirge. Weiterreise. Mussuri. Die Vegetation daselbst. Der Mamisson Pass. Der Tsuilsa Gletscher. Rückblick von der Mamissonhöhe auf das Hauptgebirge. Rückkehr. Pflanzenausbeute am Mamisson. Krankheit. Mit dem 1. September können die Reisen wieder begonnen werden. Der Reichthum an Sträuchern im oberen Rionthale. Das Dshandshora Thal. Zedisi. Die Eisenerze von Quaizitelli. Ihre Verwerthung und Bearbeitung. Die Wellwuwila Höhe. Reise zum Pass-mta. Vom Magalchide Platze gegen NW. nach Gebi. Von Gebi zum Goribolo Gebirge. Weg dorthin. Bäche, die der nordwestlichen Rionquelle sich vereinen. Der Platz Sasagonelli. Die Besteigung der Goribolo-Höhe. Die Flora an ihrer Basis. Der Pass-mta liegt versteckt. Die Goribolo Höhe zu 9589' bestimmt. Ueberblick der Quellen des Rion, des Tskenis-Tsqali und Ingur. Die Hauptquelle des Rion liegt im Edenis-mta. Benannte Höhen der Hauptkette vom Pass-mta bis zum Quamlebeni. Dergleichen Höhen in der Schoda Kette.

Uebersicht der im Sommer 1864 barometrisch bestimmten Höhenpunkte in den drei imeretischen Längenhochthälern.

Die Reise zu den Quellen des Rion war mir durch die über den Ursprung des Tskenis-Tsqali und Ingur gewonnenen Anschauungen, unerlässlich geworden. Sie konnte Mitte August in Angriff genommen werden. Am Abend des 10. August verliess ich auf's Neue Kutais, um wiederum die Tour über das Nakerala Gebirge in das Hochthal des Rion zu machen. Dieses Hochthal wird gewöhnlich mit dem Namen Radscha bezeichnet. Im Westen lagerten schwere Gewitterwolken, die von der untergehenden Sonne geröthet wurden, als wir Kutais verliessen. Die Vegetation begann bereits die Spuren des Herbstes zu verrathen. Auf dem Wege nach Gelathi, und weiter hinauf im Tkwibula Thale, trugen die Rhamnus Gebüsche die reifen Beeren, viele Farne standen braun und im Laube todt da. Castanea vesca bräunte die Früchte sammt ihren Hüllen in Wallnussgrösse, das Laub an Cornus, Crataegus, Pyrus, röthete sich, die Smilax und Ilex-Beeren prangten im schönsten Roth. Nur wenige Pflanzen blüheten jetzt, überall am Wege wucherten die stark duftenden Origanum Stauden, die zahlreichen Hypericum Arten standen in Saamen. Erythraea, Eryngium, Dipsacus und Scabiosa schmückten die trockenen Gehänge der Hügel, über welche wir ritten. Azalea pontica hatte die diesjährigen Blatttriebe vollendet und trug schon die Blüthenknospen für das nächste Frühjahr. Wir erreichten Gelathi spät Abends, die Feldgryllen lärmten, es war eine schwüle Nacht. Am nächsten Tage wurde der Fuss der Nakerala Höhe erreicht. Die im Juni dort prunkende Flora, welche auf den Steilungen verbreitet ist, war ebenfalls im Absterben und Vergehen begriffen. An den Lilienstauden hingen die gelben Blätter schlaff abwärts, die schuppigen Saamen der grossblättrigen Valeriana Phu waren bereits vom Winde verweht, selbst an den kräftigen Heracleumblättern machte sich der Herbst kenntlich, sie gelbten und schwärzten sich. Die Kirschlorbeer-Gebüsche, deren ich bei meinem ersten Uebergange über die Nakerala Höhen besonders erwähnte, hatten zwar im Verlaufe des Sommers sich wesentlich erholt und belaubt; jedoch erreichte an ihnen das frisch getriebene Blatt selten mehr, als die halbe gewöhnliche Grösse, hatte nunmehr aber das gesunde Ansehen und die dunkelgrüne Farbe. Auch dies mal hatten wir, als Nikorzminda am 18. erreicht wurde, nicht das Glück die majestätischen Quellgebirge des Rion in ihrem vollen Panorama sich klar vor unseren Blicken entfalten zu sehen. Die Höhen hatten im Hintergrunde dieses grossartigen Gebirgsbildes insgesammt ihre «Schleier» angelegt. Herbstlich kahl lagen die meisten Felder in den Umgegenden von Nikorzminda da. Man hatte den Pflug zur Bestellung der Herbstfelder jetzt hier noch nicht geführt. Man drosch das eingesammelte Getreide, leider war die Ernte, der so vielen Frühsommerregen wegen, schlecht ausgefallen und der Mais, welcher jetzt noch auf dem Halm stand, litt wiederum, da sich die Saamen und Kolben füllen sollten, von der Hitze und Dürre, die seit dem Anfange August's eintraten. In der gesammten Radscha sah man die meisten Maisfelder sehr dürre und gelb. Blickt man von der Höhe von Nikorzminda, auf der die Kirche und ein Theil der hochgelegenen Gebäude stehen und die sich zwischen den Bächen Schauri und Chotewra hindehnt, nach Westen, so sieht man einen zum grössten Theil mit Nadelholz (Abies) bewaldeten Höhenzug, der in ziemlich schroffen Abstufungen zum Rionthale sich senkt. Es ist dies ein südlicher Ausläufer der Nakerala Höhen, seine Höhenlinien erscheinen sanft gewellt und führen in ihrem nördlichen, höheren Ende den Namen Saschewardene, wie das oben Cap. II. p. 29 bereits gesagt wurde. Das südliche Ende heisst Wägenadsmere. In einem untergeordneten Zuge, der sich an den ersten lehnt, befindet sich die bekannte Eisgrotte, welche bei ausserordentlichen Gelegenheiten benutzt wird, um das

Eis von hier nach Kutais zum Gebrauche zu liefern. Es wird alsdann dieses Eis zur Nachtzeit, in Gras gut verpackt, in Körbe gelegt und von Pferden nach Kutais geschleppt, aber der grössere Theil desselben schmilzt schon, bevor es den Rand der colchischen Ebene erreicht. Die Grotte liegt mit dem breiten Eingange, der durch einen natürlichen, gedrückten Bogen überspannt wird, am Fusse einer hohen Kalksteinwand; man steigt in sie wohl 30—40' tief hinab und findet in ihrer grössten Vertiefung das Eis. Gegenwärtig lag daselbst nur sehr wenig, auf der Oberfläche war es äusserst schmutzig, in der Masse derb und sehr fest, fortwährend wird es von oben her beträufelt, es fällt jedoch im Ganzen von dem Grottengewölbe nur wenig Wasser herab. Diese Grotte hat den Namen Sakiwaule. Man hatte auch hier, wenig gegen Osten von dieser Grotte mit Waldroden und Waldbrennen begonnen, um ackerbaufähigen Boden zu gewinnen. Nach kurzer Ruhe in Nikorzminda begaben wir uns nach Chotewi, zu welchem Zwecke man recht steil 6—7 Werste im Thale der Choteura bergab steigen muss. Chotewi ist der Sitz des Chefs vom Chotewischen Theile der Radscha. Die Gegend ist hier, wie zum grössten Theile auch an den tiefern Gehängen des Rion, so lange er die untere Radscha durchströmt, etwas arid. Nur wenig gepflanzte Bäume umstehen an einigen wichtigen Localitäten die Ruinen, oder die im Verfalle begriffenen Gebäude. Es sind meistens Linden und Wallnussbäume. Auch lieben die Bewohner der Dörfer ihre Besitzungen mit dem schönen Grün der Wallnussbäume zu umgeben, so dass dadurch die Dörfer selbst auf den entblössten Kreidegehängen an malerischem Reize sehr gewinnen. Die trockenen Thalwände der Choteura sind spärlich mit schwächlichem Gestrüuch, besonders von Carpinus orientalis, oft auch von Rhus, Crataegus und Cornus bedeckt, an letzterem rötheten sich jetzt die Früchte. Einst war die bescheidene Residenz des Chotewischen Chefs das Eigenthum des Fürsten Zulukidse, es ging dann in die Hände des jetzt verstorbenen Herrn Eduard v. Kotzebue über. Herrliche Linden und Wallnussbäume umstehen hier zwei alte, hölzerne Häuser. Nahe davon gegen Osten liegen die Chotewischen Burgruinen. Die Fernsicht gewährt indessen keinen besondern Reiz, da man zu tief im Thale sich befindet, um das östliche Scheidegebirge der Krichula zu überblicken, und so also das Hochgebirge im Osten nicht sehen kann. Eben dieses Scheidegebirge einerseits und andererseits die hohen Ufergebirge der rechten Rionseite, lassen das Thal dieses letztern Flusses von hier aus wie geschlossen erscheinen und in der That ist es auch nur eine ganz schmale Schlucht, aus welcher der Rion weiter oberhalb, bei dem Orte Chidikari, zwischen mächtigen Steilwänden hervortritt und die nun folgende Erweiterung seines Thales bis Ungeuli durchströmt. Allgemein klagte man in diesem Theile der Radscha über Misswachs und Mäusefrass. Die Dörfer Urawi*), Lecheti und Ambari, am Lechaulabache gelegen, hatten ihre Ernten namentlich durch Mäusefrass verloren und zwar war das Getreide von Lecheti vollkommen, und in den beiden andern Dörfern theilweise vernichtet worden. Am 20. reisten wir weiter. Man lässt sich auf einer Strecke von wohl 8 Wersten zum linken Ufer des Rion herab und

*) Wahrscheinlich Uzuni der Karten.

erreicht bei Ambrolauri, nachdem der Unterlauf der Krichula überschritten wurde, sein breites Thal. Hier steht die erste Ruine der viereckigen, hohen Burgthürme, welche in der obern Radscha früher allgemein waren, von denen jedoch nur noch in Tschiora und Gebi die meisten erhalten sind. Sie mögen der Zeit der Swanenherrschaft über diese Gebiete angehören. Es besitzt der Rion unterhalb Ambrolauri viele, flache Geröllinseln, auf denen Tamarix, Salix und Hippophaë rhamnoides, letztere jetzt mit reifen Beeren, wuchern. Seine Thalwände sind im Allgemeinen dürr und wo irgend ein culturfähiger Winkel zu finden ist, wird er benutzt. Wenige Werste blieben wir noch in dieser breitern Thalgegend, vor uns gegen Osten schloss sich dieselbe anscheinend vollkommen und schon naheten wir uns den Steilwänden der Jurakalke in der Nähe von Chidikari, die einen solchen Verschluss des Thales bewirken. Sie heissen Seijalis. Die Brücke, welche hier zum rechten Ufer des eingeengten Rion leitet, ist sehr gut gebaut. Der Fluss schäumt sein trübes Wasser durch einen förmlichen Schlund. Sobald man denselben auf rechter Uferseite passirt hat, was kaum in ¾ Werst Länge geschieht, erweitert sich abermals das Rion Thal. Seine Thalgehänge sind dann gut bebuscht und bieten ein üppiges Grün. Rechts treten bald Porphyre auf, links sieht man noch ab und zu die Kreideentblössungen anstehen. Man erreicht, auf rechtem Rionufer bleibend, und indem man ein Flachvorland von bedeutender Ausdehnung passirt, die zerstreut gruppirt liegenden Wohnungen von Zemi (die Karte schreibt Zeschi), die sich gegen Osten mit dem Luchun (Luchunis-tsqali) abgrenzen. Der Luchun, mit herrlichem, klarem Wasser, poltert, meistens in kleinen Cascaden fallend, zwischen riesigen Porphyren und vorne auf der Spitze des Cappes, wo er sich dem Rion zugesellt, steht auf dunkler Porphyrkuppel die Ruine der Eristaf's Burg Mindaziche, das ist: Gedald-Burg. Ihr gegenüber liegt die baufällige und deshalb jetzt geschlossene Kirche, die seit 100 Jahren erbaut wurde. Wallnussbäume und Linden werfen ihre Schatten auf sie. Die Gegend hat hier den Charakter der Dürre ganz verloren, die Höhen tragen guten Busch- selbst Hochwald, das Wiesengrün bleibt selbst im Hochsommer frisch. Auf der terrassenförmig abfallenden Spitze zwischen dem Luchunbache und dem Rion, gerade unter der Mindasiche Burg, hat sich ein Imerete angesiedelt, dessen Wirthschaft allerliebst placirt und in bester Ordnung ist. Bei ihm blieben wir zur Nacht.

Wir setzten die Reise am 20. früh fort und kamen schon um 11 Uhr nach Oni. Zuerst bewegten wir uns zwischen den ebenfalls zerstreut daliegenden Wohnungen Sori's, (auch Sorri) woselbst viel Kropfige und Cretinen wohnen. Dann kamen wir auf flachen Wiesengrund und bemerkten hier schon den wohlthuenden Einfluss der Kühle. Der Sonnenbrand hatte nirgend so arg die Wiesenkräuter getödtet, wie das im untern Theile der Radscha geschah. Bald auch gelangten wir zu einer neuen, sehr dauerhaft gebauten Brücke, die noch nicht ganz in ihrem Oberbaue vollendet war und über den Rion zu seinem linken Ufer führte. In Folge des genauen Weges, den man über den Mamisson Pass durch die gesammte Radsha bahnt, wurde diese Brücke gebaut. Es erscheint oberhalb Sori das Rionthal gegen Osten wieder geschlossen. Die Ausläufer des Dshmadschora Gebirges treten dort vom linken Flussufer. An der Vereinigungsstelle des Rion und seines grössten linken Quellflusses (Dshandshora), wo auf der rechten Seite des letztern, nahe seiner Mündung in den Rion, abermals grosse Burgruinen stehen, gewinnt man eine bessere Uebersicht das Rionthal aufwärts verfolgend. Auch hier bleibt das rechte Ufer meistens steil, ohne bedeutende Vorländer, das linke ist flach, für Maisplantagen geeignet, meistens aus Geröllen gebildet, oder damit beworfen. Auf dieser Seite steht auch der Flecken Oni, dessen zahlreiche Häuschen aus schönen Baumgruppen hervortauchen. Es ist die Schodakette, welche aus NNO. oberhalb Oni zum rechten Rionufer abfällt, vor ihr liegt das tiefe Sakaura Thal, hinter ihr rauscht der vom Pass-mta kommende nordwestliche Rion Quellarm. Die Höhen der Schodakette übersteigen an den meisten Punkten die Baumgrenze, besitzen hie und da einige Schneeschluchten, jedoch weisen sie in ihrem südlichen Theile keine Gletscherspuren auf. Hinter ihnen, schon jenseits der Phasis Quelle, machen sich einige Schneegipfel der Digorischen Gebirge bemerkbar.

Oni hat nicht nur eine Bedeutung als Verwaltungscentrum der gesammten Radscha, da es der Sitz des Kreishauptmannes ist; es ist zugleich ein Sammelplatz für die Handeltreibenden und dankt dies namentlich seinen zahlreichen jüdischen und armenischen Bewohnern. Der neue Weg, an welchem man schon sehr lange, aber auch sehr langsam baut, wird nach seiner Vollendung, nicht nur Oni vortheilhaft beleben; sondern dem gesammten oberen Mingrelien und vorzüglich der Radscha von höchstem Nutzen sein. Es unterliegt kaum einem Zweifel, dass diese Strasse, welche Wladikawkas und Kutais verbindet, die grosse grusinische wohl mit der Zeit wird fast entbehrlich machen. Die häufigen Zerstörungen, welche der Terek an der grusinischen Heerstrasse anrichtet und die namentlich in diesem Jahre (1864) so anhaltend und bedeutend gewesen sind, erfordern nicht nur grosse Summen zur Reparatur, sie sperren überdies oft auf längere Zeit die Passage und Communication mit Russland. Dergleichen steht auf der Strasse, die von Wladikawkas nach Kutais führt und über den Mamisson-Pass geht nicht so oft in Aussicht. Es sind auf ihr die Schieferschuttstürze bei gutem Ablauf wohl in den nöthigen Schranken zu halten und obschon die Strecke nach Tiflis auf diesem Wege bedeutend grösser ist, als auf der grusinischen Heerstrasse, so wird man doch sicher und schnell die Entfernung zurücklegen. Im Winter freilich wird die schneereiche Nakerala Passage auch hier, wie in jedem anderen Gebirge, viel zu schaffen machen. Dergleichen Schneefälle schliessen den bequemen Verkehr mit dem colchischen Flachlande auch jetzt gewöhnlich allwinterlich 1—2 Monate lang. Von Chutewi bis zum Nakerala Dschan wandert man alsdann mit Mühe zu Fusse. Ebenso schliesst sich auch der Mamisson-Pass mit der Mitte Decembers bis zum Ende März dem Verkehr, nur Fussgänger passiren ihn dann. Die vorwaltenden Westwinde wehen den Schnee von ihm stark auf die ossetische Seite. Dagegen ist die zwischen beiden Passagen gelegene mittlere und theilweise obere Rion Gegend in manchen Jahren sogar schneearm. In milden Wintern thaut der Schnee meistens gleich nach dem Falle fort, so z. B. 1857 und es kommt dann nicht einmal zu fester Winterbahn. Es sind das jedoch Ausnahmen, in der Regel kann man die Höhe, zu welcher der Schnee sich im Laufe des Winters angesammelt auf 1½ Arschinen hier, z. B. in Oni veranschlagen. Im Winter 1863—1864 fielen, als in einem strengen, schneereichen Winter 2½ Arschinen Schnee in Oni. Gewöhnlich beginnt der Schneefall im oberen Rionthale erst mit dem 15. November. Die letzten Tage des August's bringen ihn jedoch schon dem Hochgebirge; so lag auch in diesem Jahre am 30. August die Schodakette mit ihren Höhen weiss da. Bevor ich Oni verliess, um zuerst zur mittlern, später zur nordwestlichen Rionquelle zu reisen, zog ich noch einige Nachrichten über die Radscha und ihre Bevölkerung ein. Sie wurden den letzten officiellen Berichten entnommen, welche der Kreischef von Oni der Regierung vorgelegt hatte und lauten im Wesentlichen folgendermaassen. Die Entfernung vom äussersten östlichen Grenzpunkt der Radscha bis zur Grenze mit Letschchum (Aschitisch) beträgt 85 Werst und die mittlere grösste Breite wird mit 55 Wersten angegeben. Am 1. December 1863 erwies sich nach stattgehabter Zählung die Einwohnerzahl der Radscha zu 48355 Individuen beiderlei Geschlechts. Es übertraf diese Ziffer diejenige der Einwohnerzahl von 1862 um 484. Diese Bevölkerung vertheilt sich in 123 Dörfer, von ihnen stehen 24 auf linkem Rionufer, 10 auf dem rechten, 78 auf den beiderseitigen Gebirgsabhängen, 8 auf den Gebirgshöhen selbst und 3 an den Rionquellen.

Der Abkunft nach wurden bei den Bewohnern der Radscha folgende Ziffern ermittelt: Grusinischer Abkunft 47,852, Armenier 70, Juden 421. Dem Stande nach gruppirt sich diese Bevölkerung, wie folgt:

1) Edelleute, beiderlei Geschlechts . . . . 3787 d. h. 1 : 12,7
2) Der Kirche dienend, d. h. Priester, Diacone, Kirchendiener (darunter sind 8 Mönche) . . . . 1118 d. h. 1 : 43,3
3) Bauern, a) der Regierung verpflichtet . . . . 8920 d. h. 1 : 5,4
b) der Kirche verpflichtet . . . . 5194 d. h. 1 : 9,3
c) den Edelleuten verpflichtet . . . . 28029 d. h. 1 : 1,6

Summa 48,050.

Nach diesen Angaben erweist sich ein Minus von 305 Menschen, wenn wir sie der Gesammtbevölkerung der Radscha vergleichen. Diese werden durch die freien Handeltreibenden und Handwerker repräsentirt. Die in der Radscha ansässigen Edelleute sind meistens arm. Der grösste Theil derselben besitzt nur 3—5, selten 10 Feuerstellen, vier andere haben ein Besitzthum von 21—50 Feuerstellen, endlich gehören 8 anderen 10—20 solcher Feuerstellen. Der auswärtige Adel, welcher nur besuchsweise sein Eigenthum in der Radscha, meistens zur Sommerzeit, sieht, ist der bemitteltere. Es giebt 8 solcher Edelleute die 20 Feuerstellen, 7, die von 20—50 Feuerstellen und endlich 3, die von 50—80 Feuerstellen in der Radscha besitzen. Auch hier ist der Mangel an Bildung der Edelleute ein sehr beklagenswerthes Uebel. In der gesammten Radscha giebt es kaum zehn ansässige Edelleute, die den Cursus einer niederen Bildungsanstalt (Kreisschule) beendet haben, kein einziger hat den Cursus einer höheren Lehranstalt absolvirt. Die Hälfte des gesammten Adels kann nicht lesen und schreiben, ein Drittheil dieser Edelleute ackert das Feld selbst, zwei Drittheile leben von den Einkünften, welche ihre Vasallen ihnen gewähren. Es ist ferner zu bemerken, dass ein grosser Theil der Bevölkerung der Radscha alljährlich zum Winter in das Tiflis'sche und Kutais'sche-Gebiet auswandert, um Verdienst zu suchen und die heimathlichen Nahrungsvorräthe zu schonen. Meistens vermiethen sich diese Leute in Garküchen und bei Bäckern, viele von ihnen sind auch Lastträger und Zimmerleute, welche letzteren nur grobe Arbeiten liefern. Durch die im Frühlinge zum grössten Theile heimkehrenden Emigranten wird alljährlich ein Capital von wohl 20,000 Silberrubeln in ihre Heimath gebracht, welches zum grossen Theile für den Ankauf des fehlenden Getreides und den Unterhalt der Familien verwendet wird. In Folge des Mangels an hinreichendem, ackerbaufähigem Boden und der nicht selten stattfindenden Missernten, sind die Bewohner des oberen Rionthales zu solchen Emigrationen gezwungen. Die Gesammtproduktion an Getreide belief sich im Jahre 1863 auf 214,078 Pud? In Bezug auf die Viehzucht stellt sich ebenfalls kein günstiges Verhältniss für diese Gebiete heraus. Die officiellen Angaben erwähnen als mittlere Zahl des Hausviehes für je eine Feuerstelle folgende Ziffern:

Rindvieh	Schafe	Ziegen	Schweine	Pferde
4.	2.3.	3.	2.	auf je 2 Feuerstellen nur 1.

Ebenso ist der Handel, welchen die Bewohner der Radscha treiben ein nur geringer. Er concentrirt sich in Oni und Bagrali und ist in den Händen der Armenier und Juden. Der Gesammt-Umsatz im Jahre darf nur mit 10,000 Rbl. veranschlagt werden, die Hälfte von dieser Summe kommt auf den Viehhandel, den die Imeretiner mit den Osseten treiben. Eingeführt werden billige Baumwollenzeuge und schlechte Seidenstoffe, so wie Salz. Durch den Tausch erzielt man von den Osseten, groben, aber sehr dauerhaften Tuch, Burka's, fertige Tscherkeskas und Filze. Ausser den Produkten des Ackerbaues und der Viehzucht ist nur der Fabrikation einer geringen Quantität von Schmiedeeisen zu erwähnen, welche durch die Bewohner von Zedisi und einigen Nachbardörfern betrieben wird. Im Jahre 1863 beliefen sich die Abgaben der Bewohner an die Regierung auf 7481 Rbl. 50 Kop. Slb. Trotz der Armuth der Bevölkerung hat der ackerbaufähige Boden in der Radscha einen enormen Werth, zumal in der Nähe von Bagrali und Oni, noch höher steigern sich die Preise der Baustellen in Oni selbst. Die Juden bezahlen dort für den Quadratfaden an gut gelegenen Baustellen bis 60 Rbl. Slb.; ein Preis, wie er an den bevorzugtesten Orten in Tiflis nur üblich ist.

Am 21. August Mittags waren endlich meine Führer bereit mich auf der Weiterreise von Oni thalaufwärts zu begleiten. Den Weg nahmen wir zunächst über Uzeri und Glola, um vom letzteren Orte aus den Mamisson-Pass zu ersteigen. Man erreicht bald oberhalb Oni, dem linken Rionufer folgend, das Dorf Gari, welches bedeutend ist und am grossen Garula Bache, der links zum Rion fällt, liegt. Theilweise befinden sich seine Hütten auf der Spitze des Flachlandes, welches von den linken Ufern der Garula und des Rion umschlossen wird; theilweise stehen sie auf den Anhöhen in NO. vom rechten Garula-Ufer. Zwei Werste weiter fällt der bedeutende Sakaura von rechts her in den Rion. Seine zahlreichen Forellen sind bekannt und das an seiner Mündung gelegene Dörfchen hat den Namen Laguanta. Der Sakaura kommt vom Kudaradschewi Gebirge, welches zu Fusse passirt werden kann, wenn man in das Dadianische Swanien von hier aus gelangen will. Schon an der Mündung des Garala Thales gewinnt man eine bessere Uebersicht vom Schoda Gebirge gegen NW. und vom Quamisch Gebirge gegen N. und NO. Das letztere ist gewissermassen die östliche Fortsetzung der Schodakette auf linker Rionseite. Sein westliches Ende, das mit hohem, nach Süden steil abfallendem Pik dasteht, hat die Benennung Sakataris-taweri, d. h. Katzenspitz, (von kata, Kater und Taweri, Spitze, Pik, Cap). Die weitere Fortsetzung gegen O. und SO., welche die Quellen der Garala umgürtet und durch vier Piks sich besonders markirt, heisst Quamisch-taweri. Vor beiden Gebirgen, die auf ihren Höhen nicht bewaldet sind und hie und da Schneeklüfte zeigen, legt sich der stumpfe, bewaldete Gummis-mta Kegel.

Angesichts des Gummis-mta, dessen Wälder bei näherem Zutritt sich vorzüglich aus den beiden Abies-Arten gebildet erweisen, verfolgt man die Strasse direct nach NO., bis man zu den Uzerischen Schieferfelsen kommt, von denen an das Thal des Rion eine mehr nördliche Hauptrichtung annimmt. Es liegen, bevor man dorthin gelangt auf rechter Rionseite noch die Dörfer Seglewi und Nakieti. Mit der veränderten Hauptrichtung des Thales und seiner gleichzeitigen bedeutenderen Einengung von Uzeri an aufwärts, nimmt mit steigender Höhe über dem Meere das Rionthal auch ein anderes Klima an; es wird bedeutend kühler. Uzeri liegt nach meiner Messung 3510' über dem Meere*). Schon durch das Verschwinden der beiden wichtigsten Culturpflanzen der Radscha sehen wir das deutlich ausgesprochen. Mais und Weinrebe überschreiten beide Uzeri gegen Norden nicht. Die ganze Strecke des Rionthales bis Glola ist unbewohnt und überall stark bewaldet, immer mehr und mehr treten die Coniferen (die Kiefer, P. sylvestris, sieht man nur in wenigen Schwächlingen vereinzelt) bis zum Bette des hinstürzenden Rion. Nahe bei dem Dorfe Uzeri, welches auf rechter Rionseite gelegen, befinden sich die kohlensauren Eisenwasser, welche in Imeretien weit und breit bedeutenden Ruf haben. Sie quellen an einem kahlen, nur nach oben hin bestrauchten Abhange hervor, der etwas in das Thal vortritt. Es ist dieses Wasser ebensowohl an Eisen, wie auch an Kohlensäuregehalt nur schwach; mag aber die letztere, da es in offenen Rinnen fliesst, im heissen Sommer auch ausserordentlich leicht verlieren. Dieses Wasser trinkt man hier nicht, sondern man badet sich in ihm, zu welchem Zwecke es in Bassins, die in einem nahestehenden Gebäude vorhanden sind, geleitet wird. Die Quelle aber, deren Wasser man trinkt, befindet sich auf dem bewaldeten, hochansteigenden, jenseitigen Rionufer (also dem linken) und entquillt dem Westfusse des Sakataris-taweri. Am Rande des Hügels, an welchem die Uzerische Badequelle gelegen, steht eine alte, kleine Kirche, die, wie die

*) Die barometrischen Höhenbestimmungen Uzeri's durch die Herrn Akademiker Abich und Ruprecht, übertreffen die von mir ermittelte Ziffer um circa 400'. Die Bestimmung des oberhalb Uzeri gelegenen Mogaribide Plateau (Zusammenfluss beider Rionquellen), sowie die des Mamisson-Passes, erweist sich jedoch mit derjenigen der H. Abich und Ruprecht als sehr nahe übereinstimmend. Es stellen sich da nur Unterschiede von etlichen 30' heraus.

mehren Kirchen dieser Gegend, von den herrlichsten Linden und von einigen Wallnussbäumen beschattet wird. Auf dem Rasen unter diesen Bäumen ruheten wir, von der glühenden Mittagshitze ermüdet, aus. Die Regierung hat hier eine Anzahl kleiner Häuschen errichten lassen, um dem brauchenden Publicum Obdach gewähren zu können. Von einem rathgebenden Arzte, oder von Bequemlichkeiten, wie ein kranker Badegast ihrer bedarf, ist hier keine Rede; einige elende Duchane stehen an der Landstrasse. Es soll sich aber die Zahl der vom Juli bis zum September hier ein- und ausziehenden Badegäste doch alljährlich auf 600, ja sogar bis auf 1000 belaufen, welche Nachricht ich von glaubwürdiger Seite erfuhr. Meistens sind es imeretische Frauen, welche die Heilkraft des Wassers beanspruchen, oder auch die an einigen Stellen entweichende, freie Kohlensäure einathmen. Ein Jeder behandelt sich nach Belieben; ein Jeder bringt seine Diener und Leibeigenen, seine Spanferkel und Hühner mit. Im Schatten der alten Linden lagern die Badegäste und so nimmt denn das Uzeri Bad in seinem gesammten Zustande die primitivste Stufe eines Badeortes ein. Tritt man nun wieder zum eingeengten Rionthale, so bietet die Spalte desselben nur in NNO. einen zwar beschränkten, jedoch höchst malerischen Anblick. Es sind die Digorischen Schneegebirge, der Hauptkette des Kaukasus angehörend, welche mit ihren Eisfeldern die Fernsicht unter blauem Himmel schliessen. So genannt sind diese Gebirge nach dem Volksstamme der Digoren, welche das Quellland des Urech (Nordseite) bewohnten. Als man ihnen vor einigen Jahren den Vorschlag machte an andere Plätze zu übersiedeln, zogen sie es vor 1860 in die Türkei auszuwandern. Sie waren Mohamedaner, einige von ihnen sollen später zurückgekehrt sein. Vor diesen Digorischen Höhen, die in der Volkssprache als Digoris-mta bezeichnet werden, sieht man noch eine niedrigere, zwar die Baumgrenze weit überragende, jedoch die Schneelinie nicht tangirende Gebirgsmasse liegen. Ihre Höhenlinie ist sehr gleichmässig, es fehlen ihr jegliche pittoresken Spitzen. Sie hat den Namen Nozaris-mta und ihr entquillt der Nozaral. Zu beiden Seiten treten vor diese Höhen, deren alpine Weiden und Matten sich im hellen, sanften Grün deutlich zu erkennen geben, die riesigen Tannen der Rionthalsteilungen und fassen das sonderhaftliche Hochgebirgsbild mit fast schwarzem Seitenrahmen ein, der sich dem Auge des allmählich nahenden Beschauers mehr und mehr verbreitert und dann hie und da dem frischen Grün einiger Laubhölzer Platz macht. Es hebt sich hier im Vordergrunde des Bildes noch eine schauerlich schwarze Ruine hervor. Die Trümmer der Zidmaiche Burg sind es, die daliegen. Einst beherrschte diese Burg, kaum zwei Wersts oberhalb Uzeri, das schmale Rionthal, neuerdings stürzten von den dominirenden Höhen des rechten Rionufers, mächtige, dunkle Schieferblöcke über sie und zerstörten einen Theil der Wände fast ganz. Ein Chaos von riesigen Felsen liegt hart am Wege, bedeckt denselben zum grössten Theile und einzelne der herab-rollenden Blöcke blieben bei ihrem rapiden Falle sogar in einem Eck-Winkel der Ruine über einer Schiessscharte hängen. Eine Menge kleiner, verlassener Erdhütten, die den Soldaten, welche den Weg hier bauten, zum Obdach dienten, befinden sich in der Nähe der Trümmer, ihre Erddächer sind mit Sisymbrium und Lepidium Arten stattlich begrünt und ein kleines Feld der niedrigen Berghirse erstreckt sich unweit von ihnen. Auf dem weitern Wege nach Olola treten als Unterhölzer nun bald die beiden Ellernarten der Zahl nach in den Vordergrund; Corylus wird seltener und die Weissbirke, zwar an den Gehängen noch nicht häufig, lässt sich doch schon hie und da bemerken. Die Eiche fehlt hier schon. Zur Weissbirke gesellt sich Populus tremula. Auch hier reiften die Beeren an den Rhamnus Sträuchern; Viburnum Opulus trug sie bereits roth, Lonicera und Vaccinium Arctostaphylos besassen sie ebenfalls reif. Der sonneliebende Rubus fruticosus wird im Schatten der Wälder durch Rubus caesius ersetzt. Sowohl Smilax, als auch Clematis Vitalba und die Weinrebe im verwilderten Zustande mangeln hier. Die letztern ist selbst in Oni eine Seltenheit. Ulmus effusa und campestris, im Vereine mit Fagus, gedeihen namentlich auf den flachern Uferstellen zu schönen, grossen Bäumen. An die Stelle der verdorrten Flora der Ufergehänge des Rion, wie sie zu dieser Jahreszeit die gesammte untere Radscha an ähnlichen Plätzen hat, tritt die schöne, durch Trifolien charakterisirte subalpine Wiese auf, deren meiste Pflanzen zwar verblüht sind, die aber jetzt noch vom saftigen Grün strotzt. Im Schatten des Hochwaldes verfolgten wir die bequeme Strasse rasch thalaufwärts, hielten uns zunächst am rechten Rionufer, überschritten am Magalchide Platze auf guter Brücke den überaus reissenden Fluss und folgten dann dem linken Ufer noch eine Strecke weit. Dieser Platz Magalchide stellt ein, mit herrlichem Buchenhochwald bestandenes und ziemlich geräumiges Flachland am linken Rionufer dar. Es haben hier die Soldaten, welche den Bau des Weges zu besorgen hatten, ihre Hauptniederlassung eingerichtet und umlagert daher förmlich eine Menge von Erdhütten ein Häuschen. Auch hat man Holz und Kohlenvorräthe hier gestapelt. Die Höhe dieses Ortes über dem Meere wurde zu 3711' berechnet. Es liegt derselbe etwa auf halber Wegstrecke zwischen Uceri und Olola. Die angeführte Höhe entspricht der des Vereinigungspunktes des eigentlichen Rionquellarmes (aus NW.) mit dem vom Mamisson kommenden Dshandshachi-Tsqali (aus O.). Man bleibt bei der Weiterreise nach Olola immer, auch, nachdem man noch eine kurze Zeit dem vereinigten Bette beider Quellbäche auf linkem Ufer folgte, im Hochwalde und erblickt, nachdem man in das eigentliche Thal des Dshandshachi getreten ist, sehr bald vom Wege aus, der hoch über dem Niveau des hinstürzenden Wildbaches angelegt wurde, das Dorf Olola an seinem rechten Ufer. Die Gebäude desselben stehen auf den Terrassen des ziemlich schroffen Ufers. In ihrer Nähe machen sich die Ruinen einiger Thürme und eine neue, weissgetünchte Kirche kenntlich, die, wie die meisten kleinern Dorfkirchen der Radscha und überhaupt Mingreliens, keinen massiven Thurm hat. Die Glocken dieser Kirchen hängen in einem aus 4 Hölzern errichteten, etwas spitz zulaufenden und überdachten Gebälke frei. Am Fusse der linken Thalwand des Dshandshachi-Tsqali führt die gute Strasse weiter. Der Bach besitzt ein breites Geröllbette, welches die zahlreichen Schneewasser im Frühlinge aufnimmt. Die Brücke, welche über den Dshandshachi-Tsqali führt, liegt schon oberhalb des Dorfes, man passirt sie und reitet am Fusse eines stumpfen Schieferkegels, den einige Burg- und Kirchenruinen schmücken, vorüber, um dann noch auf einer schmalen Brücke den wasserreichen Schdrala-Tsqali*) zu überschreiten. Dieser treibt die

*) Die in Rede stehende 3-werstige Karte giebt dem Dshandshachi-Tsqali die Benennung Schnel-

Glolaschen Mühlen und die Häuser des Dorfes beginnen gleich an seinem rechten Ufer. Glola ist enge gebaut, seine Bewohner sind meistens wohlhabend. Im Jahre 1811 (andere sagen 1812) hat es durch die Pest den grössten Theil seiner Bewohner verloren: es bestand damals aus 80 Feuerstellen, jedoch blieben nach der Pest nur 17 übrig und auch die Bewohner dieser waren ausserordentlich verringert. Damals stand der grösste Theil der Gehöfte auf linkem Ufer. Bei einem Rückblick nach Westen erscheint das Rionthal durch den mächtigen Tschoniauris-mta vollkommen geschlossen, (siehe die betreffende Abbildung) an seinem südlichen Ende tauchen auch die Höhen des Schoda-Gebirges auf. Die unteren Partien des schiefrigen Tschoniauris-mta sind gleich den niedrigeren, davor liegenden, welche die Flussufer bilden, reichlich und vornehmlich mit Nadelholz bestanden. Einige Schneeschrammen lassen sich auf seinen Gipfeln bemerken. Direkt gegen Süden, dem Dorfe recht gegenüber, erblickt man, wenn man steil bergan über die Wälder der Ufergebirge sieht, die malerische Pikform des kahlen, schneefreien Wallatschibis-mta (die 5-werstige Karte hat hier die Benennung Dolomis-zweri und Geske). Im Norden dagegen tauchte noch ein kleiner, westlicher Theil der Tweiltas Gletschergruppe über dem dunklen Grün des Babias-Gebirges auf*). Gegen Osten ist vom Dorfe aus die Fernsicht durch den vortretenden Schieferkegel, mit den schon erwähnten Ruinen, verdeckt. Glola liegt in 4014' Höhe über dem Meere. Es hören mit dieser Höhe noch keineswegs die menschlichen Ansiedelungen am mittleren Quellarm des Rion auf, wohl aber die der Imeretier. An den Quellen der Dshandshachi-Tsqali giebt es noch drei durch Osseten bewohnte, kleine Ansiedelungen, von denen Garschewi links und Nosamli nebst Thistawi (Tkis der Karte) rechts, auf den steilen Uferhöhen gelegen sind. Die Einwohner von Glola bauen viel Getreide, jedoch gedeiht der Mais hier nicht mehr. Gegenwärtig war man mit der Ernte, die ergiebig ausgefallen, allgemein beschäftigt.

Am 23. konnte die Reise um 11 Uhr Vormittags fortgesetzt werden. Wir gewannen, nachdem beide Brücken wieder überschritten waren, bald die breite Strasse. Vor uns in Osten wurde der Horizont durch die Höhenlinie des Mamisson-Passes begrenzt. Vor diesem liegt die niedrige, kahle Zitell-Kuppel (Zitela der Karte?), mehr in SO. bemerkt man die Höhe des Kopsiam-mta und wiederum links vom Mamisson-Passe gegen N. eröffnen sich die imposanten Tweiltas Gletscher am Gebirge gleichen Namens, vor denen, gegen Westen auslaufend und nur die Baumgrenze überragend, der Babias-mta sich erstreckt. Dem linken Dshandshachi Ufer folgt der gebahnte Weg oft in bedeutender Höhe über dem Bette dieses Wildbaches. Er durchzieht in zahlreichen Windungen, auf denen man mehrere Bäche umgeht,

jetzt nahe an seiner Quelle. Meinen Erkundigungen gemäss ist der Schurula-Tsqali, den ich für identisch mit der Benennung der Karte halten muss, der von N. bei Glola rechts einfallende Bach. Seit seiner Vereinigung mit dem Dshandshachi-Tsqali nimmt der weitere Lauf der mittlern Rion Quelle bis zum Nagalebiale Platze noch schliesslich den Namen Glola-Tsqali, d. h. das Glola Wasser an.

*) Meine Erkundigungen stimmen hier garnicht mit den Angaben der 5-werstigen Karte. Auf ihr wird der Tweiltas (Twilsa) südlich von Garschewi gezeichnet. Er liegt aber entschieden im Norden und ist wahrscheinlich mit dem in der Karte als Adairkoch notirten Gebirge identisch. Die letztere Benennung mag die ossische sein. Die Imeretier haben für den Gletscher und den Bach dieses Gebirges keine andere Benennung als Tweilta.

schöne Hochwälder, in denen die Birke und Nadelhölzer vorherrschen. Erst tief unter Ourschewi leitet eine feste Brücke zum rechten Ufer und auf diesem steigt man dann steil bergan, um Mussati zu erreichen. Mit der Höhe von Mussati, die zu 6968' über dem Meere bestimmt wurde, ist die Verbreitungsgrenze der Birke gegen Süden beinahe erreicht. Wie überall im Kaukasischen Hochgebirge, so steigt auch hier diese Pflanze an den gegen Norden offenen Gehängen viel höher als Krüppelgebüsch herauf. Das sah man sofort an den Höhen, welche Mussati gegenüber liegen und die weiter östlich das linke Dshandshachi-Tagall Ufer bilden. Einzelne, zerstreut stehende Weissbirken bemerkt man an der entgegengesetzten Gebirgsseite (also auf der Südseite, wo Mussati liegt) selbst bis zur Höhe von 7200—7300'. Die Bodenkräuter sind auch hier ausserordentlich üppig. Zunächst setzt sich die durch sie gebildete Flora wieder aus den Elementen der früher schon auf dem Terrain der späten Schneeschmelze erwähnten Arten zusammen; dazu gesellen sich zwei Aconitum Arten, ein Delphinium, einige Senecio Species, dann mehrere Carduus und Campanula Arten, ferner ein Mulgedium und sehr hohe Cephalaria. Die letztern erreichen 10—12' Höhe. Am Boden blühete dazwischen ein grossblumiges, schönes Colchicum. Erst höher, schon am Fusse des Passes, wird die Flora etwas niedriger; es treten Anthemis, zarte Campanula, Gentiana, Polygonum, Pleurogyne hier auf und an feuchten Stellen sammelte ich dort den schönen, schwefelgelb blühenden Crocus Suworowianus C. Koch., mit welchem einzelne Plätze wie besät waren. Wir folgten nach kurzer Rast in Mussati, da die vorgerückte Tageszeit uns zur Eile trieb, dem ehemaligen Wege, soweit des rechten Ufers vom Dshandshachi-Tagall. Die sehr bequeme, neue Strasse schlängelt sich, allmählich ansteigend, mit häufiger Umgehung der Steilungen höher, als der frühere Weg thalaufwärts. In solcher Weise erreicht sie den Pass selbst, nur war sie auch hier an einzelnen Stellen durch den Nachsturz von Erde und Schieferbrocken schon wieder etwas verschüttet. Mit der Höhe von 9421' befindet man sich auf der Höhe des Mamisson-Passes. Derselbe heisst bei den Imereten Mamissonis-mta, bei den Ossen Mamissonis-ef-hek. Wir erstiegen darauf die nahe gegen Süden sich erhebende Kuppel, um eine freiere Aussicht auf das im O. vor uns liegende Panorama zu gewinnen. In diesem sind die hervorragenden Höhen folgendermassen benannt. Gegen N. und NO. von unserem Standpunkte sind es zunächst die nahegelegenen Massive des granitischen Twalliss-mta, die uns entgegenstarren. Mit drei Armen senkt sich von ihnen ein Gletscher thalwärts nach Süden. Auch dieser ist von zweien Seitenmoränen eingeschlossen. Die Breite des Gletschers ist nicht bedeutend, dagegen wohl seine Länge; er bietet dem Auge die beiden Stufen, wie sie die meisten kaukasischen Gletscher besitzen, nämlich die obere mit zahlreichen senkrechten Einsinken und eine untere, nicht so jähe, die den Gletscherfuss bildet und keine Absätze hat. Vom tiefsten Zipfel seines Fusses sah ich jedoch keinen Gletscherstrom sich ergiessen. Dieser scheint, als Geburtsstätte des Dshandshachi-Tagall, dem westlichen, durch vortretende Felsen fast ganz verdeckten, Theile des Gletschers zu entquellen, wenigstens stürzt von dort dieser Gebirgsbach hervor. Der Twalliss-mta zieht sich unter gleicher Benennung ostwärts noch eine geraume Zeit im Gebiete der Ossen fort und sendet kahle Bergrücken südwärts zum Balathale. Das Bala-Thal mit gleichnamigem Bache lag direct gegen Osten vor uns, es nimmt, links her, vom Ostfusse des Mamisson-Passes den kleinen Mepis-Tsqali, bei den Osseten Melikidon, d. h. der Zarwabach auf. Diese Benennung hat ihren Grund in der beherrschenden Höhe, von welcher der Bach kommt. Bei diesem Ueberblicke der Gegend gegen Osten überschaut man nur die kahlen, ossischen Gebirge; fern am Horizonte macht sich der Kasbek bemerklich. Vor diesem gegen Westen, unserem Standpunkte näher, lagern sich die Höhen des Kurkumis-klde (klde, mit kaum hörbarem eingeschobenem e, heisst soviel, als Steilgebirge, Felswand). Beide waren gegenwärtig zum grössten Theile von Wolken verdeckt. Abermals näher dem Westen und von unserem Standpunkte schon ganz deutlich in allen seinen Umrissen zu erkennen, liegt das schneelose Sarogom-mta-Gebirge und in vierter Reihenfolge von O. nach W. lagert sich vor diesem eine breite Seitenrippe des östlichen Twalisa-Gebirges, die herrliches Weideland den ossischen Heerden gewährt und Kliatis-mta genannt wird. Es ist noch zu bemerken, dass gegen NO. ein hie und da in seiner Höhenlinie nur markirtes Gebirge liegt, es wird vom Twalisa zum grössten Theile verdeckt und hat bei den Osseten den Namen Istir-choch. Dieses einerseits und die Twalisa Höhen andererseits schliessen die Zei Quellen in sich. In der Richtung SO. erstreckte sich vor uns als Hauptgebirge in der Ferne der Burusamelis-klde und vor diesem lagert der schneeführende Pik Chaladsharsch-klde. Im Zirkel von SO. über S. nach SSW. liegen am Horizonte vier benannte Höhen, von denen die südsüdwestlichste jedoch durch den weiteren Verlauf des Mamissonis-mta verdeckt wird. Dieses Passgebirge steigt nämlich in der Richtung von N. nach S. höher und höher an und seine südlichsten Erhebungen, die den Namen Gahela besitzen, verdecken für unseren Standpunkt, das Quellgebirge der Gurula, welches wir unter dem Namen Quasisch-mta bereits kennen lernten. Die drei anderen namhaften Höhen aber sind: der mit seinem Kammrücken nach Norden vortretende Kailiasmis-klde, ferner der südlichere, gletscherführende Dshawris-klde auch Dshawris-choch genannt; dann endlich ganz im Süden der sanft geformte Kudaros-mta. Im Rückblicke nach Westen senkt sich das Auge auf die enge Furche des Dshandshachi-Tsqali. Die links gelegenen Uferhöhen dieses Baches sind besonders steil und mit vielfach zerstückelten Gipfellinien gezeichnet. Es sind hier drei hintereinander liegende, von O. nach W. sich folgende, Gebirgsgruppen aufzuzählen. Die westlichste von ihnen, welche zum Rionthale bei Useri sich in so rapiden Abstellungen senkt, bildet das Sakalaris-tsweri Gebirge, auch Kaseri-tsweri und zwar so richtiger, genannt. Ihr folgt gegen Osten das Choske Gebirge und dann das, dem Mamisson-Passe nahe, Chamaela Gebirge. Die Gletscher, welche sich zwischen diesen beiden letztern herabsenken, dominiren die ossische Ansiedelung Gurschewi und liegen frei gegen Masani und Thistawi.

Die Sonne war bereits untergegangen, als ich zum West-Fusse des Mamissonis-mta herabgestiegen war und auf dem Wege dorthin eine schöne botanische Ausbeute mitgenommen hatte*). Die Landschaft im Westen, welche alle Reize des Hochgebirges in sich

*) Hier wurden folgende Arten gesammelt: Crocus Suworowianus C. Koch. Aconitum variega-

schliesst, schwamm im hellgelben, letzten Abendlicht, während in den tief eingerahmten Thälern die Schatten der Nacht schon lagerten. Wir ritten langsam nach Murati zurück, wo wir übernachteten. Am 24. August erwachte ich mit schwerem Fieber. Wir eilten über Oloia nach Oni zurück. Am 1. September konnte ich dort erst das Zimmer verlassen.

Das erste Herbstwetter, welches während meiner Krankheit besonders am 27. getobt hatte, war wiederum einem schönen, klaren Tage gewichen. Ueberall im Hochgebirge lag tiefer Schnee, er stieg schon tief am Schoda Gebirge herab und der Sahataris-tawsi zeigte uns die frische, weisse Stirn dem Westen. Ein herrlicher Morgen bei vollkommen wolkenfreiem Himmel war der kalten Nacht gefolgt. Um 9 Uhr, bis zu welcher Zeit die langweiligen Führer, wie gewöhnlich, auf sich warten liessen, brachen wir auf, um die im Thale der Dshandshora, circa 15 Werste von Oni, unweit des grossen Dorfes Zedisi (Zidisy der Karte) gelegenen Eisengruben zu besichtigen. Bei dieser Gelegenheit lernte ich den untern Theil der südöstlichen Rionquelle kennen. Wir nahmen die Richtung von Oni direkt gegen O. und überstiegen die hier noch niedrige Wasserscheide zwischen Garula und Dshandshora. Diese läuft gegen W. mit stumpfer und ziemlich steil abfallender Spitze aus, wird hier von der zum Rion gegen NW. abbiegenden Dshandshora umringt und bespült und trägt die erwähnten malerischen Ruinen. Wie die Vorberge und Hügel bei Oni im Allgemeinen, so ist auch diese Wasserscheide stattlich bestraucht und weiter in Osten bemerkt man, zumal an unzugänglichen Stellen auch einen kräftigeren Baumwuchs und gruppenweise den Beginn zum Hochwalde. Hier aber, wo wir die Scheide passirten, behielten selbst die meisten Baumarten die Strauchform, da sie durch häufiges Verhacken entstellt wurden. Professor C. Koch erwähnt in seinem Buche der ungemein zahlreichen Gebüscharten in der Nähe von Oni. Es sind ausser den Kernobstwildlingen, drei Arten Crataegus, Cornus mascula, Viburnum Opulus, Corylus Avellana, Mespilus germanica, Rubus fruticosus, Rhamnus Frangula, Carpinus Betulus und Carp. duinensis, Fagus und Quercus, die beiden letztern entstellt. Ferner findet sich auch Pinus sylvestris, meistens in Zwergform. So gemein die Azaleen Gebüsche auch hier sind, so findet man dagegen Rhododendron ponticum nur selten und Ilex Gebüsche, die auffallend niedrig geblieben waren, bemerkte ich ebenfalls nicht häufig. Für diese beiden immergrünen Gesträuche ist die Gegend im Allgemeinen hier zu niedrig gelegen. Populus alba und P. tremula, Acer campestre und Ac. Pseudoplatanus L. stehen zwischen den angeführten Gebüschen meistens vereinzelt eingesprengt. An manchen Plätzen, vornehmlich den Bächen, bildet Sambucus Ebulus förmliche kleine Wälder von 4—6 Fuss Höhe. Dann findet man hier noch ziemlich viele wilde Reben, Smilax und recht viele Clematis Vitalba, die im Vereine mit Convolvulus sepium

tum L. vart. Delphinium elatum L. vart. Aconitum Lycoctonum L. Agrostis calamagrostoides Spl. Luzula campestris D. C. Phleum alpinum L. Geum sp. Senecio longeradiatus Trautv. Solidago Virgaurea L. vart. Valeriana alliariaefolia Vahl. Cirsium obvallatum M. a B. Cirsium munitum M. a B. Gentiana septemfida Pall. Draba tridentata DC. Leontodon caucasicus Fisch. vart. hispidissimus C. A. Meyer. Poa alpina L. Briza media L. Ranunculus caucasicus M. a B. Cerastium trigynum Vill. Cnidium meifolium M. a B. Cirsium simplex. C. A. Meyer. Campanula collina M. a B. ect.

die gemeinsten Schlingpflanzen repraesentiren. Am Boden traten jetzt, da die meisten anderen Kräuter abtrockneten, oder in diesen beengten Localitäten durch das Abweiden vernichtet worden waren, besonders die grossen und lebhaft grünen Helleborus-Blätter hervor, welche, als giftig, von keinem Thiere berührt werden. Wir liessen uns zum Dshandshora Thale von dieser Wasserscheide herab und durchwateten, um besseren Weg zu finden, den reissenden, aber klaren Bach (er entquillt also wohl keinem Gletscher). Die Dörfer Tsola und Pipileti liessen wir am rechten Ufer der Dshandshora unberührt liegen. Die hohen Abhänge des Thales sind hier überall stark bebaut und das ganze Dshandshora Thal ist gut bevölkert. Der Mais gedeiht in dem untern Theile desselben durchweg gut und man begann ihn jetzt zu ernten. Die niedrige Pöta Hirse war meistens geschnitten und hatte in diesem Jahre von der Hitze gelitten. Panicum italicum fand ich nur auf einem Felde, aber darauf gedieh diese Hirse sehr gut, dicht daneben bemerkte ich die viel weniger vortheilhafte Pöta Hirse. Das erwähnte Feld lag einige Werste unterhalb der Quedrulamündung (ein bedeutender, rechts in die Dshandshora einfallender Bach). Im Hauptthale selbst sieht man wenige Weinberge, jedoch steigen sie an beiden Thalseiten recht hoch. Die letzten Weinberge im Dshandshora Thale, gegen Süden exponirt, liegen bei Uatschewi, (Outschewi der Karten) unweit der Besitzung des Fürsten Dshaparidse. Diese Höhe schätzte ich circa 600—700' tiefer, als die bei Zedisi ermittelte, sie würde sich also auf 3800—3900' belaufen. Im Dshandshora Thale selbst kann die Mündungsstelle der Quedrula als höchste Verbreitungsgrenze für die Rebe betrachtet werden. Um zur forellenreichen Quedrula zu gelangen watet man zum zweiten Male durch die Dshandshora. Auch hier treibt man den Unfug die Forellen mit dem Gift der Cocculs-Saamen zu betäuben und auf diese Weise zu fangen. Bald muss man nun, wenn man nach Zedisi kommen will, die steilen Berge am rechten Dshandshora Ufer ersteigen. Man bewegt sich auf diesem Pfade entweder zwischen Gebüschen, welche 10—20' Höhe erreichen, oder betritt Räume, die als Ackerland benutzt werden. Die Eiche ist hier auch zu finden. Nach einem langsamen, einstündigen Marsche erreicht man Zedisi. Dieses Dorf liegt in zweien benachbarten Abtheilungen an den hier etwas ebeneren Gebirgsabhängen. Es besteht aus 83 Feuerstellen. Die Einwohner sind meistens arm, ihr Ackerland ist sehr gering und die Ernten missrathen häufig. Sie kaufen einen Theil des nöthigen Getreides im Rugeal'schen Gebiete und müssen auch das zweite Hauptbedürfniss des hiesigen Landbewohners, den Wein, von dort sich holen, da die Rebe hier nicht mehr ausdauert. Sie soll sogar in manchen Wintern überhaupt im Dshandshora Thale vom Froste beschädigt werden. Bei Uni hat man Temperaturen von —18° R. beobachtet und, da die Rebe hier nirgend gedeckt wird, so ist es klar, dass sie bei solcher Kälte leiden muss. In Zedisi steht auch der letzte Wallnussbaum, den man im oberen Theile des Dshandshora Thales finden kann. Die Gegend wird von schneereichen Wintern heimgesucht, bei Zedisi sollen ein bis einenhalb Faden Schneehöhe nicht ungewöhnlich sein und die Ostwinde herrschen hier vor. Es ist die erwähnte Armuth der Bewohner von Zedisi mit die Veranlassung, weshalb sie auch jetzt noch während des Winters die wenig lohnende Mühe des Schmelzens der Eisenerze verrichten und der Gewinn, den sie davon haben, muss in der That ein sehr geringer sein. So gaben sie mir selbst an, dass 6—7 Mann, welche sich gemeinlich zusammenthun, um dieses Geschäft zu betreiben, während des ganzen Winters kaum 15—20 Rbl. dabei im Ganzen gewinnen. Die Erze aber schleppen sie auf dem Rücken von dem hochgelegenen, wohl drei Werst vom Dorfe entfernten Fundorte, zu dem sie sich mit brennenden Kienfackeln in das Innere der Grube begeben. Hier sind sie, da die Grube im höchsten Grade nachlässig abgebaut wurde, dem Nachstürzen der Felsen ausgesetzt. Im Jahre 1861 wurden durch dergleichen Einstürze fünf Menschen getödtet. Die gebrochenen Erze werden zuerst in der Schmiede, die gewöhnlich im Wohnhause errichtet ist, zerklopft und gemengt. Dann kommen sie, zu etwa 3 Pud gehäuft, auf den offenen Herd, werden mit Kohlen tüchtig gedeckt und mit Handgebläse die Gluth angefacht. Man hat im Herde eine kesselförmige Vertiefung, in welche man die Erze legt und von der ein Thonrohr zur Mündung des Blasebalges führt. Diese Vertiefung hat einen Abzug nach unten. Man giebt bei dem ersten Einschmelzen der Erze fünf Stunden Feuer und gewöhnlich kommt dann der erste Fluss unten heraus. Dieser muss, um gutes Schmiedeeisen zu erhalten, noch zweimal umgeschmolzen werden, wozu 4 und später 3 Stunden Feuerung nöthig sind. Fünf Pud gutes Erz geben 1 Pud Eisen. Dasselbe wird besonders zu Beilen, Spaten und Stockbeschlägen (wie sie die Bergbewohner nöthig haben) verschmiedet. Ein gutes Beil Zedisischer Arbeit bezahlt man mit 1 Rbl. 50., man hat deren auch von 80 Kop. an; ein Spaten kostet 60 Kop., man klagt jedoch über die Weichheit dieser Instrumente. An einer solchen Eisenindustrie, welche die einzige in der gesammten Radscha ist, betheiligen sich auch noch einige Nachbardörfer von Zedisi, nämlich Qunodi, Iri, Gauda und Skamori (wahrscheinlich das Psori der Karte). Die Bewohner derselben holen die bis Zedisi geförderten Erze mit Packpferden ab. Nach kurzer Rast im Dorfe unweit der Kirche, wo eine alte Esche und neben ihr eine Linde stehen, brachen wir in östlicher Richtung auf, um zu der Grube zu gelangen. Vor uns in Osten lag die Wellwenata Höhe. Sie ist ohne Schwierigkeiten zu passiren und man gelangt jenseits derselben in das Quellengebiet der Quaradrula und Wersola, deren Höhen an der Westseite des ossischen Grenzgebirges liegen. Von der Uebergangsstelle des Wellwenata links und in NO. von uns, erhob sich der Pik Pimitlkide, welcher der östlichsten Fortsetzung des Kalkgebirges angehört, in welchem die Eisenerze liegen. Aber gegen SO. und S. zieht sich als Scheider zwischen Kwirila und Dabandabora der Dagwerulen-mta, auch Daguerulis-mta. (Gagwerula der Karte) dessen östlichste Höhen, nahe dem Syrchleweria, wiederum einen Passübergang nach Ossien besitzen, der recht bequem sein soll. Angesichts dieser Landschaft erreichten wir, etwa drei Werste im Osten von Zedisi, am Fusse der steilen Höhen, auf denen wir nordwärts wendend, zu dem eisenführenden Gebirge gelangten, zahlreiche Ackerfelder der Zedisischen Bewohner. Man bestellte auf ihnen jetzt den Winterroggen, er wurde eben eingeeggt. Man düngte hier nicht, die frische Saat kam nach der eben beendeten Ernte auf die umgeackerten, alten Felder. Diese erstrecken sich bis fast zum Rande steiler, wohl mehrere 100' senkrecht abfallender

Kalkgebirge. Eine enge Spalte in diesem Gebirge dient als Eingang zu den Fundstellen der Erze. Vor dem Eingange standen Carpinus Gebüsche und hohe Cephalaria blühten jetzt hier noch. Ich begab mich in die Grube, die Gänge sind in ihr ausserordentlich enge und oft sehr niedrig, anfangs folgt man eine Strecke weit einer natürlichen Spalte. Wir stiegen stark bergab, der Boden und die Wände waren dort sehr schlüpfrig. An einem neuerdings gefallenen Felsstück machten wir Halt, ich liess die begleitenden Führer weiter allein gehen, um mir das Erz und die Gangart zu bringen und begab mich wieder an das Tageslicht. Nach Verlauf einer halben Stunde brachten sie mir die Proben. Der Platz, an welchem sich die Grube befindet hat den Namen Quasitelli und liegt 6070' über dem Meere.

Von dieser Excursion spät Abends heimgekehrt, trat ich am 2. September die grössere Reise zur dritten, aus NW. kommenden Rionquelle, die dem Pass-mta entspringt an. Diese Quelle zu sehen und die schmale Goribolo-Scheide zwischen ihr und der südlichen Tekenis-Tsqali Quelle zu ersteigen, war für mich von besonderem Interesse, da ich dadurch zur richtigen Anschauung des orographischen Zusammenhanges der Quellhöhen des Ingur, Tekenis-Tsqali und Rion gelangte. Bis zum Platze Magalchide, in dessen Nähe, wenig oberhalb der Soldatenhütten, der Gloli-Tsqali und die nordwestliche Rionquelle, die beide hier von fast gleicher Stärke sind, sich vereinigen, verfolgt man den Weg über Useri. Diese Strecke ist uns aus dem Vorhergehenden bereits bekannt. Man lenkt dann, in der Nähe der Magalchide-Brücke, vom rechten Rionufer ab und hat die Steilungen zu überschreiten, welche dasselbe hier bilden, um in das, in seiner Hauptrichtung aus NW. kommende, Quellthal des Rion zu gelangen. Die Buche, beide Rüstern und beide Abies bilden hier den Hochwald, Carpinus Betulus bemerkte ich nicht mehr, Corylus, wilde Aepfel und beide Alnus Arten setzen, nebst Populus tremula, das Jungholz zusammen. Einige Quellendurchbrüche machen diese Passage an den felsigen Steilufern an einzelnen Punkten sehr unbequem; jedoch tritt man, nachdem das überwunden wurde, bald in die Ebene des Thales und übersieht am gegenüberliegenden Ufer das starke Gehölz der Zitterpappeln, die mit Betula alba hie und da untermischt sind. Bei Tschiora, einem am Abhange des linken Rionufers gelegenen, grossen Dorfe, das aus 67 Feuerstellen besteht, zieht sich die Rionquelle hart den ansteigenden Gebirgen ihres linken Ufers entlang, welches in seinen Waldungen hie und da Lichtungen als Weide- und Ackerplätze aufzuweisen hat. Das rechte Ufer bietet mehr Raum für den Feldbau. Man findet hier noch die eigentliche Hirse (P. miliaceum) angebaut und selbst bei Gebi sah ich ein grünes ($^{2}/_{14}$ September!) Hirsefeld, oberhalb des Dorfes auf den Anhöhen. Hier lag es in einer Höhe von mindestens 4800' über dem Meere. Der Pfad steigt in der Folge bald bergan. Die Ackerfelder einiger Bauern aus Tschiora sind hier gelegen und man findet in ihrer Nähe mehrere Holzhütten, in denen zur Zeit der Feldarbeit die Leute während der Nacht bleiben, um nicht zum entfernt gelegenen Dorfe zurückkehren zu dürfen.

Diese Höhen sind hie und da mit hohen Abies (stets A. orientalis) bestanden und sowohl gegen Norden, wie auch gegen NO. tauchen einzelne Einhöhen der Hauptkette über dem frischen

Waldesgrün hervor; so der nordöstlich von Gebi gelegene Qwibetari und der nördlichere Chwrolisto. Es erweitert sich das obere Rionquellthal schon unterhalb Tschiora sehr bedeutend und behält eine solche Breite bis nahe vor Gebi. Das ganze flache Thal liegt voller Gerölle und füllt sich im Frühlinge unstreitig mit den Schneewassern. Es bietet hier auf dem Gerölle keinen verwendbaren Boden und selbst die gewöhnlichsten Gesträuche fassen auf diesem Grunde keine Wurzel. Man bleibt bei dem Verfolge des Weges nach Gebi stets auf den gut bestrauchten und höher auch bewaldeten, rechten Uferhöhen des Rion. Wilder Hopfen ersetzt hier als Schlingpflanze die Weinrebe, beide Alnus-Arten und Corylus bilden die vorwaltenden Gebüsche. Sie tragen gegenwärtig ihr Laub zum grösseren Theile gelb; auch hatten Ahorne und Alnus incana vom Froste gelitten, das Laub dieser Bäume fiel grün und trocken ab. Mit dem Ende des Septembers ist hier die Entlaubung der Bäume und Gebüsche vollendet. Das obere Rionthal bietet bedeutendere Räumlichkeiten dem Ackerbauer dar, als das des Glola-Tsqali; die Einengung beider Thäler findet erst nahe, oberhalb ihrer Vereinigungsstelle statt. Eine Folge dieser Einengung ist das Vorwalten der Coniferen daselbst; dieselben fehlen im oberen Theile der Rionquelle gänzlich. Um Gebi zu erreichen muss man vier Bäche, die ihren Ursprung an der NW. Seite der Schodakette haben und rechts her zum Rion münden, passiren; es sind dies: 1) der Leguräli, 2) der Schodära, 3) der Mschamerschöri und endlich, 4) der bei Gebi einfallende Lalitschora. Auf linker Rionseite ist nur der Tschwrschöri (Tschunchura der Karte) auf dieser Strecke nennenswerth, er vereinigt sich in geringer Ferne von Gebi dem Rion. Gebi, auf einem steil zum rechten Rionufer vortretenden Schieferfelsen gelegen, ist das einzige Dorf der oberen Radscha, welches in seiner Bauart ganz an die Dörfer Swaniens erinnert. Mächtige, mit Schiessscharten versehene, Schiefergebäude, mit etwas angeneigten Wänden, die ein Holz- oder Schieferdach tragen, sind meistens an hohe Thürme förmlich geklebt. Alle Gebäude stehen sehr dicht bei einander, wie man solches auch in Tschiora wahrnimmt, dem jedoch die Thürme fast ganz fehlen. Statt der, in den tiefer gelegenen, colchischen Landschaften üblichen Linden, Eichen oder Wallnussbäume, steht hier in der Mitte des Dorfes Ulmus effusa als stattlicher Baum und die Schieferabhänge zum Rion sind mit alten Kernobstbäumen bestanden. Man war in Gebi mit dem Einfahren und Dreschen der Getreideernte beschäftigt; es werden namentlich Gerste und Hafer gebaut. Roggen und Weizen sät man nur wenig, Bohnen gedeihen gut, Tabak und Hanf baut man nur zum eigenen Bedarf. Einige Gebische Wohnungen befinden sich hoch an den Anbergen des rechten Rionufers und die Saatfelder und Weideplätze erstrecken sich bis fast zu den Quellen des Rion selbst. Im Ganzen zählt das Dorf 120 Feuerstellen. Von Gebi, dessen Höhe über dem Meere zu 4317' berechnet wurde, verfolgten wir am 3. September, im Rionthale aufwärts steigend, zuerst das linke Rionufer, nachdem der Gebische Schieferfelsen von uns überstiegen wurde. In der Composition der Bestrauchung und auf den höhern Abhängen auch in den Elementen des Waldes ändert sich hier nichts. Ab und zu taucht noch ein Abiesstamm aus den Laubholzgruppen auf. Man passirt unweit vom Dorfe zwei Bäche, nämlich den Qwischuriro und den Porchischulira. Dieser letztere ist bedeutender, als der erste. Etwas oberhalb von seiner Mündungsstelle, fällt rechts in den Rion der Sadatira, welcher seine Quellen im sogenannten Maindsha Gebirge hat. Dasselbe, bildet sammt einer Reihe anderer Höhengruppen, die ich später aufzählen werde, einen Theil des Schodagebirges. So folgen den Maindsha-Höhen in NW. noch die Sakaura, Rugodala oder Rubodmalla, welche einen Gletscher an der Ostseite besitzen und Schaftzackigen Spitzen. Von diesen Gebirgen senken sich entsprechende Bergrücken gegen NO. zum oberen Rionthale ab und schliessen Thälchen ein, in denen klare Bergwasser fallen. Alle diese Thälchen besitzen die deutlichsten Spuren von der Macht der Frühlingswasser, sie liegen in ihrer ganzen Breite, zu beiden Seiten des jetzt schmalen Gerinnes, beworfen mit den Schiefern des Schoda Gebirges. So entspringt vom Rugodmalla der Patschewira-Bach und weiter nördlich überschritten wir, nachdem wir uns zum rechten Rionufer begeben hatten, den Muschata *). Bevor wir jedoch den Rugodmalla in SW. vor uns liegen sahen, kamen wir noch an der Stelle vorbei, wo der nördliche Hauptzufluss der Rionquelle zufällt. Es ist dies der Sopchitura (Sopcheturi der Karte), dessen Wassermenge wohl derjenigen der Phasisquelle gleichkommt. Man bleibt auch ferner immer auf den oft steil abfallenden Gehängen des rechten Rionufers. Die Buche wächst hier noch sehr kräftig und Ahorne finden sich in schönen Stämmen, an ihnen färbte sich jetzt das Laub gelb und roth. Hier auch lagen die letzten Felder der Bewohner Gebis, man hatte auf ihnen Hafer mit Gerste gemischt gesät und erntete jetzt die geringe Frucht ein. Oberhalb dieses Ortes tritt streckenweise die hohe Krautvegetation auf dem Terrain der späten Schneeschmelze auf. Im Walde hatten Himbeere und Erdbeere jetzt erst reife Früchte. Der Frost hatte viele Pflanzen schon getödtet. Farrenkräuter, die hohen Heracleum Arten und Compositen lagen meistens welk und geschwärzt am Boden. Der Weg wurde mühsamer. Man musste bisweilen im Gerinne der Rionquelle reiten, da die seitlichen Ufer zu steil waren. Dieses Gerinne besitzt neben den hier üblichen Schiefern auch viele granitische Rollblöcke. Immer noch bleibt Fagus das Hauptholz, die Birke hat noch nicht die Alleinherrschaft im Walde gewonnen. Gegen N. erscheint das Rionthal förmlich geschlossen; es ist der Edenis-mta (Paradies-Gebirge) mit seiner östlichen Gletscherhälfte, der einen solchen Verschluss andeutet. Der von ihm westlich liegende Pass-mta ist noch nicht zu sehen. Um 2 Uhr gelangten wir zu dem Platze, den man Sasagonelli (Sarwano der Karte) nennt, er ist ein Weideplatz für die Heerden der Bewohner Gebis, die hier ihre Ziegen halten. Ein Bach und ein Gebirge im Westen besitzen denselben Namen, nämlich: Sasamo-Tsjali und Sasamogoris-mta. Hier fand ich Sorbus aucuparia in vielen Gebüschen, die alle unfruchtbar waren, wie ich sie so auch meistens an der Baumgrenze im mingrelischen Hochgebirge kennen lernte. Vom rechten Rionufer aus sieht man, gegen N. gewendet, die zerklüftete und zerrissene, stumpfe Kuppel des Edenis-mta ganz nahe, sein Rücken senkt sich gegen Osten und von ihm

*) Es stimmen die Angaben der fünfwerstigen Karte für dieses Gebiet fast gänzlich mit den meinigen überein. Ich erfuhr das, was ich mittheile durch die mich begleitenden Bewohner von Gebi und kann nur wiederholen, dass ich nicht etwa auf einmaliges Nachfragen hin meine Notizen niederschrieb, sondern, um Gewissheit zu erlangen, oftmals meine Fragen erneuerte.

steigt der bedeutende Gletscher thalwärts. In der Nähe der schmutzigen Sennhütte schlugen wir, unter halb entblätterten Birken, unser Nachtlager auf, um am 4. September die Goribolo Höhe zu erstreben. Wir befanden uns in 6137' über dem Meere. Die Aussicht nach NW. und NNW. wird durch den Sassanogoris-mta, welcher als Vorberg des Goribolo zu betrachten ist, verdeckt. Deshalb kann man von unserem Standpunkte aus nicht den äussersten Winkel des Rionthales übersehen und muss sich zu diesem Zwecke bergan zur Höhe des Goribolo begeben. Diese Reise traten wir am 4. September 8 Uhr früh an. Es hatte in der Nacht stark gereift. Die vor Kurzem noch übermannshohe Krautflora des Gebirgsfusses am Sassanogoris-mta lag, durch den Frost zum grössesten Theile getödtet, darnieder. Unten im Thale war sie geschwärzt, höher zum Abfaulen übereinander geknickt, doch jetzt noch grün. Der Fuss des Sassanogoris-mta erhebt sich sehr steil bergan und man bewegt sich, indem man seine SO. Seite erklettert, eine geraume Zeit im Gebiete der Baumgrenze. Die Birke steht kräftig an den Abhängen und die Buche und Rüster fehlen unten nicht, schwinden jedoch sehr bald, wenn man höher kommt. Auch hier findet sich die Eberesche in Buschform noch oberhalb der Baumgrenze. Diese Südostabhänge des Sassanogoris-mta besitzen gute Heuschläge, welche von einigen Gebischen Bewohnern benutzt werden. Dieselben treiben Ende März, mit dem Beginne der Schneeschmelze ihr ausgehungertes Vieh hierher, um dasselbe mit den Heuvorräthen zu füttern. Die Flora ist hier, wie die subalpine in Swanien zusammengesetzt. Es wurden ausser den schon auf dem Mamisson-Passe beobachteten, noch nachstehende Arten gesammelt: Colchicum speciosum Stev. Senecio nemorensis L. Gentiana caucasica M. a B. Silene inflata L. var. typica glabra W. Knautia montana DC. Cephalaria tatarica Schrad. Phyteuma campanuloides M. a B. Swertia obtusa Led. Polygonum bistorta L. etc. Wir gelangten nach Uebersteigung der vorderen Kuppel des Sassanogoris-mta, die man vom Wohnorte der Hirten im Thale noch übersehen kann und auf der die letzten Heuvorräthe standen, in ein Florengebiet, welches aus niedrigen subalpinen Pflanzen zusammengesetzt war und streiften bald die Rhododendron Gebüsche, welche hier sowohl an den Nord- wie an den Südabhängen immer nur in einzelnen und zwar mässigen Gruppen verbreitet sind. Damit gelangten wir auch gleichzeitig zu den ersten frischen Schneespuren und hatten die Höhe von 8330' über dem Meere erreicht. Rechts von unserem Pfade lagen also gegen NO. die Alpenmatten, welche zur Phasisquelle herabneigen und ihr rechtes Ufer bilden; jenseits derselben weist das linke Ufer dieser Quelle die sanften Lehnungen des Edena, oder Edenis-mta und seine zwei grossen Gletscher westlich und östlich vom vortretenden Hauptmassive auf. Frischer Firn deckte seine Eismeere auf den Höhen. Selbst aus dieser Höhe kann man des berühmten Pasis-mta (auch Phasis-mta) keineswegs ansichtig werden; die so steil sich thürmende Goribolo Höhe verdeckt ihn noch. Links dagegen von unserem Pfade, also in S. und SW. überschauten wir ohne Hindernisse zu finden die Haupthöhen der Schoda-kette, bis zum gletscherführenden Maidoba Gebirge. Ihre Namen führe ich bald an. Das obere Rionthal selbst markirt sich als silberweisse Furche, die in kahlen Geröllen verläuft und zu deren beiden Seiten die wohlbewaldeten Gebirgsbasen der nach SO. wendenden Hauptkette links und den Schoda Gebirges rechts lagern. Die Gloia Gebirge endlich in südöstlicher Ferne, so von den hiesigen Bewohnern genannt, legen sich als blaugrau, hie und da Schnee und Eis führende, pittoreske Höhen vor das obere Rionthal als scharfgezeichnete Grenze. Es wurde die Richtung NW. von uns eingehalten; an einem kleinen See, der Sammelplatz der zusammenlaufenden Schneewasser, zogen wir vorbei und gelangten in eine schwache Einsattelung des Gebirgsrückens, den wir verfolgten. In NW., jenseits dieser Einsattelung erhebt sich die letzte steile Anhöhe des Goribolo. Diese hatten wir um 11 Uhr erstiegen und übersahen nun nach allen Richtungen die ringsum gelegenen Details der Gebirgslandschaft. Wir befanden uns in 8085' Höhe über dem Meere. Das Goribolo Gebirge bildet mit seiner Höhe einen schmalen, in der Hauptrichtung von S. nach N. im sanften Bogen verlaufenden Grat, der gegen Westen die Tskenis-Tsqali Quellen von den gegen Osten befindlichen Rionquellen trennt. Die Bewohner von Gebi benennen es mit Einschluss des davor stehenden, niedrigern Gebirges, das wir auf unserm Wege überstiegen, auch schlechtweg Passanogoris-mta. Diese eigentliche Scheide zwischen den beiden Hauptflüssen ist im Verhältniss zu den umstehenden Gebirgen nur niedrig. Ihr im Norden tritt der Pass-mta am weitesten gegen Westen vor. Man ist sehr enttäuscht, nachdem man so lange auf der Hinreise den Pass-mta erwartet hat, in ihm durchaus nichts Imponirendes oder Aussergewöhnliches zu finden. Er ist sowohl dem Edenis-mta, wie auch dem nordwestlichen Lapali (Lapuri) an Höhe so sehr untergeordnet, dass er sich ihnen beiden garnicht vergleichen lässt und kaum streift seine gegen Westen vorgeschobene, höhere, stumpfe Kegelkuppel die Grenze des ewigen Schnees. Sein ihn auszeichnender Charakter liegt aber eben darin, dass er aus der Hauptkette, die hier durch Lapuri und Edenis-mta repräsentirt wird, westwärts sich vorschiebt und so die Quelle des Rion von einer Seite umfasst, während der Goribolo sie von der andern Seite einschliesst. Schwarz und hie und da mit nicht zu verkennender Schieferstruktur versehen, senken sich in bedeutend schroffen Steilungen die Höhen seiner Südseite zur engen Rions-Schlucht (man sehe die betreffende Abbildung). Dieser Südseite des Pass-mta entfällt in enger Rinne, unter den unbedeutenden Schneelagern hervorquellend, die äusserste Quelle des Rion. Sie besitzt keine Gletscher. Die Quellrinne nimmt ihren Ursprung im östlichen Theile des Gebirges, nahe der Uebergangshöhe zur westlichen Hälfte des Edenis-mta. Möglicherweise findet sie hier in den dort überall sich dehnenden Gletschern ihr beständiges Reservoir, das aber kann man von der Goribolo Höhe nicht beurtheilen. Viel bedeutender ist die, mit zwei Gletscherströmen dem östlichen Theile des Edenis-mta entspringende, zweite Hauptquelle des Rion. Dem rechten Ufer gesellen sich bis zum Sassano-Tsqali keine nennenswerthen Gewässer zu. Das Goribolo Gebirge hat einen trockenen Charakter und besteht ganz aus Schiefern. Seinen schmalen Kamm deckten jetzt die frischen Schneelagen, die gegen Süden meistens fortgethaut waren. Ueber den meistentheils vom Froste schon getödteten, niedrigen Kräutern, tummelten sich jetzt noch einige Doritis Schmetterlinge (D. Mnemosyne) und auf dem frischen Schnee liefen Spinnen emsig umher. Im weitern Ueberblick des Hauptgebirges gegen NW. sind es die westlichen Lapuri-Gletscher, die dem Auge entgegentreten. Die eigentliche Basis derselben, wird für uns durch den vorgeschobenen Pass-mta verdeckt. Hinter dem Lapuri, d. h. in der Hauptrichtung gegen WNW. lässt sich die Suacho Kette deutlich wahrnehmen, deren Details bei der Reise vom Scenis Thale an dem der Quirischi wir bereits kennen lernten. Sie besitzt, soweit sie von hier aus zu übersehen ist, keine Gletscher. Die Suachokette läuft mit dem südlicheren Scheider der beiden Tskenis-Tsquali Quellen nicht ganz parallel, obschon das beinahe den Anschein hat, wenn man diese Gebirge vom Goribolo aus übersieht. Die letztere hat eine etwas südliche Richtung. Nahe dem westlichen Ende der Suachokette, also nach unserer frühern Orientation (vergl. Cap. III) in der Gegend des Nakerar Passes, tritt eine steile Pikform des Hauptgebirges am Horizonte hervor. Diese nennt man an den Quellen des Rion: Kaurcho-tsweri. Sie muss dem Schkari oder Nenesquam Gebirge angehören, wurde mir jedoch von den Bewohnern des Freien Swaniens nicht genannt. Solcher Art sind die hervorragenden Details im kaukasischen Hauptgebirge, wenn man vom Pass-mta die Hauptrichtung nach NW. verfolgt. Im Osten von diesem letztern lässt sich Folgendes zur Charakteristik des Gebirges, namentlich in Bezug auf die Nomenclatur seiner Höhenpunkte sagen: Vom Pass-mta bis zum Dorfe Gebi werden in der gletscherführenden Hauptkette folgende Gebirgshöhen genannt:

1. Pass-mta, auch Passis-mta und Phasis-mta.
2. Edenis-mta, auch Edena und Edemis-mta.
3. Sopchitigoram-mta.
4. Sasilwiadoris-mta.
5. Sagebigura.
6. Chwrolieto.
7. Rechebi, der im Norden von Gebi gelegen und vom Dorfe aus zu sehen ist.
8. Zhemleti.
9. Dumala.
10. Zitliairi.
11. Qonkatal.
12. Kirtischo.
13. Dombára.
14. Sanarache.
15. Qualsonari unmittelbar in Nordost von Gebi gelegen und mit seinem Gletscher zum Dorfe schauend.

Es sind aber nicht alle diese Gebirgshöhen vom Goribolo aus zu sehen, es verdecken die vorderen, d. h. die nordwestlich gelegenen die südöstlicheren. Man sieht und unterscheidet vom Goribolo auf das Deutlichste folgende Gruppen im Osten und SO. des Hochgebirges. Im Vordergrunde den mächtigen Edenis-mta, d. h. das Paradies-Gebirge, so nach der grusinischen Sage benannt, die diesen Ort als den des einstigen Paradieses bezeichnet. Er sei, so spricht die Sage, der menschlichen Sünde halber, zu solchen Eishöhen nach dem Willen Gottes verwandelt worden. Unweit von ihm gegen Osten steht die grosse Gruppe den Sopchitis-mta, gleichbedeutend mit Sopchitigoram-mta, so ist dies das Quellgebirge der Sopchitura, des grössten, von N. nach S. links in den Rion einfallenden Quellbaches. Beide vereinigen sich auf der Hälfte der Strecke zwischen Gebi und Sasagomelli. Die Karte hat hier die Namen Fastak-Choach, (wohl Chocht) und Zitell, ersterer mag ossischen Ursprungs sein und der Nordseite dieses Gebirges angehören. Es verdecken die Höhen desselben die nachstfolgenden (für den Standpunkt auf dem Goribolo), so dass der Sasiwindsiris-mta nicht gesehen wird. Mit der dritten Gebirgsgruppe, welche den Namen Cagebigora führt, schliesst sich der Horizont gegen SO. ab. Alle anderen Höhen der Kette sind durch die davorstehenden verdeckt. Gegen S. legt sich, bereits im blauen Schimmer der Ferne gehüllt die Glolakette als fest umgrenzender Rahmen um die Landschaft und mit dem westlichen Ende derselben, welches, wie wir wissen, als Sakatsaris-tawеri bezeichnet wird, befinden wir uns wiederum am Beginne der Schodakette, die als Scheider zwischen dem Sakaurabache und der nordwestlichen Rionquelle dient und zum Ufergebirge der rechten Seite der letztern wird. Bis zur Goribolo Höhe werden in der Schodakette folgende Gipfelpunkte und ihre entsprechenden Gebirgsgruppen namhaft gemacht. Nur wenige derselben streifen die Schneegrenze und führen kleine Gletscher.

1. Schoda, die Sadonsspitze mit Pikhöhe, von Oni aus sichtbar, bei Uzeri zum Rionthale in Schieferneigungen abfallend.
2. Muhamerch } Beide von Gebi aus sichtbar, der letztere dem Quabenari gegenüber liegend,
3. Latkirbora } beide die Schneelinie nicht erreichend.
4. Das hohe Maindoba-Gebirge, dem der Sadaliro (rechts zum Rion) entspringt; nebst dem folgenden die Schneelinie erreichend und kleine Gletscher breitend.
5. Sakaura.
6. Regodalia auch Babodalia, welchem der geringe Patschchewiro entspringt.
7. Schulzagora }
8. Sasanangora } im Vergleiche zu den beiden vorigen von untergeordneter Höhe.
9. Der am weitesten nach NW. vorgeschobene, schiefrige Lachani-tawеri mit trapezoidaler Form, welcher im Vereine mit der Goribolo Höhe das Thal des Rion von dieser Seite, d. h. gegen NW., schliessen hilft.

Nach dieser Orientation und nachdem eine Zeichnung des Pass-mta vollendet, auch die geringe Ausbeute an Pflanzen von der Goribolo Höhe gesammelt war, kehrten wir zum Sasagomelli Platze zurück und erreichten spät Abends Gebi.

Hiermit musste ich die Untersuchungen des Colchischen Hochgebirges schliessen. Kaum nach Oni zurückgekehrt befiel mich auf's Neue das Fieber und trieb mich im forcirten Marsche über Kutais nach Tiflis.

Uebersicht der im Sommer 1864 barometrisch bestimmten Höhenpunkte in den drei Mingrelischen Längenhochthälern.

1. Höhe des Klosters Nikorzminda (Nikolo Tsminda)*)	3904'	engl.	
2. Culturgrenze der Rebe, gegen N. exponirt, bei dem Dorfe Ssakwa	2851'	„	
3. Eben dieselbe Grenze bei Kwischi**) (Letschchum) gegen Osten	3341'	„	
4. Lailaschi, Haus des Chefs von Letschchum, ehemalige Dadians Wohnung	2807'	„	
5. Höhe der Passage von Urbelli nach Muri	2631'	„	
6. Muri	1684'	„	
7. Zipiakschija	1647'	„	
8. Lentechi im Dadianschen Swanien das tiefstgelegene Dorf. . .	2616'	„	
9. Tscholali, (Tscholuri) auf dem Wege nach Laschketi, unteres Ende des Dorfes	3239'	„	
10. Westliches Ende von Laschketi	3782'	„	
11. Oberes Laschketi, Südfuss des Dadiasch.	4073'	„	Mittel für das Obere Laschketi 4101'.
12. Bette des Tskenis-Tsquali daselbst.	3983'	„	
13. Oberes Laschketi, aus 5 Beobachtungen im Mittel berechnet. .	4135'	„	
14. Baumgrenze am Dadiasch, Betula alba, nach Süden.	7297'	„	
15. Schneelinie am Dadiasch, die vordere Höhe desselben	9407'***)		
16. Untere Grenze von Betula alba am Nordfusse des Tschitcharo .	4798'	„	
17. Obere Grenze (Baumgrenze) von Betula alba am Nordfusse des Tschitcharo.	7685'	„	
18. Höhe des Gorgi Passes zwischen Tomiari und Tschitcharo . .	9128'****)		

*) Die von mir ermittelte Höhe schliesst sich an die durch Herrn Ruprecht in den »Barometrischen Höhenbestimmungen im Caucasus etc., 1863« ermittelte, diese stellt sich im Mittel auf 3970' heraus. Herrn H. Abich's Angabe, Prodrom. pag. 25, zu 2912' muss wohl in der ersten Ziffer als Druckfehler betrachtet werden.

**) Tschwischi der Karte.

***) Die Höhe ermittelte H. Abich, Prod. 101 zu 9618'

****) Die Tschitcharo Höhe wird im Profile, welches der Prodromus etc. p. 101 zeigt, auf 9936' notirt.

19. Nouchbis Pass, zwischen beiden Tskenis-Tsqali Quellen . . . . 9[illegible]' engl.
20. Höhe des Lastilugel Scheiders und Baumgrenze auf ihm . . . . 7402' „
21. Nakeagar-Pass (zur Quirischi) . . . . 8831' „
22. Jibiani, höchstgelegenes Dorf im Freien Swanien . . . . 7033' „
23. Culturgrenze des Roggens daselbst . . . . 7200' „
24. Karet Pass auf dem Wege nach Adisch, am Südfusse der Hauptkette . . 9690' „
25. Unterer Rand des Adisch-Gletschers . . . . 7483' „
26. Platz Mudshar in der Mushalischen Genossenschaft. . . . . 5334' „
27. S'eti am Mestia-dshala . . . . 4028' „
28. Dorf Jenaschi in der Latal'schen Genossenschaft . . . . 4500' „
29. Pari . . . . 4855' „
30. Obere Grenze für Rhododendron caucasicum auf dem Lahmalde im Norden von Pari . . . . 8018' „
31. Baumgrenze am Lahmalde, Pinus sylvestris . . . . 7301' „
32. Untere Lia im Freien Swanien, zugleich die Verbreitungsgrenze der Rebe 3413' „
33. Dorf Lachamuli, ebendaselbst . . . . 3370' „
34. Platz Chabna in der Ingurschlucht . . . . 2050' „
35. Dshwari, Höhe der Gebäude der 3 Brüder Dadian . . . . 1110' „
36. Chatewi, in der Radscha . . . . 2812' „
37. Oni*) . . . . 8173' „
38. Uzeri. . . . . 3510' „
39. Mugalchide Platz, Zusammenfluss der beiden Rionquellen**) . . . . . . 3714' „
40. Dorf Glola . . . . 4044' „
41. Ossenhäuschen von Mamisal . . . . 6403' „
42. Mamisson-Pass***) . . . . 9421' „
43. Quasitelli Platz, Eisengruben von Zedisi . . . . 8076' „
44. Dorf Zedisi . . . . 4550' „
45. Dorf Gebi an der nordwestlichen Rionquelle . . . . 4397' „
46. Sasagunelli Platz am rechten Rionufer . . . . 6157' „
47. Obere Baumgrenze am Goribolo, Betula alba, gegen O. . . . . 7[illegible]' „
48. Grenze von Rhododendron caucasicum und untere Linie der Schneeschrammen am Goribolo . . . . 8336' „
49. Goribolo Höhe. . . . . 9[illegible]' „

*) Ich habe auf die bedeutenden Differenzen meiner Messungen am obern Rion im Vergleiche mit den Bestimmungen der Herrn Abich und Ruprecht bereits aufmerksam gemacht. Vergl. Cap. V, pag. 130.

**) Diese Ziffer schliesst sich trefflich an die durch H. Abich ermittelte, nämlich an 37[illegible]'.

***) Auch diese von mir bestimmte Höhe weist, im Vergleiche zu der durch Herrn Ruprecht und von den Offizieren der transkaukasischen Triangulation gemachten, unwesentliche Differenzen auf. Diese Höhen werden zu 93[illegible]' und zu 9[illegible]' angegeben.

KATALOG

der in den Sommern 1864 und 1865 von G. Radde gesammelten kaukasischen Pflanzen, nach den Bestimmungen von Herrn v. Trautvetter.

BEMERKUNG. Die im nachstehenden Kataloge angeführten Pflanzen enthalten nicht alle gesammelten Species, sondern nur etwa $\frac{2}{3}$ derselben. Theils blieb das letzte Drittel noch unbestimmt, theils auch schliesst es Unicate und unansehnliche Exemplare in sich, die nicht versendet werden konnten.

Scrophularia lucida L.
» » variegata M. B.
Ziziphora clinopodioides Lam., var. canescens Led.
Melica ciliata L.
Dactylis glomerata L.
Centaurea leucolepis Dec (Ledeb.).
Carduus hamulosus Ehrh.
Adonis aestivalis L.
Onobrychis sativa Lam.
Pyrus salicifolia L.
Centaurea bella Trautv. n. sp. (Phalolepis Cass.) herba perennis caulibus adscendentibus, arachnoideo-pilosis, a medio aphyllis, simplicibus, monocephalis; foliorum lyrato-pinnatisectorum, supra viridium et glanduloso-punctatorum, subtus dense albo-tomentosorum segmentis ellipticis, integris integerrimisque, decursivis decrescentibus; periclinii subglobosi, glaberrimi appendicibus non decurrentibus, suborbiculatis, margine late scariosis, albis, integris integerrimisque vel parce laceris, dorso dilute fuscis, ad basin nigro-fuscis, apice muticis; flosculis radii disco multo majoribus; pappo duplici, exteriore elongato, setis scabris, multiseriatis, exterioribus sensim brevioribus, interiore brevissimo, paleis paucis, oblongo-linearibus, apice parce ciliatis.

Prope Borshom.

Borshom, Juni 1865. 2800'—3300'. Ufer der Kura und [illegible] Waldzone.

Vix pedalis. Foliorum radicalium et caulinorum infimorum segmenta 5—7, elliptica, basi angustata, subsessilia, supra parce arachnoideo-pilosa; foliorum superiorum segmenta 3—5, lineari-oblonga. Pedunculus (caulis pars superior) elongatus, bracteis perpaucis, distantibus, minutis, linearibus, integris, adpressis, apice albo-hyalinis fultus. Periclinium diametro 1½ centim. attingens, ebracteatum; squamae adpressae; appendices patulae, extus convexae. Corollae purpureae. Achaenia immatura compressa, laevia, parce puberula, alba.

Borshom, Juni 1865, 2800'—3100'. Ufer der Kura und exclusive Waldflora.

Medicago falcata L.
Rhus Cotinus L.
Leontodon biscutellaefolius Dec.
Onobrychis petraea Dec.
Medicago minima Lam.
Crataegus melanocarpa M. B. vart. glabrata Trautv.
Cerastium grandiflorum W. et Kit. vart. glabra Koch.
Arabis hirsuta Scop.
Convolvulus lineatus L.
Ribes Grossularia L.
Alsine setacea M. et Koch.
Scrophularia rupestris M. B.
Salvia sylvestris L.
Mulgedium albanum Dec.
Helianthemum oelandicum Wahlenb. vart. hirta Ledeb.
Thalictrum minus L. vart. stipellata.
Campanula Raddeana Trautv. n. sp. (Medium § 2 stigmatibus 3, Dec. Prod. VII, pag. 460) herba perennis, glaberrima; caulibus erectis, ramosis; foliis ovatis, inaequaliter duplicato-inciso-serratis, acutis, radicalibus profunde cordatis et longe petiolatis, supremis basi rotundatis et sessilibus, rameis et floralibus minutis, lanceolatis, acuminatis, subintegerrimis, setoso-ciliatis; racemis paucifloris, in caule ramisque terminalibus, in paniculam laxam collectis; floribus cernuis, subsecundis, perianthii glabri laciniis lanceolatis, acuminatis, longe setoso-ciliatis, appendicibus oblongo-lanceolatis, obtusiusculis, setoso-ciliatis, laciniis paullo brevioribus.

Prope Borshom.

Herba multicaulis, ½—pedalis. Caules tenues, leviter angulati. Folia radicalia ad 2½ centim. longa, 1½ centim. lata, petiolo tenui, ad 5 centim. longo insidentia, superiora breviter petiolata, suprema sessilia, omnia utrinque viridia. Petioli imo basi dilatati, setoso-ciliati. Corolla campanulata, perianthio duplo longior, ad ⅓ quinqueloba, coerulea, extus glaberrima; lobi ad marginem pilis longiusculis, mollibus, raris tecti vel glabri. Stylus exsertus.

Crupina vulgaris Cass.

Valerianella Morisonii Dec. vart. dasycarpa Trautv.
Saponaria atocioides Boiss.
Briza media L.
Anacamptis pyramidalis Rich.
Verbascum. sp.
Ervum Ervilia L.
Centranthus longiflora Stev.
Polygonatum latifolium Desf.
Lathyrus rotundifolius W.
Hablitzia tamnoides M. B.
Onosma microcarpum Stev.
Asperula azurea Jaub et Spach.
Vincetoxicum medium Decaisn., vart. latifolia Trautv.
Onobrychis Michauxii Dec. vart. glabra Regel.
Rhamnus grandifolia F. et M. vart. umbellis sessilibus.
Valerianella carinata Lois.
Lysimachia punctata L.
Odontarrhena argentea Ledb.
Stachys pubescens Ten.
Silene saxatilis Sims.
Rhamnus Pallasii F. et M.
Scabiosa Columbaria L. vart.
Pyrethrum parthenifolium L.
Galium Aparine L.
Geranium robertianum L.
Vincetoxicum nigrum Mönch.
Lampsana intermedia M. B.
Philadelphus coronarius L.
Valeriana officinalis L.
Epilobium montanum L.
Astragalus galegaeformis L.
Lactuca muralis Dec.
Papaver caucasicum M. B.
Geranium lucidum L.
Tamus communis L.
Orobus roseus Ledeb.
Clinopodium vulgare L.
Spiraea Aruncus L.
Geranium sanguineum L.

Borshom, Juni 1863. 2800'—3800'. Ufer der Kura und centrale Waldflora.

Echenais carlinoides Cass.
Orobus aurantiacus Stev.
Solanum Dulcamara L., vart. persica (Solan. persicum W).
Mœhringia trinervia Clairv.
Carex remota L.
Festuca Drymeja Mert. et Koch.
Euphorbia glareosa M. B.
Cuscuta cupulata Engelm.
Veronica orbicularis Fisch. herb (Chamaedrys § 5 Petraeae Benth.) perennis, caulibus elongatis, repentibus, radicantibus, puberulis, foliis minutis, ellipticis, orbiculatis vel ovalis, obtusiusculis, basi rotundatis vel cuneatis, parce crenato-serratis, glabris, petiolatis; racemis axillaribus, multifloris, longe pedunculatis, densiusculis; pedunculis folia multoties superantibus, puberulis, adscendentibus; pedicellis bracteas lineares perianthiumque ter quaterve superantibus, erecto-patulis, puberulis; perianthii glabri, 4 partiti laciniis subaequalibus, ovato-ellipticis, acutis; capsulis suborbiculatis, glabris, perianthium bis superantibus, leviter emarginatis, sinu valde aperto.

Prope Barsbom.

Folia ad 8 millim. longa, ad 7 millim. lata, crassiuscula. Petioli ad 3 millim. longi, puberuli. Pedunculi fructiferi ad 3 centim. longi, racemos fructiferos subaequantes. Pedicelli fructiferi ad 8 millim. longi. Bracteae integerrimae. Capsulae ad 4 millim. longae, ad 3½ millim. latae, perianthium bis superantes, a latere valde compressae; loculi 3 spermi. Stylus elongatus e capsulae emarginatura longe exsertus capsula paullo brevior. Semina plano-compressa, suborbiculata, laeviuscula, diametro 1—1½ millim. attingentia.

Rosa canina, L. var. collina Koch. forma 1, sempervirens Rau (Ledb).
Juniperus communis L.
Knautia montana Dec.
Scutellaria altissima L.
Gymnadenia conopsea R. Br.
Alnus glutinosa W. typica.
Veronica Anagallis L. typica.
Pimpinella rotundifolia M. B.
Saxifraga cartilaginea W.
Leontodon hastilis L., vart. glabrata Koch.
Cephalanthera rubra Rich.
Epipactis Helleborine Crantz. vart.
Rhaponticum pulchrum F. et M.
Pæonia corallina Retz.

Barsbom, Juni 1863. 2600'—3400'. Ufer der flüsse und erhabene Waldflora.

Euphorbia aspera M. B.
Silene nemoralis W. et Kit.
Veronica officinalis L.
Reseda lutea L.
Cardamine impatiens L.
Genista tinctoria L.
Lathyrus pratensis L.
Saxifraga rotundifolia L.
Fragaria vesca L.
Orobus hirsutus L.
Fumelia clypeata R. Br.
Dianthus Carthusianorum L.
Silene chloraefolia Sm.
Tragopogon pusillus M. B.
Acantholimon Kotschyi Boiss., vart. pontica Trautv.
Onosma sericeum W.
Achillea pubescens L. (Ach. micrantha M. B.).
Astragalus denudatus Stev.
Oxytropis pilosa Dec.
Lathyrus Nissolia L.
Thesium ramosum Hayne.
Crucianella glomerata M. B.
Alopecuri sp.?
Anthyllis Vulneraria L.
Illitum virgatum L.
Phleum alpinum L.
Evonymus latifolius Scop.
Rubus caesius L.
Ostrya carpinifolia Scop.
Thlaspi macrophyllum Hoffm.
Doronicum caucasicum M. B.
Paris incompleta M. B.
Luzula pilosa W.
Oxalis Acetosella L.
Anemone ranunculoides L.
Symphytum tauricum W.
Viola canina L., vart. sylvestris Koch.
Quercus Robur L., iberica Stev.
Acer campestre L.

Borshom Juni 1863. 2600'—3000'. Ufer der Kura und exclusive Waldflora.

Orobus hirsutus L.
Pterotheca bifida F. et M.
Sideritis montana L.
Pastinaca intermedia F. et M.
Centaurea dealbata W.
Cerastium grandiflorum W. et Kit. vart. glabra Koch.
Cotoneaster Nummularia F. et Mey.
Alyssum campestre L., vart. hirsuta Trautv.
Coronilla iberica Stev.
Pedicularis comosa L.
Thlaspi orbiculatum Stev.
Fumaria parviflora Lam.
Carpinus duinensis Scop.
Potentilla recta L.
Stellaria holostea L.
Medicago falcata L.
Convolvulus Cantabrica L.
Anthriscus trichosperma Schult.
Scleranthus annuus L.
Hieracium praealtum Koch.
Vicia tenuifolia Roth.
Lathyrus rotundifolius W.
Polygala major Jacq.
Veronica austriaca L., vart. pinnatifida Koch.
Cornus mascula L.
Melica ciliata L.
Ziziphora capitata L.
Campanula sibirica L.
Dactylus glomerata L.
Poa trivialis L.
Astragalus Raddeanus Regel.
Cytisus ratisbonensis Schaeff.
Cerinthe minor L., vart. maculata C. A. Meyer.
Picridium dichotomum F. et Mey.
Aethionema Buxbaumii Dec.
Melilotus arvensis Wallr.
Onosma rupestre M. B.
Marrubium catariaefolium Desc.
Daucus pulcherrimus Koch.

Borshom, Juni 1865. 2600'—3800'. Ufer der Kura und exclusive Waldflora.

Salvia grandiflorae Ettl. affinis.
Coronilla varia L.
Leonurus Cardiaca L.
Campanula ranunculoides L.
Lathyrus pratensis L.
Coronilla coronata L.
Teucrium orientale L.
Sophora alopecuroides L.
Pterotheca bifida F. et M. vart.
Linaria armeniaca Chav.
Cleome virgata Stev., vart. macropoda Trautv.

} *Borshom, Juni 1865. 2800'—3400'. Ufer der Kura und re- claire Waldflora.*

Lomatocarum alpinum F. et M. *Schambobell, 6000'.*
Zelkowa crenata Spach. *Kutais, Wardsiche, Juli 1865. 600'.*
Trifolium alpestre L.
Echium rubrum Jacq.

} *Schambobell 4—5000'.*

Hypopitys multiflora Scop., vart. hirsuta Koch.
Dianthus recticaulis Ledeb.
Rubus fruticosus L.

} *Abas-Tuman, 4500'. Mitte Juli 1865.*

Juncus alpigenus C. Koch.
Scirpus sylvaticus L.
Campanula collina M. M. et Ledeb.
" Rapunculus L.
Aquilegia Wittmanniana Stev.
Campanula Saxifraga M. B.
Scabiosa caucasica M. B., vart. heterophylla Ledb.
Silene saxatilis Sims.
Cerastium purpurascens Adam.
Hypericum hyssopifolium Will, vart. abbreviata Lodb.

} *Schambobell im Süden von Arbalsich. 5—7000', subalpine Region. Anfang Juli 1865.*

Lotus corniculatus L., vart. hirsutissima Ledb.
Trifolium ochroleucum L.
Chamaesciadium flavescens C. A. Meyer.
Pimpinella magna L., vart. rosea Stev.
Epilobium trigonum Schrank. Lodb.
Scrophularia macrobotrys Ledb.
Ranunculus caucasicus M. B.
Viburnum Lantana L.
Geranium psilostemon Ledb.
Rosa canina L., vart. dumetorum Koch.

} *Sikar-Höhe, im Norden von Abas-Tuman an der Baumgrenze. Mitte Juli 1865. 6—7000'.*

Cardamine impatiens L.

Arnebia echioides Dec.
Rumex scutatus L. β hastifolius C. A. Meyer.
Sikar-Höhe im Norden von Abas-Tuman an der Banagrenze. Mitte Juli 1865. 6—7000'.

Ranunculus Villarsii Dec.
Papaver monathum Trautv. n. sp. (Scapiflora Reichenb. in Walp. Repert. bot. I. p. 110) perenne, caespitosum, acaule, foliis omnibus radicalibus, oblongis, acuminatis, in petiolum angustatis, modo integris et dense aculeque inciso-serratis, modo profunde pinnatifidis, utrinque petioloque hispidissimis, laciniis lanceolatis, acuminatis, decurrentibus, integerrimis vel serratis, setis longissimis, in apice dentium et laciniarum paullo validioribus et rigidioribus; scapis erectis, simplicissimis, unifloris, nudis, folia bis superantibus, strigosis, setis brevioribus, adpressis; sepalis hispidissimis; staminibus filiformibus; capsulis (immaturis) obverse ovoideis, glabris; stigmatibus 7—9.

In montibus Schambobell.

Folia cum petiolo 12—20 centm. longa, $1\frac{1}{2}$—3 centm. lata. Petiolus laminam aequans vel ea brevior. Scapus 1—$1\frac{1}{2}$ pedalis. Flores ampli. Petala ad $3\frac{1}{2}$ centm. longa. Species a P. alpino L. varietatibus omnibus foliorum forma et indumento longe recedit.

Pimpinella Saxifraga L.
Betonica grandiflora Steph.
Pedicularis condensata M. B., vart. minor Trautv.
Spiraea Filipendula L.
Orchis maculata L.
Gymnadenia conopsea. R. Br.
Centaurea montana L. vart., purpurascens Dec. et vart. albida Dec.
Alsine hirsuta Fenzl.
Linum hirsutum L.
Crucianella aspera M. B.
Dianthus Seguierii Vill. vart.?

Schambobell. Anfang Juli 1865. 5—7000' subalpine Region.

Lonicera caucasica Pall. *Sikar-Höhe 6000'.*
Tragopogon pusillus M. B. *Schambobell 4—5000'.*
Scrophularia congesta Stev.
Nonnea intermedia Ledb.
Sikar 6—7000'.

Nepeta cyanea Stev. *Elbrus-Basis, Minitana'a-Thal, 5000'. 9 August 1865.*
Saxifraga exarata Vill.
Vicia variegata W.
Hedysarum caucasicum M. B.
Nachar-Pass, Süd-Seite, 6—7000'. Anfang August 1865.

Salvia canescens C. A. Meyer. *Elbrus-Basis, Minitana'a-Thal, 5—6000'. 9 August 1865.*

Myosotis sylvatica Hoffm.

Veronica monticola Trautv. n. sp. (Veronicastrum § 3 Alpinae Benth.) herba perennis, multicaulis, caulibus e basi radicante adscendentibus, tenuissime puberulis, parce ramosis; foliis ellipticis oblongisve, acutis, basi cuneatis, remote dentato-serratis, glabris, inferioribus brevissime petiolatis, superioribus sessilibus, subito in bracteas oblongas, integerrimas abeuntibus; racemis elongatis, laxis, in apice caulis ramorumque terminalibus sessilibus; pedicellis perianthium ter quaterve superantibus, erecto-patulis, puberulis; perianthii 5 partiti, puberuli, laciniis 4 subaequalibus, elliptico-oblongis, obtusis, quinta duplo majoribus; capsulis perianthio plus duplo longioribus, ellipsoideis, obtusis, tenuissime puberulis.

In monte Nachar (Abchasia) altit. 6—7000'.

Caulis teres, cum spica circiter 1 pedalis, ad medium vel ⅔ longitudinis foliatus, subito in racemum sessilem abiens. Folia ad 4 centim. longa, ad 1½ centim. lata, omnia opposita vel 2 suprema alterna. Racemi 1—8, in caule ramisque terminales, rami supremi tamen basi aphylli ideoque quasi axillares. Pedicelli erecti, circiter 1 centim. longi, inferiores bracteam aequantes, superiores illa duplo triplove longiores. Corolla perianthio duplo longior. Capsulae erectae, circiter 6 millim. longae, 3—4. millim. latae, obtusae vel ad styli insertionem subemarginatae. Stylus persistens, capsulam maturam aequans.

Campanula Saxifraga M. B.

Gentiana auriculata Pall.

Ranunculus subtilis Trautv. n. sp. perennis, radice fibrosa; caule tenuissimo, erecto, supra medium 2-foliato, adpresse setuloso, folia radicalia longe superante; foliis radicalibus latitudine longitudinem superantibus, magis minusve transverse ellipticis, integris, basi subcordato-rotundatis integerrimisque, apice rotundatis vel subtruncatis et mucronato-crenatis, demum utrinque glabris, parce et adpresse ciliatis, petiolo filiformi, parce setoso suffultis; foliis caulinis parvis, approximatis, inferiore sessili, tripartito, segmentis folioque caulino superiore linearibus, acutis, integris integerrimisque; pedunculo elongato, parce setuloso, apice tenuissime striato; perianthio . . . . . ; petalis . . . . . ; receptaculo setuloso; carpellis in capitulum minimum collectis, oblique orbiculato-ovatis, compressis, laevibus, glabris, stylo brevi, uncinato coronatis.

In monte Nachar (Abchasia) 6—7000 ped.

Speciminis nostri caulis basi adscendens, 20 centim. longus, vix ½ millim. crassus, simplicissimus, uniflorus, setulis rarissimis, brevissimis, adpressis conspersus. Foliorum radicalium lamina ad 1½ cent. longa, 2½ centim. lata, magis minusve deorsum flexa; crenae terminales majores, semiorbiculares, mucronatae, deorsum decrescentes; petioli 6—8 centim. longi, lamina quadruplo longiores, ima basi angustissime vaginati; vaginae extus parce setosae. Folium caulinum inferius 1½ centim. longum, superius 1½ centim. longum. Carpella cum rostro circiter 2 millim. longa.

Nachar-Pass, Süd-Seite. Anfang (6) August 1865. 6—7000'.

Gypsophila elegans M. B. *Cherek-Thal, Westbasis des Elbrus 4000'. 9 Aug. 1865.*
Trifolium polyphyllum C. A. Meyer, *Nachar-Pass Süd-Seite. Anfang August 1865.*
Sedum tenellum M. B. }
Senecio pyroglossus Kar et Kir. } *West-Seite des Elbrus 8000'.*
Scrophularia Scopolii Hoppe. *Nachar-Pass, 6500'. 6 August 1865.*
Eritrichium nanum Schrad. }
Draba scabra C. A. Mey. } *West-Seite des Elbrus 10000'. 10 August 1865.*
Delphinium caucasicum C. A. Meyer. *Ost-Seite des Elbrus 9000'. 10 August 1865.*
Saxifraga flagellaris W. *West-Seite des Elbrus, 8—10000'. 10 August 1865.*
Anthemis Marschalliana W., vart. Rudolphiana C. A. Meyer. *dito.*
Arenaria rotundifolia M. B. }
Epilobium origanifolium Lam. }
Saxifraga sibirica L. } *Nachar-Pass Süd-Seite. 6 Aug. 1865. 5—7000'.*
Scrophularia pyrrholopha Boiss. et Kotschy, vart. pinnatifida Trautv. }
Ranunculus arachnoideus C. A. Meyer. *West-Seite des Elbrus, 8—9000'. 10 August 1865.*
Lamium tomentosum W. *Nord-Seite des Elbrus, 10—12000'. 10 August 1865.*
Hypericum nummularioides Trautv. a. sp. herbaceum, perenne, basi repens, laeve, glaberrimum, caulibus adscendentibus, teretibus, tenuissimis, simplicibus; foliis ellipticis, utrinque rotundatis vel apice retusis, integerrimis, minute pellucido-punctatis, utrinque subconcoloribus, glaucis, brevissime petiolatis, patentissimis; cyma terminali, pauciflora; bracteis minutis, glanduloso-serratis, glandulis nigris, breviter stipitatis; sepalis liberis, aequalibus, ellipticis, obtusiusculis vel acutiusculis, glanduloso-serratis, glandulis nigris, breviter stipitatis; petalis sepala quater superantibus, impunctatis, apice parce glanduloso-ciliatis; Stylis 3.

In monte Nachar, altit. 6000 ped.

Caules debiles, vix 20 centim. longi; folia parva ad 8 millim. longa, ad 6 millim. lata; sepala dorso punctis nigris destituta. Species haec proxime accedit ad H. nummularium L., quod foliis orbiculatis, aeque latis ac longis, basi saepius leviter cordatis, crassioribus, discoloribus, supra viridibus, subtus (in sicco) albidis differt.

Pedicularis crassirostris Bunge. }
" Nordmanniana Bunge. } *West- und Ost-Seite des Elbrus, 6—8000'. 10 August.*
Aconitum Anthora L. *Missitaus's-Thal, 6000'. 10 August 1865.*
Luzula spicata Dec. }
Cerastium latifolium L. (C. A. Meyer.) } *Elbrus, 7—9000'. 10 Aug. 1865.*
Arenaria lychnidea M. B. *Elbrus, 8—10000'. 10 August 1865.*

Myosotis sylvatica Hoffm. *Nachar, 8—9000′. 6 August 1865.*
Cerastium purpurascens Adam. *Elbrus West- und Nord-Seite 9—12000′.*
Gnaphalium sylvaticum L. *Nachar Süd-Seite, 6000′. 6 August 1865.*
Saxifraga exarata Vill. *Nachar Süd-Seite, 9500′. 6 August 1865.*

Veronica repens Clar.
„ minuta C. A. Meyer.
Eunomia rotundifolia C. A. Meyer.
Alsine imbricata C. A. Meyer.
} *Elbrus, Nord- und West-Seite, 10—12000′. 10 August 1865.*

Saxifraga sibirica L.
Taraxacum Stevenii Dec.
Potentilla gelida C. A. Meyer.
} *West-Seite des Elbrus, 9—10000′. 10 August 1865.*

Veronica gentianoides Vahl.
Campanulae sp.
Saxifraga muscoides Wulf.
} *Nachar, Nord-Seite bis zum Kamm, 9500′. 6 Aug. 1865.*

Staphylea colchica Stev.
Myosotis sparsiflora Mikan.
Valeriana saxicola C. A. Meyer., var. lyrata Trautv.
Cystopteris fragilis Bernh.
Asplenium septentrionale Sw.
Scrophularia lateriflora Trautv. n. sp. (Venilia G. Don) glaberrima, eglandulosa, glauca, caule tereti, gracili, apice subvolubili; foliis caulinis lanceolatis, longe acuminatis, basi manifeste cordatis, basin usque simpliciter argutequc serratis, brevissime petiolatis; cymis omnibus axillaribus, foliorum terminalium abortivis, multifloris, laxis, folio subduplo brevioribus; pedicellis elongatis, flore multiplo longioribus pedunculisque subcapillaribus; bracteis minutis, lineari-subulatis, pedicello multiplo brevioribus; perianthii laciniis orbiculato-ovatis, obtusis, angustissime marginatis; corollae laciniis truncatis, subaequilongis; staminibus breviter exsertis; capsula globoso-ovoidea; perianthium bis superante.

Prope Mari (Tshente-Tsqali).

Speciei hujus distinctissimae, habitu Scr. tenuipedis Coss., solummodo caulis summitates praesto sunt. Planta probabiliter perennis, tota glauca et glaberrima. Caulis tenuis, verisimiliter pluripedalis, ad apicem usque foliatus, fortassis scandens. Folia caulina ad 12 centim. longa, ad 3½ centim. lata, penninervia, subfalcata, subtus cinereo-glauca, versus caulis apicem decrescentia. Petiolus ad 8 millim. longus. Cymae plerumque a basi ramosissimae ideoque sessiles. Flores parvi, cum staminibus exsertis circiter 5 millim. longi. Perianthium 1½ vel demum 2 millim. longum.

Pyrethrum macrophyllum W.
Galium valantioides M. B.

Von Mari bis Lentechi 16—19 Juni 1864, in der Höhe von 1000—2600′ über dem Meere.

Aspidium aculeatum Sw.
Saxifraga orientalis Jacq.
Androsaemum officinale All.
Orobanche alba Stev.
Hypericum montanum L.
Poa nemoralis L.
} *Von Muri bis Lentechi 16—19 Juni 1864, in der Höhe von 1600—2600' über dem Meere.*

Gentiana verna L., vart. alata Griseb.
Draba tridentata Dec.
Elaeocharis palustris R. Br.
Rhododendron caucasicum Pall.
Daphne glomerata Lam.
Veronica Chamaedrys L., vart. peduncularis Led.
Sibbaldia procumbens L.
Primula amoena M. B.
Potentilla Nordmanniana Ledb.?
Carex leporina L.
Primula farinosa L., vart. xanthophylla Trautv. et Meyer = Pr. algida Ad., vart. luteo-farinosa Rupr.
} *Dadiasch, 23 Juni 1864. 7—9000.*

Acer hyrcanum F. et Meyer. *Dadiasch, 6000'. 23 Juni 1864.*

Rhynchocoris Elephas Grisb.
Coronilla iberica Stev.
} *Laschketi, 3—4000'. 20 Juni 1864.*

Androsace albana Stev.
Pedicularis comosa L.
Astrantia helleborifolia Salisb.
} *Dadiasch, 5—6000'. 23 Juni 1864.*

Alchemilla sericea W.
Campanula Biebersteiniana R. et Sch.
} *Dadiasch, 7—9000'. 23 Juni 1864.*

Psoralea acaulis Stev. *Laschketi, 4000'. 20 Juni 1864.*

Alsine hirsuta Fenzl.
Jurinea subacaulis F. et Meyer.
Anemone alpina L. β. sulphurea Ledb.
} *Dadiasch, 7—8000. 23 Juni 1864.*

Primula grandis Trautv. n. sp. (Verbasculum Rupr.) non farinosa, foliis membranaceis, rugulosis, ovatis, basi cordatis, irregulariter duplicato-crenatis, utrinque viridibus, subtus tenuissime pulveraceo-puberulis, petiolo longissimo, anguste alato suffultis; umbella terminali, amplissima; involucri foliolis lanceolatis, acuminatis, basi non appendiculatis; pedicellis involucrum floresque multoties superantibus; perianthii ampli, glabri, ad 1/3 quinquelobi, lobis ovatis, acutis; corollae tubo ejus limbum et perianthium aequante; limbi corollini laciniis oblongis, obtusis, minute emarginatis, sinubus inter lacinias latissimis, capsulis perianthium parum superantibus.

In montium jugo Dadiasch.

Solummodo scapus fructifer et folia 2 a radice avulsa nobis suppetunt. Foliorum lamina ad 11 centim. longa, 8 centim. lata, basi leviter cordata et in petiolum decurrens, apice obtusiuscula, supra glabra, subtus ad nervos magis minusve pulveraceo-puberula, penninervia; nervi subtus prominentes. Petioli ad 26 centim. longi, 6—8 millim. lati, tenuissime pulveraceo-puberuli. Scapus absque umbella 25 centim. longus, 4 millim. crassus, glaber. Umbella maxima, circiter 40 flora, diametro 10 centim. attingens, fastigiata. Pedicelli apice incrassati, inaequales, erecto-patuli, ad 7½ centim. longi, glabri. Involucri foliola minuta, circiter 4 millim. longa, sub lente margine pulveraceo-puberula. Perianthium fructiferum ad 7 millim. longum et latum, glabrum, ultra ½ quinquelobum, juventute quinquangulatum (?), 5 nervium, nervis crassiusculis, prominulis; lobi sub lente margine pulveraceo-puberuli. Stamina 5, uniseriata, corollae tubo paullum infra medium inserta; filamenta antheris multoties breviora. Stylus longissimus exsertus, corollae tubo duplo vel fere triplo longior.

Cnidium meifolium M. B. *Pari, 11 Juli 1864 7—8000'.*

Bupleurum falcatum L., vart. oblongifolia Trautv.
Hypericum Richeri Vill. } *Pari, 11 Juli 1864. 4—5000.*

Ranunculus montanus W., vart. glabrata Trautv. *Pari, 11 Juli 1864. 7—8000.*

Saxifraga Kolenatiana Regel n. sp. *Ride-dshalai, 5 Juli 1864. 6000'.*

Orobanche sp. n. *Karet Gebirge, 5 Juli 1864. 9000'.*

Salix apus Trautv. n. sp. *Naksagar-Pass, 29 Juni 1864. 7000'.*

Solidago Virgaurea L.
Corydalis spc. } *Pari, 11 Juli 1864. 6—8000'.*

Scrophularia divaricata Ledb. *Pari, 11 Juli 1864. 5500'.*

Primula Meyeri Rupr., vart. hypoleuca Trautv. *Karet Gebirge, 5 Juli 1864. 9000'.*

Valeriana dubiae Bunge affinis. *Pari, 11 Juli 1864. 7000'.*

Stachys persica S. G. Gmel. *Pari, 11 Juli 1864. 4600.*

Ranunculus Villarsii Dec. *Pari, 11 Juli 1864. 7000.*

Digitalis ciliata Trautv. n. sp. (Grandiflorae Benth.) herbacea, perennis, caulibus simplicibus, pubescentibus; foliis penninerviis, oblongo-lanceolatis, apice longe acuminatis, basin versus angustatis argute et glandulose duplicato-serratis, sessilibus, supra viridibus et glabris, subtus pallidioribus et puberulis; racemo multifloro; pedicellis perianthium aequantibus vel superantibus, perianthii extus glaberrimi laciniis lato-ellipticis, apice rotundatis, longiuscule ciliatis; corollae extus tenuissime puberulae, margine longiuscule ciliatae tubo campanulato, limbi laciniam infimam multoties superante.

Prope Muchali (Swanetia) 8000'.

Caulis circiter 1½ pedalis, erectus, leviter angulatus. Folia radicalia ignota; caulina sparsa, conferta, ad 6 centim. longa, 1½ centim. lata, tenuiter sed argute duplicato-serrata, nervo medio subtus prominente, nervis secundariis tenuissimis. Bracteae foliaceae, integerrimae, longe acuminatae; inferiores lanceolatae, pedicellum longe superantes; supremi lineari-lanceolatae, pedicellum subaequantes. Flores in racemum terminalem, solitarium, simplicem, laxiusculum, bracteatum dispositi, remotiusculi, ad 2 centim. longi, inferiores longius, superiores brevius pedicellati. Perianthii laciniae ad 6 millim. longae, ad 3½ millim. latae, herbaceae, margine angusto, pallido, diaphano cinctae, 3—7 nerviae. Corollae (in sicco ochroleucae) limbus obliquus; lobus superior lato-ovatus, ad 1/3—1/2 bifidus; lobi 3 inferiores ovato-elliptici, apice rotundati, intermedius lateralibus paullo longior. Stamina corollae tubo inclusa. Filamentis antherisque glabris. Ovarium glabrum. Stylus corollae tubo inclusus, glaber.

Scutellaria orientalis L. var., chamaedryfolia Reichb. *Jibiani, 4 Juli 1864. 7500'.*

Gagea Liottardi Schult. Ledb.
Phleum alpinum L.
Nonnea? (intermedia Ledeb.)
} *Pari, 11 Juli 1864. 8500'.*

Hypericum ramosissimum Ledeb. *Laschketi, 29 Juni 1864. 4000'.*

Euphorbia Lathyris L.
Dorycnium latifolium W.
Fragaria indica Andr.
} *Kutais, Ende Mai 1864. 700'.*

Azalea pontica L. *Nord-Seite des Nakerala 3500'.*

Vaccinium Arctostaphylos L.
Scolopendrium officinarum Sw.
Veronica chamaedrys L., var. peduncularis Led.
Gentiana asclepiadea L.
Mulgedium petiolatum Koch.
Cirsium fimbriatum Dec.
Orobus roseus Ledeb.
} *Nakerala, Süd-Seite. Anfang Juni 1864. 3—4000'.*

Saxifraga laevis M. B.
Podospermum Meyeri C. Koch.
Campanula Biebersteiniana R. et Sch.
Pedicularis crassirostris Bunge.
Salix arbuscula L.
Saxifraga exarata Vill.
" rotundifolia L.
Corydalis angustifolia Dec.
Cnidium carvifolium M. B.
} *Tschitcharo, Ende Juni 1864, alpine Region. 6—8000'.*

Primula pycnorhiza Ledb.	Tschikhara, Ende Juni 1864, alpine Region 6—8000'.
Oxytropis caucasica Regel.	
Piristylus viridis Lindl.	
Viola grandiflora L. (V. oreades M. B.).	
Galanthus plicatus M. B.	
Arenaria lychnidea M. B.	
Salix apus Trautv.	Noarkha-Pass, Ende Juni 1864. 6—7000'.
Androsace villosa L. β. latifolia Ledb.	
Arnebia echioides Dec.	
Trichaema cylyrinum Walpers.	
Silene lacera Sims.	
Ribes Biebersteinii Berl. (R. petræum Fl. ross.).	Takeuls-Tsquli Quelle 4500'.
Ranunculus arvensis L. β. tuberculatus Ledb.	Laschketi, 19 - 24 Juni 1864. 4500—5000'.
Hypericum hirsutum L.	
" orientale L.	
Circæa alpina L.	
Trifolium elegans Fl. germ.	
Tamus communis L.	
Scrophularia Scopolii Hoppe.	
Euphorbia micrantha Steph.	
Mulgedium albanum Dec.	
Datisca cannabina L.	
Lampsana grandiflora M. B.	Laschketi, Mitte Juni 1864. 4000'.
Nonnea versicolor Sweet.	
Scrophularia lucida L.	
Sanicula europæa L.	
Genista tinctoria L.	
Agrostis vulgaris With.	
Scandix Pecten L., vart. trachycarpa Trautv.	
Gypsophila elegans M. B.	
Valerianella Morisonii Dec., vart. leiocarpa Trautv.	
Phleum alpinum L.	Rion-Quellen, Mamisson-Pass, Gurischolo. Ende Aug. und Anfang Sept. 1864. 6—7000'.
Agrostis calamagrostoides Regel. n. sp.	
Senecio longiradiatus Trautv.	
Delphinium speciosum M. B., var. dasycarpa Trautv.	
Crocus Suworovianus C. Koch.	
Potentilla elatior Schlechtend.	
Aconitum variegatum L.	
Draba tridentata Dec.	

Gentiana septemfida Pall.
Cirsium munitum M. B.
Poa alpina L.
Ranunculus caucasicus M. B.
Briza media L.
Colchicum speciosum Stev.
Senecio nemorensis L.
Phyteuma campanuloides M. B.
Campanula collina M. B. subuniflora Ledb.
Knautia montana Dec. vart.
Cirsium simplex C. A. Meyer.
Swertia iberica.

Rion-Quellen, Mamisson-Pass, Gori-bulo. Ende Aug. und Anfang Sept. 1864. 6—7000'.

VORLÆUFIGER BERICHT

über die im Sommer 1865 vollführten Reisen im Kaukasus

von

Dr. Gustav Radde.

INHALT. Vom obern Karthli über Abas-Tuman durch die Sekar-Schlucht nach Kutais. Ueber Sugdidi nach Abchasien. Reise im Kodor-Thale aufwärts. Passage des Nachar-Passes. An den Quellen des Kuban. Im Chursuk-Thale aufwärts zur Westseite des Elbrus. Besteigung des Elbrus. Rückkehr.

Im oberen Karthli, dem einst zur Blüthezeit der georgischen Herrschaft besonders bevorzugten Grenzlande, regte sich, es war Ende April, der erste Frühling. Die tiefer und freier gelegenen Gebiete des mittlern Kuralaufes hatten jetzt ihr dürftiges Winteransehen verloren und bekleideten sich auf den rechts zum Cyrus auslaufenden Steilungen des trialetischen Gebirges mit den verschiedenfarbigen Kräutern, die nach kurzer Frühlingsexistenz der später sengenden Sommerhitze bald als Opfer anheimfallen. In den feuchtern Engschluchten und unter dem Krüppelgestrüppe breiterer Thalsohlen trugen Cyclamen und Viola, Primula und Muscari ect., schon ihre Kapseln und die Aurorafalter*) jagten an passenden, sonnigen Stellen mit kleinen Lycaena Arten seit der Mitte des März um die Wette. Auf den Karthlischen Ackerfeldern wogte bereits das Getreide und die verschiedenen Wegunkräuter, als: Anchusa, Echinospermum und Alyssum, standen an den Rändern der grossen imeretinischen Strasse in voller Blüthe. Aber sobald man in das ehemalig als Saatabago bezeichnete obere Kura Thal kam und die dichten Hochwälder der nahetretenden Steilwände betrat, durch welche die Kura sich mit reissendem Falle drängen muss, um oberhalb von Suram in Karthli einzutreten; bemerkte man den rückhaltenden Einfluss dieser Localitäten auf die Frühlingsflora deutlich. Hier gewannen die Laubhölzer kaum den ersten goldgrünen Schimmer durch das Aufbrechen ihrer Blattknospen und nur die freien Wiesen-

---

*) Anthocharis Cardamines Lin.

plane, welche man in beschränkter Zahl und Ausdehnung hie und da bemerkt, besassen das helle frische Grün des jungen Graswuchses, während den schwarzerdigen Gebirgsgehängen im Walde sich kaum die europäischen Anemonen nebst Lathraea und Corydalis entwanden; oder zu Füssen der gelichteten Strauchhölzer die grossen Paeonien-Blätter sich entrollt hatten. Frühlingsprimeln und Helleborus-Stauden begannen jetzt ihre Blumen zu öffnen.

Das obere Kura Thal, soweit es auf russischem Gebiete gelegen ist, bot mir für die im Jahre 1864 im colchischen Becken und in dessen dreien Hochthälern gemachten Beobachtungen, einerseits die nächstliegenden Vergleichungspunkte, wie es andererseits dem in Zukunft zu verfolgenden Plane: den Gesammtlauf der Kura kennen zu lernen, förderlich sein, neue Gesichtspunkte anregen, Beobachtungen und Materialien dazu liefern musste. Es konnte hier mit Musse die Zeit bis zum Anfange des Juli von mir verwendet werden, um dann erst die Hauptreise, welche in diesem Sommer gemacht werden sollte, anzutreten. Diese letztere schloss sich räumlich ebenfalls direct an die im Sommer 1864 untersuchten colchischen Länder an. Abchasien war für sie das nächstliegende Ziel. Die seit der Besiegung der westlichen Kaukasus-Völker hergestellte Ruhe und Ordnung unter den Bewohnern von Abchasien und Zebelda ermöglichte jetzt die Reise in ihren Ländern. Das Verfolgen des Kodor Thales aufwärts versprach, da dasselbe zu den wenigst besuchten Gegenden des Kaukasus gehört, reiche Beute. In ihm sollte die granitische Hauptkette des Kaukasus erreicht und im Nachar-Passe überstiegen werden, bei welcher Gelegenheit die vorjährigen Reiseergebnisse, soweit sie die swanischen- und Rion-Hochgebirge anlangen, verwerthet und vervollständigt werden konnten. Endlich auch beabsichtigte ich im weitern Verfolge der Reise die Nordseite des Nachar und die an ihr entspringenden Kubanquellen kennen zu lernen; bei den gebildeten Karatschaiern zu verweilen und von ihrem Gebiete aus zur Westseite des Elbrus zu gelangen. Dort einmal angelangt, musste es dem Wetter, den zu beschaffenden Führern und theilweise natürlich auch dem Zufall anheimgestellt bleiben, wie weit ich diesen Gebirge würde besteigen können; nur legte ich besonders Werth gerade darauf, von der Westseite den Elbrus kennen zu lernen; da die Nachrichten, welche wir von ihm besitzen, vornehmlich an seiner Nordost-Seite gesammelt wurden und von dieser Gegend her auch die Besteigung im Jahre 1829 bei der denkwürdigen Expedition des Generales Emanuel statthatte. Ueber den Rückweg vom Elbrus hatte ich mir keinen festen Plan gemacht; ich liess ihn ganz von den Umständen abhängen, nur mussten die im Nordwesten vom Nachar-Passe gelegenen Gletscher-Höhen des Marucha Gebirges, wenn möglich, besucht werden, um gut begründete Erkundigungen über das in ihrer Nähe stattfindende Vorkommen des Auerochsen einzuziehen und jetzt schon die nöthigen Haltpunkte zu gewinnen, welche später die Acquisition einer Anzahl dieser Thiere erleichtern könnten. Im Verlaufe dieses Berichtes werde ich Gelegenheit nehmen die Ursachen zu erwähnen, welche mich in der Mitte des Augusts zwangen den Nachar-Pass zum zweiten Male zu übersteigen und im forcirten Marsche das abchasische und mingrelische Tiefland zu durcheilen.

Erst am 6. Juli trat ich die grössere Reise an. Das genannte Frühjahr und der Anfang des Sommers wurden auf die Excursionen in den Umgegenden von Borshom verwendet. Die reiche botanische Ausbeute, welche während dieser Zeit gemacht wurde, schliesst im Wesentlichen die Repräsentanten der untern Hochwaldregion ein. Eine etwa 1000' breite Zone, deren Basis mit der Höhe Borshoms über dem Meeresspiegel zu 2685'*) notirt werden muss, wurde täglich durchstreift. Ab und zu betrat ich die Höhen der Gebirge selbst und erreichte im Süden Achalzich's, jenseits des Schambobell-Gebirges einmal den alpinen Rhododendron Gürtel (Rhododendron caucasicum) und die vereinzelten thalwärts gerutschten Schneeschrammen. Die schönen Hochwälder Borshoms**) bilden den vornehmlichsten Reichthum dieser Kronsdomaine und sind in Folge besserer Bewirthschaftung auch ungleich besser erhalten, als die Nachbarwaldungen grusinischer Privatpersonen, deren Hain von Jahr zu Jahr mehr gefährdet wird. Der Schwarzwald wird in den niedrigeren Revieren reichlich von Laubhölzern durchsetzt, jedoch fehlt die ächte Kastanie hier vollkommen, wenigstens ist das der Fall in der Borshomer Besitzung. Auch habe ich sie bis etwa 7 Werst stromabwärts in den Nebenthälern des linken Kuraufers nicht auffinden können, obgleich sie dort nach der Angabe einiger Eingebornen bisweilen soll vorkommen. Anders verhält es sich mit der Rebe. Zwar wird dieselbe mit dem Eintritte in das obere Kura Thal, oberhalb Surami, und namentlich auf der Distanz bis Atskur nur sehr vereinzelt im verwilderten Zustande angetroffen, jedoch wurde sie einstens in den bedeutend höher und nur wenig südlicher gelegenen Gegenden, so z. B. bei Chertwis und Wardsie cultivirt und noch Achalzich besitzt Weingärten***). Ein ebenso reich vertretenes Unterholz bedeckt die Gehänge und Steilungen der Gebirge, an den Südseiten walten Carpinus duinensis Scop., Ostrya carpinifolia Scop., Cornus mascula L., Cornus sanguinea L., Corylus, Rhus Cotinus L., nebst Obstwildlingen****) vor. An den Nordabhängen mischt sich bald das Jungholz dichtstehender Abies orientalis unter Philadelphus, Evonymus, Viburnum, Rhamnus und Ligustrum-Gebüsche. Auf den Höhen prädominirt überall Nadelholz, auch hier nur in drei Arten vertreten, von denen Abies Nordmanniana nur sehr vereinzelt zum Kura Thale vortritt, während sie tiefer im Gebirge, (z. B. den Schawi-Tsqali-Bach aufwärts bei Dabá und den Kloster Ruinen von Timotismani 3700') in dichten Hochbeständen gedeiht. Die Kiefer (Pinus sylvestris) und Abies orientalis schliessen sich nicht selten in ihren Standorten gegenseitig aus, die erstere sucht trockenen und leichten Boden, bildet auf einem solchen, z. B. am linken Kuraufer oberhalb Lekan, reine Jungbestände. Die letztere liebt Feuchtigkeit und deckt vornehmlich grössere Hochebenen und die Gebirgsrücken. Nicht minder deutlich lässt sich hier auch der Unterschied in den kraut-

*) Географическое положение и высоты надъ уровнемъ моря разныхъ мѣстъ, опредѣленныхъ Шарнгорстомъ и Кальмазеномъ тріангуляціею pag. 32.

**) Der gegenwärtig allgemein gebräuchliche Namen dieses Ortes ist: Borshom, ich ignorire deshalb die neuere Dubois Schreibweise: Bordschom.

***) Dubois de Montpéreux Reise etc. deutsch von Kulb edirt Bd. I. pag. 372, 400, 410.

****) Local auch Pyrus salicifolia L.

artigen Pflanzen und Stauden der Nord- und Südseiten der Gebirge verfolgen und nachweisen. Die verwitterten Schiefer und zerfallenen Producte vulkanischer Gesteine der Südseiten bilden eine nie gut durch den Pflanzenwuchs verdeckte Erdlage, welche im Sommer so stark erhitzt wird, dass die zarteren Blattpflanzen auf ihr nicht leben können. Struppige, durch ihre Sternhaare sehr unbequeme Onosma Arten stehen hier neben buschigen Campanulen; hohe Allien treiben die Kugelköpfe ihrer Blüthen und Malva, Lavatera, Salvia, Scandix, Daucus, einige hübsche Scabiosen und Centaurea Species, erheben an ihren Füssen nur dürftig eine Anzahl Coronilla und Medicago Pflanzen, zwischen denen sich die reichblüthigen Verzweigungen einer silbergrauen Winde (Convolvulus Cantabrica L.) an den Boden schmiegen. Die Nordseite derselben Gebirge kennt keine einzige dieser Pflanzenarten. Stein- und Erdreich sind dort vom Moosteppich überzogen, Farrenwedel drängen sich aus ihm hervor, Selaginella Polster überragen die Ränder morscher Baumwurzeln und Felsen-Carniese. Im Schatten der Gebüsche entheben sich dem Moosteppiche zarte Sanicula, Circaea, schmalblättrige Epilobium Arten und auf allmälich gebildetem Schattlande siedeln sich Scutellaria, Valeriana und Salvia glutinosa gerne an.

In Gebirgsländern modificirt sich das gesammte Thier- und Pflanzenleben wesentlich nach den Localitäten. An jenen erhitzten, dem Süden zugekehrten Plätzen, kann man, nachdem der starke Thaufall gegen 11 Uhr Vormittags abgetrocknet ist, eine Unzahl Tagfalter sich tummeln sehen, die zwar nicht viel Arten repräsentiren*), deren unglaubliche Menge aber dafür Zeugniss ablegt, dass hier ganz vorzügliche Existenz-Bedingungen diesen Thieren geboten sind. Ein nahes schattiges Querthal zieht ihnen die Grenze ihres Fluges, sie kehren um, wenn sie es erreichen. Die Wälder der Nordseiten beginnen sich erst am Nachmittage und noch mehr gegen Abend einigermaassen zu beleben. Unscheinbare Wickler verlassen die unteren Blattseiten der Gebüsche und flattern vereinzelt auf kurzen Distanzen umher, sie meiden auf's Sorgfältigste den warmen Sonnenstrahl am Tage. Die vermittelnden Uebergänge der beiden angedeuteten Gegensätze hat man auf den gut bewässerten Wiesen der Thalsohlen zu suchen. Es gleicht sich auf diesen, meistens sehr beschränkten Flächen, der Licht- und Wärme-Effect mehr aus und danach formt sich das Thier- und Pflanzenleben auf ihnen in eigenthümlicher Weise. Die herrlich grünen Wiesenplätze, welche hie und da im Hauptthale der oberen Kura, wie auch an den Unterläufen der beiderseits einfallenden Nebenbäche zu finden sind, bleiben der ganzen Sommerperiode erhalten. Wenige hundert Fuss tiefer, im obern Karthli, am Osthange des Meskischen Gebirges, findet das, wenn man die Höhe von 2300' abwärts überschritten hat (Dorf Suram), nicht mehr statt. In vegetativer und klimatischer Hinsicht schliesst mit dem Ostfusse des Meskischen Gebirges und mit seinem Anschlusse an die longitudinale Wasserscheide, die den oberen Kuralauf vom Rion trennt, der bis dahin

*) [illegible] folgende Species gesammelt. Melanagria Galatea L. M. Clotho Hübn. Argynnis Dia L. Arg. Euphrosyne L. Arg. Adippe L. Arg. Aglaja L. Melitaea Cinxia L. M. Trivia W. V. M. Athalia Esp. [illegible] Esp. Pararga Maera L. etc.

im mittleren Kuragebiete noch vielfach ausgedehnte Steppencharakter ab. Es legt sich an den Westrand dieses Gebirges einerseits das sich bis zum Meeresspiegel senkende colchische Becken mit seiner von Feuchtigkeit strotzenden Waldflora und den immergrünen Unterhölzern. Andererseits nimmt am Ostfusse desselben Gebirges das ansteigende Hochthal der Kura die Richtung nach SW. und Süd an. Seine angrenzenden Hochländer erreichen im Norden die Eruptionskette des achalzich-imeretischen Scheidegebirges, wie sie im Süden durch die Plateaubildungen von Achalkalaki, Tschyldyr und Alexandropol gebildet werden.

So lohnenswerth und ergiebig ein längerer Aufenthalt in Borshom gewesen wäre, da ich hier im Besitze aller nöthigen Bequemlichkeiten war, um grosse Sammlungen gut zu erhalten und Beobachtungen täglich notiren konnte; so mahnte die vorgerückte Sommerzeit doch mit dem Anfange Juli zum Aufbruche. Es wurde am 6. Juli die Route nach Achalzich eingeschlagen, doch zwang mich der Mangel an Postpferden in Atzkur zu bleiben. Dieser Ort hat sich in keiner Hinsicht seit Dubois Besuche im Jahre 1833 verändert. Die Trümmer der dortigen berühmten alten Kirche sieht man auch jetzt noch, besonders dienten sie bei der Erbauung türkischer Bäder und der neuen Kirche als Materialien. Eine geringe Anzahl ehemals armenischer Colonisten und Türken, die, wie die meisten Bewohner Achalzichs, aus den Umgegenden von Kars und Erzerum einwanderten, treiben in kleinen Trödelbuden dürftigen Handel. Von Achalzich aus wiederholte ich die schon früher einmal gemachte Excursion zum Schambobeli und in SW. Richtung weiter vordringend, erreichte ich die Quellhöhen der rechts in den Poskho einfallenden Seitenbäche. Die Vegetation war hier überall in den Höhen von 5—6000' überaus kräftig und verschiedenartig. Es würde in botanischer Hinsicht gewiss sehr lohnenswerth sein, wenn man einen ganzen Sommer diesem Gebiete opfern könnte und hier gerade dürften sich manche neue Arten entdecken lassen. Achalzich selbst, dessen neue Stadt seit 1829 auf dem hohen rechten Poskho-Ufer ziemlich regelmässig erbaut ist und die alte, von der Festung beherrschte, vollständig überflügelt hat, entwickelt ein bedeutend reges Leben asiatischer Industrie mehr und mehr. Der Haupttheil der Stadt besteht vornehmlich aus Werkstätten und Kaufläden. Man fabricirt zwar nur, mit Ausnahme von guten Silberarbeiten, grobe Waare; jedoch muss das Bedürfniss nach dieser sehr bedeutend sein. Die Lederarbeiten werden vorwaltend gefertigt und zwar meistens nach neuern türkischen Mustern. Sie sind durchgehends billig, aber auch nur wenig dauerhaft. Ich machte hier einige gute Ankäufe ethnographischer Gegenstände, welche ich für das neuerdings Allerhöchst bestätigte Kaukasische Museum, dessen Pflege mir anvertraut worden war, bestimmte. Am 9. Juli wurde die Reise fortgesetzt. Das nächste Ziel war Abastuman, ein am gleichnamigen Bache gelegener Badeort, dem wohl eine bedeutende Zukunft bevorsteht, da seine zahlreichen heissen Quellen in jüngster Zeit stark in Aufnahme kamen. Man kann dorthin im Sommer auf kürzerem Wege, als der gewöhnliche ist, gelangen, und hat nicht nöthig dem Lauf der Poskho und der Abastumanka aufwärts zu folgen. Ist der Augitporphyr-Durchbruch auf welchem die Festung Achalzich am linken Poskho-Ufer gelegen, überstiegen und sein steiler Westabhang glücklich zurückgelegt, so zieht sich der Weg durch gute Ackerfelder und dürftigen

Weideland, bis man die Höhe der Wasserscheide zwischen dem Abastumanbache erreicht hat. Dann geht es thalwärts und zuletzt, dem letztern Bache entlang, aufwärts. Die Vegetation nimmt hier schon einen merklich nordischen Charakter an, der in der Höhe von Abastuman (4178') durch die allgemeine Verbreitung der Kiefer noch vermehrt wird. Die Erle (Alnus glutinosa) bleibt den Bachufern treu, während die Weissbirke an den untern Partien der Gehänge sich ebensowohl zu Abies orientalis, wie auch zu Pinus sylvestris gesellt. Die Linde gedeiht angepflanzt noch vortrefflich.

Erst am 18. Juli war Alles zur Weiterreise vorbereitet. Die Ankunft des General-Gouverneurs vom Kutaischen Gebiete, Fürsten Mirsky, welcher man in Abastuman entgegen sah, veranlasste mich dort zu bleiben; da die von ihm zu beschaffenden Empfehlungen für die Reise in Abchasien von grösstem Werthe für mich waren. Wir verfolgten die Abastumanka aufwärts, ihre Ufer sind erst mit Erlen, später mit Birken-Gebüschen bestraucht, die angrenzenden Abhänge tragen durchweg die Kiefer und hoher Abies orientalis. An vielen Orten, namentlich auf den Quellhöhen der Abastumanka (linkes Ufer) waren die Holzschläge stark durch Aushauen, oft auch durch verheerende Brände, ruinirt. Sandsteine stehen an den Ufern des Baches nicht selten zu Tage. Die Richtung des Baches leitete uns direct gegen Norden. Durch die Menge zahlreicher Hipparchien, die im Thale schwebten, segelte ab und zu schon der Apollo-Falter, wir näherten uns demnach merklich der subalpinen Region, doch waren die blossgelegten Kiefernwurzeln an trockenen Erdentblössungen von stattlichen Buprestiden noch bewohnt, als wir gegen 12 Uhr eine Höhe von über 6300' erreicht hatten. Man verliess den stärkern der beiden Quellbäche der Abastumanka, welcher aus Osten kommt und sich im rechten Winkel plötzlich nach Süden wendet und stieg, noch unterhalb dieser Krümmung, eine geraume Zeit sehr steil, auf vielfach gewundenem Pfade, bergan. Dieser Pfad geleitete uns auf einen feuchten, breiten Gebirgsrücken, der sich von dem OW. ziehenden Scheidegebirge nach Süden hin abtrennt und den herrlichsten Hochwald der oft schon erwähnten Pechtanne (Ab. orientalis) ernährt. Hier konnte man mit Sicherheit auf schöne Carabus- und Cychrus-Arten rechnen, die unter den vielen halbvermoderten Stämmen lebten; es wurden deren auch einige gefunden. Auch diese Wälder waren streckenweise vor Jahren, bei ungünstigem Westwinde, vom Feuer heimgesucht worden und hatte sich bisjetzt noch kein Jungholz auf dergleichen Revieren angesiedelt. Epilobium angustifolium, welches nach den Verheerungen der Flammen in den sibirischen Coniferen-Wäldern am frühesten auf den Brandstellen sich gesellschaftlich einfindet, schmückte zu Füssen der colossalen, angekohlten, todten Stämme durch seine vielen, rothen Blumen, im Vereine mit grossen Telekia-Pflanzen den Boden. Als Ueberreste der frühern eigentlichen Waldflora, die im Schatten der damals lebenden Bäume auf feuchterem Boden gedieh, hatten sich Spiraea Aruncus und hohe Delphinium-Stauden, doch nur sehr vereinzelt, erhalten. Obgleich die Höhe des gegen Norden gelegenen Scheidegebirges in ihrer Uebergangsstelle nach Herrn Akademiker von Ruprecht's Bestimmung*) sich nur auf 7104' engl. beläuft, so liegt die Baumgrenze gegen Süden doch

*) l. c. Таблица III, pag. 15, № 78.

noch einige 100' tiefer. Man betritt, sobald man sie erreicht hat, einen ganz neuerdings gemachten bequemen Weg, der selbst für gewöhnliche Landfuhrwerke nutzbar wäre und durch eine ungemein üppige, subalpine Kräuterflora, oft mit weiten Schlangenwindungen zur Höhe des Gebirges leitet. Diese Strasse, deren unterer Theil zum Colchischen Becken jetzt mit grosser Energie gebaut wurde, soll nach ihrer baldigen Vollendung nicht nur eine bequeme Communication der Colchischen Länder mit Saatabago vermitteln, welche bisjetzt nur durch die Uebersteigung des Meskischen Gebirges im Suram Passe ermöglicht wurde; sondern auch als Transitweg dem persischen Handel gelegen sein und zur wesentlichen Wiederbelebung des Handels, den der Unterlauf des Rion einstens besass, mit beitragen. Er leitet an der Nordseite des erwähnten Scheidegebirges zu den mittlern Quellbächen des Chani-tsqali und folgt der durch ihre Wildheit in Imeretien und Mingrelien allgemein bekannten Sikar-Engschlucht. Die zu bewältigenden Schwierigkeiten des Terrains sind, namentlich an der Nordseite des Scheidegebirges, sehr gross. Wie Dubois bereits berichtet *) so ist das Chani-tsqali Thal durch schmale Spaltung dieses Sandsteins in Folge von Porphyr Durchbrüchen entstanden. Die Kuppeln der letztern krönen sowohl westlich, wie auch östlich von der Uebergangsstelle die Hauptkette des Gebirges, sie zeigten jedoch nirgend jetzt Schneespuren. Die Oberläufe aller Quellbäche des Chani-tsqali sind tiefe, enge, von steilen Schroffungen eingeschlossene Querthälchen, die sich aus zahllosen Nebengerinnen bewässern und bis an ihren Sohlen mit düsterer Coniferen Hochwaldung bestanden sind. Das Entblössen der seitlichen Thalwände von ihrer bis dahin sie bekleidenden Moos- und Kräutervegetation, wie es zur Anlage einer fahrbaren Strasse überall nöthig ist, deckt den haltlosen Boden an den Steilungen in gefahrbringender Weise auf und es werden sich nur durch sehr solide und kostspielige Bauten die verderblichen Nachstürze und die verwüstenden Schmelz- und Regenwasser im Zaume halten lassen, nicht der Ueberbrückungen und künstlichen Unterbauungen zu gedenken, die ein solches Terrain an vielen Stellen erfordert.

Am zweiten Tage unserer mühsamen Wanderung erreichten wir, immer thalwärts steigend Bagdad und betraten bei diesem Orte den Rand des Colchischen Tieflandes, in welchem sich hier der Unterlauf des Chani-tsqali bewegt und sich nahe der Vereinigungsstelle der Quirila und des Rion mit der erstern vereinigt. Wir hatten auf dieser Strecke den breiten Vegetationsgürtel, den die Zapfenbäume (hier vorzüglich Ab. orientalis) vorwaltend charakterisiren, mit den dichten Unterhölzern des Kirschlorbeers und der pontischen Alpenrose, zu denen sich auch Buxus-Urbüsche gesellen, überschritten und waren, schon oberhalb der dürftigen, versteckt liegenden Ansiedelung Sikar, ganz in das Gebiet der Laubhölzer getreten. Die Zahl der anfänglich nur spärlich vertretenen Hypericum Species, welche im Vereine mit Scrophularia Arten nur für die mittleren Stufen der Colchischen Länder in ihrer Kräutervegetation bezeichnend erscheint, vermehrte sich zusehends, dagegen wurden Vaccinium Arctostaphylos und die sie an schattigen, feuchten Orten begleitende Gentiana asclepiadea L. zu

*) l. c. deutsche Uebersetzung, T. I, Cap. 12, pag. 366.

Seltenheiten. Das Unterholz setzte sich jetzt aus einer grossern Anzahl von Gebüschen zusammen, in denen die hier üblichsten, als beide Cornus, drei Crataegus, Viburnum orientale, Lonicera, Corylus und Azalea pontica die Ueberhand gewannen. Ueber ihnen bildeten hohe Buchen und zahme Kastanien die schützenden Dome und erst, als wir unterhalb Sikar die geänderte Richtung des Chani-tsqali gegen NW. verfolgten und seine immer noch sehr steilen Thalgehänge zu beiden Seiten trockener wurden, drängten sich beide Carpinus- und Ulmus-Arten in der meistens verkrüppelten Strauchvegetation vor und das Erscheinen stachlicher Wegkräuter, wie Xanthium spinosum und Centaurea-Arten, deutete uns die Nähe des Ackerbodens und menschlicher Wohnungen an. Die Fernsicht gegen NW. erweiterte sich zwar mit dem Eintritte des Chani-tsqali in die Colchische Ebene ein wenig, jedoch überblickt man erst in der Nähe von Bagdad, wenn man die erste Stufe, mit der die Colchische Ebene ansteigt, erreicht hat, eine weitere Fläche. Es liegen die Wälder des berühmten Warziche vor uns. Wie überall in den Tieflanden des Rion und an dem südlichen Theile der Ostküste des Schwarzen Meeres und im gebirgigen Imeretien und Letschchum, so hörten wir auch in Bagdad die Klagen über den Ruin des Seidenbaues, in Folge dessen die Bevölkerung stark verarmt ist und somit denn auch der Handel, den eine grosse Anzahl wenig bemittelter Krämer in diesen Ländern betreibt, arg darnieder liegt. Die meisten elenden Kaufbuden in Bagdad waren seit längerer Zeit schon geschlossen und ihrem Verfalle nahe. Am 17. schlugen wir unser Lager etliche Werste im NW. von Bagdad auf dem trockenen, ebenen, linken Chani-tsqali Ufer auf. Selten bemerkt man hier reine Wiesen, die Ebenen sind meistentheils mit Bäumen und Gebüschen in weitläufiger Vertheilung bewachsen. Hier waren wir umgeben von vielen und zum Theile alten Stämmen der Zelkowa crenata, auch Diospyros fehlte nicht und hohe Rüstern und Linden standen vereinzelt zwischen ihnen. Mit dem Eintritte in die Wälder von Warziche schliesst sich der Hochwald vollkommen und Lichtungen sind selbst am Rande, dem wir folgten, nicht oft. Die Eiche herrscht in diesem Walde vor, ansehnliche Stämme von Pyrus torminalis Ehrh. treiben unter ihrem Schutze.

Ich hatte das Glück, noch ehe die Quirila erreicht wurde, meinen vorjährigen Führer Joseph Kutschkutschewa auf der Landstrasse anzutreffen und wir wurden Handels eins, dass er auch diesmal mich begleiten und die nöthigen Reit- und Packpferde stellen sollte. Indessen musste er zunächst auf dem Wege, den wir zurückgelegt hatten, mit einer Anzahl beladener Pferde bis zu dem Lager eines Regiments sich begeben. Die Soldaten desselben arbeiteten an der oben besprochenen Strasse, deren Bau im Engthale von Sikar betrieben wurde; er hatte sich verpflichtet sie mit verschiedenen Lebensmitteln zu versorgen. So kam es, dass die Weiterreise von Kutais erst am 23. Juli angetreten werden konnte. An diesem Tage brachen wir nach Sugdidi, dem Hauptorte Mingreliens auf. Die für Reitpferde überall gut hergerichtete Strasse nach Choni wurde betreten. Im Norden dieses Marktfleckens, dessen schachernde Bewohner seit der Beendigung des letzten Krieges (mit den verbündeten Westmächten) zum grössten Theile verarmt sind, liegt, unweit vom linken Ufer des Abascha-Flüsschens, das Kloster Martwili. Dorthin lenkten wir ein, um einestheils die durch vor-

zugleich schöne Lage, wie auch andererseits durch das hohe Alter des Klosters merkwürdige Localität näher kennen zu lernen. Die letzte Erhebung mit der das Gebirge gegen Süden hier in die Colchische Ebene tritt, wird von einem Complex von Bauten verschiedenen Alters gekrönt, von denen die Kirche nach Dubois Meinung*) zwar nicht in ihrer gegenwärtigen Form, da sie öfters restaurirt wurde, doch aber in ihrer Grundanlage bis in die vorchristliche Zeit reichen dürfte. Die Beerdigung eines angesehenen Fürsten, welche gerade stattfand, hatte die klösterliche Stille auf der Höhe von Martwili verscheucht. Zwar konnte man bei dieser Gelegenheit die gesammte dort anwesige Geistlichkeit im Ornate sehen und auch die lärmenden Gebräuche, die zeitweise förmlich systematisch rhythmisch betriebenen, lauten Wehklagen, etc. beobachten, jedoch beeinträchtigte das den ungestörten Genuss, den ein weitumfassendes Rundgemälde der Colchischen Lande von der Klosterhöhe aus gewährte. Ich folgte deshalb nach kurzer Frist auf der Höhe, der freundlichen Einladung eines Kirchendieners, der mich zur Westseite des Gebirges geleitete und seine gastfreie Wohnung mir öffnete. Der gesammte Nord- und West-Fuss des Martwili Berges ist von den zum Kloster gehörenden Bauern und niedern Kirchendienern bewohnt, die hier ihre kleinen Wirthschaften betrieben. Sie leben in natürlichen Gärten in idyllischer Ruhe. Ueberall klettert die Rebe hoch an den Diospyros- und Erlen-stämmen empor, zu deren Füssen den feuchten Boden gute Weide bedeckt. Am nächsten Morgen machte ich eine kleine Tour gegen Norden, woselbst die Abascha sich ein tiefes und gebuchtetes Gerinne in den derben Kreidekalken wusch und in vielen Cascaden hinunterstürzt. An einer engen Stelle bildet sie sogar einen stattlichen Wasserfall. Gleich unterhalb von diesem führt eine schöne, steinerne Brücke zum rechten Ufer des Flüsschens. In dieser Richtung gelangt man zum Oberlaufe des Techur und kann auf Reitpfaden gegen Westen selbst bis nach Inhwari am Ingur gelangen. Der Entwurf einer Zeichnung dieses Wasserfalles, so wie das Einsammeln mancher eigenthümlicher Pflanzen, hielten mich bis gegen Mittag auf und erst am Nachmittage, nachdem auch vom Kloster Martwili eine Gesammtansicht aus der im Norden gelegenen Uferebene der Abascha entworfen war, reisten wir weiter. Man übersteigt bei dem weitern Verfolge der breiten, aber wenig benutzten Strasse, die an vielen Stellen und Ueberbrückungen schon sehr schadhaft geworden ist**) eine grosse Anzahl unbedeutender, lichtbewaldeter Höhenzüge, welche die Flusssysteme des Techur, des Chopi und des Tschanis-tsqali und ihre zahlreichen Zuflüsse trennen. Die Eiche als Baum und Busch, mit sehr variabler Länge des Stieles ihrer Früchte, ist auf dem durchweg festen, rothen Lehmboden vorwaltend. Reine Wiesen mangeln auch hier, nicht selten machen sich schon die Farne und zwar meistens nur Pteris in grössern, zusammenhängenden Beständen

*) l. c. Deutsche Uebersetzung, T. I. pag. 527 et seq.

**) Sie ist an der Stelle einer Chaussee angelegt, sollte auch als solche vollendet werden, jedoch hat man seit Jahren diesen Plan wieder aufgegeben. Die Verbindung von Sugdidi mit Kutais über Orpiri (im Wagen) ist zwar möglich, doch streckenweise und namentlich bis zur Eröffnung einer im Bau begriffenen Chaussee zwischen dem Chopi und Techur äusserst beschwerlich, wie ich bei Gelegenheit meiner diesjährigen Rückreise es erprobt habe.

geltend, doch bleiben sie verhältnissmässig niedrig und gedeihen nie zu der erstaunlichen Menge und Höhe, wie sie Samurzakan und Abchasien besitzen. Mingrelien bietet um diese Zeit nicht viel, was dem Botaniker erwünscht ist, im ersten Frühlinge mag das anders sein. In Sugdidi, wohin wir am 25. Nachmittags kamen, wurde nur der Lastthiere wegen gerastet und am 26. die Reise fortgesetzt. Mit dem Betreten der linken, geräumigen Uferebene des Ingur befindet man sich, unmittelbar im Norden und Nordwesten von Sugdidi in einem Pteris-Bestande *) von grosser Ausdehnung. Er erstreckt sich nordwärts mit geringer Unterbrechung bis oberhalb Lia und erst das Nähertreten der letzten Gebirgsstufe, (auf der Dshwari gelegen) zum linken Ingurufer setzt ihm eine Grenze. Nur auf altem, (d. h. ungebrochenem) festem Lehmboden gedeiht Pteris in solcher Menge und Dichtigkeit, dass fast alle anderen Gewächse durch sie verdrängt werden. Wo aber zeitweise Ueberschwemmungen und mit ihnen grössere Sandablagerungen stattfinden, siedelt sie sich nicht an. Die zusammenhängenden Pterisbestände können bei der Wahl von Ansiedelungsplätzen auf den Uferländern reissender Flüsse hier als sichere Kennzeichen dafür gelten, dass diese Localitäten keinen Ueberschwemmungen ausgesetzt sind. Die alten Wurzelstöcke dieser Farren geben dem Boden einen unglaublichen festen Zusammenhang und da sie weder durch Feuer im Herbste zu tödten sind, noch durch tiefgehende Pflüge, die durch 10—12 Gespann Ochsen und Büffel bespannt werden, gehoben werden können, so bleiben die Plätze, welche von ihnen besiedelt sind, dem Ackerbaue bis jetzt fast ganz verschlossen. Man scheut die freilich grosse Mühe des Ausgrabens mit dem Spaten. Auch für die Viehzucht gehen solche Gebiete fast ganz verloren. Die hohen, dichten Pteris-Wedel lassen die Rasenpflanzen nicht hoch wachsen, und wo in den Pterisbeständen das Vieh weidet, muss es sich mit knappem Futter und nur die Nothbehelf genügen lassen. Das Farrenkraut wird von ihm selbst in Hungerjahren nicht angerührt. Die Bewohner Samurzakans und Abchasiens verwenden dieses Farrenkraut zur Deckung ihrer Hütten; die im Laufe der Zeit immer wieder erneuerten Schichten sacken sich unter ihrem eigenen Drucke dermassen zusammen, dass selbst anhaltende Regen nicht mehr durchdringen.

Ehe man den reissenden Ingur erreicht, durchschreitet man einige unbedeutende Bäche (Ruchi, Gadaha). Ihre Ufer sind gut mit Erlen-Gebüschen bestanden, zwischen ihnen liegen Weideplätze, auf denen Polygonum Persicaria L. an manchen Stellen ausschliesslich vorkommt und von den Büffeln nicht verschmäht wird. Gegen NW. steigen vom rechten Ingurufer die bewaldeten Gebirge Samurzakans an, deren letzte Verflachungen man zu durchwandern hat, um Okum, das jetzige Centrum der Verwaltung dieses Landes, zu erreichen. Je nachdem der Ingur sein Bette verändert, erprobt man die besten Stellen, an denen er passirt werden kann. Die Pferde treibt man meistens ohne Sattel und Gepäck durch den reissenden Fluss. Für die Menschen unterhält die Regierung eine Fähre. Wir erreichten gegen Mittag das rechte Ingurufer und stiegen bald ziemlich steil bergan in einem Walde,

*) Ich halte diesen Farren für Pteris aquilina L.

wo die colossalsten Eichen und Buchen (Fagus) wachsen. Wenn man oft beispielsweise von der Ueppigkeit der Vegetation Mingreliens spricht, so geschieht das wohl nur deshalb, weil die Wälder Samurzakans und Abchasiens bisjetzt nicht leicht zugänglich und also auch nicht gekannt waren; man würde im Vergleiche mit ihnen die Mingrelische Pflanzenwelt leicht vergessen. Es gilt das für das gesammte Gebiet dieser Länder bis zum Kamme des Hochgebirges. Unmittelbar am Meere, gleich hinter dem schmalen, durch die Wellen aufgeworfenen, nackten Geröllwalle, verweben sich an der Abchasischen Küste mit Hülfe des lustigen Smilax und der Clematis Ranken Gesträuche und Bäume zu undurchdringlichen Wänden. Wo nicht gerade ein versteckter Pfad von den Besitzungen der Abchasen zum Meeresufer führt, dürfte es wohl sehr schwer sein diese hohen Pflanzenbarrièren zu durchbrechen. Asclepien überwuchern unantastbare Rubus- und Rosen-Gebüsche, oder bedecken Crataegus und Paliurus. Feine Asparagus Pflanzen winden sich durch die Maschen des groben dornigen Netzes, Smilax giebt ihm Halt und Dichtigkeit bis in die Wipfel der höchsten Bäume, er erdrückt den Epheu und wilden Wein. Aus solchem Chaos verwirrt in einander gewebter Kletterpflanzen strecken Eichen und Rüstern die knorrigen Aeste, deren Belaubung und seitliche Theilung hier am Meere nur eine dürftige ist, da die heftigen Seestürme gegen die Riesen anprallen. Desto schöner und voller sind die Kronen der hinter ihnen tiefer im Lande stehenden Hochstämme und in den halbverwilderten Gärten des unteren Abchasiens (Küste) gruppiren sich die vielen Wallnussbäume zu den herrlichsten Baumpartien. Auch an ihnen hat Smilax oft förmliche Netze gesponnen, deren Höhe nicht selten 50—60' beträgt und die, wenn die Stammstücke am Boden durchschnitten wurden, todt und schwarz herunterhängen, aber sich so lange in ihren Aesten stützen, bis sie gewaltsam mit Haken eingerissen werden, oder nach und nach verfaulen. Ehe ich weiter landeinwärts schreite und einige Worte über die dortige Vegetation sage, muss noch erwähnt werden, dass auf dem schmalen Geröllgestade Abchasiens und Samurzakans die Uebersiedelung einiger schöner Bäume wahrscheinlich durch das Meer vermittelt wurde. Die Zahl der von mir auf der Strecke von der Kodor-Mündung bis Otschemtschiri bemerkten Bignonia Catalpa und Feigenbäume war nicht gering und 2 Exemplare von Paulownia wachsen ebenfalls dort; es waren an solchen Plätzen von irgend welchen früheren, menschlichen Ansiedelungen keine Spuren zu sehen und die Bäumchen noch jung, mit Ausnahme der Feigen auch krank. So lange wir im untern Abchasien, d. h. im Niveau des Meeres und auf der letzten niedrigen Stufe bleiben, mit der das Gebirge zur Ebene sich senkt, begleitet Diospyros Lotus und auch Pterocarya caucasica die feuchteren Localitäten; letztere folgt im Vereine mit der Erle besonders gerne den Ufern der langsam fliessenden Bäche in der Ebene und bietet durch die grossen zusammengesetzten Blätter einen fremdartigen Anblick, zumal, wenn sie mit kräftigem Hochwuchse in jungen Trieben nebeneinander steht. Mit dem Besteigen der letzten Ausläufer des Gebirges, die in flachen Rücken und Terrassen enden, umgiebt das lästige Farrenkraut (Pteris) den Reisenden und benimmt ihm die Fernsicht zwar nicht auf die hohen Gebirge, wohl aber auf seine nächste Nähe und auf die Gebiete zum Meere hin. Zu Pferde sitzend streifen ihm die Wedel gewöhnlich die Wange; doch heben sie sich bisweilen wohl auch bis zu 8' Höhe. Um die bizarren Formen verkohlter, alter Eichenstämme sah ich sie so dicht, neben ihnen hatten junge Smilax-Pflanzen ihre Arbeit schon begonnen. Man sollte meinen, dass, wenn das Auge jemals die ganze Dürftigkeit der Salzsteppenflora und ihres ewigen Einerlei's empfunden hat, es an den zarten Formen dieser Farne, an ihrem lebhaften, intensiven Grün nicht ermüden werde. Doch ist das dennoch der Fall. Die Vegetation im untern Abchasien ermüdet durch Mangel an Formengegensätze, sie erzwingt anfänglich die Bewunderung nur durch den grandiosen Maassstab, in welchem sie sich gebildet hat. Einmal an diesen gewöhnt, wird sie dem Beschauer gleichgültig. Ueberdies verschwinden die Haltpunkte, welche menschliche Ansiedelungen der Landschaft bieten, hier ebenfalls ganz. Sie liegen versteckt im Dickicht, nur ein hellgrünes Maisfeld lässt sie vermuthen, seine Pflanzen schiessen höher als der Dachkamm auf. Auch bilden die Maisplantagen nirgend Felder von bedeutender Ausdehnung, sie liegen, wie die Wohnungen der Menschen einzeln versprengt in den Wäldern. So lange diese Länder sich einer geregelten und strengen Verwaltung nicht erfreuten, konnte sich ein Theil ihrer Bevölkerung, begünstigt durch Terrainbildung und die angedeuteten Vegetations-Verhältnisse, ungestraft den ärgsten Räubereien und Mordthaten hingeben. Das geschah auch in der That noch bis vor Kurzem. Die westlich wohnenden Tscherkessenstämme nahmen, selbst wenn die Schuldigen früher in Abchasien verfolgt wurden, die Flüchtlinge bei sich auf und erst, nachdem man sie besiegt hatte und die nordwestlichen Nachbarvölker Abchasiens fast alle ausgewandert, haben sich die Räuberbanden Samursakans und Abchasiens zur Ruhe begeben müssen. Eine bedeutende Anzahl wohlbekannter Persönlichkeiten gelobte seit der Besiegung der Ubichen und Dshigeten in Ruhe zu leben und man hat sie für die bis dahin begangenen Verbrechen nicht weiter zur Rechenschaft gezogen. Auf unserem Wege nach Okum ritten wir etliche Werste vom rechten Ingurufer an einer berüchtigten Localität vorüber; hier hielt sich der bekannte Räuber (Omar Marschan), welcher der List eines Swanen erlag, gewöhnlich am Sonntage im Hinterhalt und überfiel die vom Markte aus Sugdidi kommenden Bewohner. Er hatte an dieser Stelle mehrere Raubmorde vollbracht; eine steile, mit Buchenwald bestandene Höhe ermöglichte ihm die Flucht.

Die im Vorstehenden gegebenen Schilderungen des vegetativen Gesammtbildes in der Küstenzone Samursakans und Abchasiens gelten für die ganze Strecke, die wir vom 20. bis 28. Juli zurücklegten. Reich an malerischen, landschaftlichen Reizen, eröffnen sich gegen Osten und Norden hin mannichfaltige Fernsichten auf das Gebirge, dessen vordere Höhenzüge jedoch nirgend Schneespuren zeigen und die zum grössten Theile mit unberührter Urwaldung bedeckt sind. Diese Gebirge, in ihrem vorderen Theile mit dem Namen Panatschi bezeichnet, steigen in immer wachsender Wildheit zwischen dem Mittellaufe des Kodor und Ingur an. Sie erheben sich, umgrenzt von dem Swanischen Querthale der Nenskra und dem Abchasischen des Sekeni in schmalem Joche zur kaukasischen Hauptkette und schliessen sich dieser an der Südseite, wenig westlich vom gletscherführenden Elbrus-Joche (gegen Norden) an. Sie sind unbewohnt. Luchs und Marder, Hirsch und Bär tummeln sich in ihren

Wäldern unbehelligt umher; weniger noch als der Swane, ist der Abchase ein Jäger. Zur Linken unseres Weges (d. h. gegen Westen) tauchte hin und da die Meeresfläche in der Ferne zwischen den Pteris-Wedeln auf. Die wenigen menschlichen Ansiedelungen, welche man bemerkt, stehen vereinzelt im Walde; es sind elende Hütten, die meistens auf erhöhten, geflochtenen Strauchwänden das Farrenkrautdach tragen. An sorgsam eingezäunten Begräbnissplätzen kommt man oft vorbei. Für die Dahingeschiedenen haben die Abchasen eine grosse Pietät. Die Begräbnissplätze der Todten sind verhältnissmässig viel besser hergerichtet und ausgestattet, als die Wohnungen der Lebenden. Früh am 27. verliessen wir Okum, dessen wohlummauerte kleine Festung uns für die Nacht beherbergt hatte. Gegenwärtig haben diese Befestigungen kaum noch einen Werth für den Posten, da die Bewohner des Landes durchweg friedlich gesinnt sind. Auch war hier nur das nöthige Kosakenpiket postirt, während das Verwaltungsgebäude, eine Anzahl der Hütten abgedankter, russischer Soldaten, die sich hier niedergelassen und viele ärmliche Krämerbuden frei in der Ebene dastanden. Der Weg führte uns über gut bewaldete Hügel, immer befanden wir uns auch heute vornehmlich im lichten Eichenhochwalde und in den Pterisbeständen. Das nahe gelegene Tschchortoli wurde bald erreicht und Abends gelangten wir in das Mokwi-Thal und zu dem nach ihm benannten Kosakenposten, welcher ein wenig unterhalb der alten, schönen Mokwi Kirche postirt ist. Diese letztere hat eine bezaubernd schöne Lage und ist bedeutend hohen Alters. Nach den Aufzeichnungen Wakhuscht's*) wurde sie durch Leo den IX, König von Abchasien, also Mitte des 10. Jahrh. **) gebaut. Sie wurde neuerdings durch den Fürsten Scherwaschidse, (jetzt gestorben) dem Abchasien als regierendem Fürsten unter Russischer Oberherrschaft gehörte, restaurirt, doch nur am innern Bau fand ich die Arbeiten vollendet und hatte man noch nichts für den Kirchenschmuck gethan. Die Kirche von Mokwi ist jetzt sogut wie unbesucht, sie legt ein redendes Zeugniss dafür ab, dass in früheren Zeiten das Christenthum hier sorgsam gepflegt wurde und begeisterte Anhänger haben musste, denn ein so grossartiger und schöner Bau konnte nur zur Zeit der vollen Blüthe des christlichen Cultus in einem damals reich bemittelten Lande ausgeführt werden. Von Mokwi aus traten wir früh am 28. Juli die Reise nach Otschemtschiri an, welcher Küsten-Ort erreicht werden musste, um von ihm aus Suchum-kale mit dem Gepäcke im Boote zu erreichen, und auf diese Weise den reissenden Kodor, über welchen damals keine zuverlässige Ueberfahre existirte, zu vermeiden. Die mit den Oertlichkeiten in der abchasischen Ebene nicht vertrauten Kosaken, welche mir das Geleit gaben, verirrten sich jedoch, nachdem wir Dalgerdi erreicht hatten und erst gegen Abend gelangten wir nach Ilgumisch an einem Zollwachtposten, der uns über die falsch eingeschlagene Richtung belehrte. Bis dahin hatten wir uns stets in der abchasischen Ebene bewegt und die lichten Eichenhochwälder, in denen Wiesenplätze und

*) Description géographique de la Géorgie par le Tsarévitch Wakhoucht etc. par Brosset pag. 401.

**) Leo IX war der 9-te der Abchasischen Könige, doch nur der 3-te Leo.

menschliche Ansiedelungen zerstreut liegen, durchschritten. Von Dgamisch an ritten wir der Küste entlang und erreichten, als es bereits dunkelte Otschemtschiri. An diesem Orte befindet sich ein Zollamt und einiges Militair, auch hier stand eine grosse Anzahl meistens ärmlicher, hölzerner Kaufbuden und ein wenig landeinwärts von ihnen hatte sich der damals abwesende Fürst Scherwaschidze eine Wohnung, dem Aeussern nach in türkischem Geschmacke erbaut. Am nächsten Morgen verliess ich den Geröllstrand von Otschemtschiri, ein aus Anatolien herübergekommenes Segelboot war gemiethet und sollte mich mit den Sachen nach Suchum-Kale bringen, während die Pferde durch den Kodor getrieben wurden und so der Küste entlang gehend, ebenfalls nach Suchum kommen konnten. Wir im Boote hatten auf eine, wenn auch nur kleine Brise gerechnet, doch schwellte sie nicht das grosse Spitzsegel. Die Wahrheit der Schilderungen von den quälenden Windstillen der Tropenmeere, welche man bisweilen liest, konnte ich am 29. Juli aus eigener Erfahrung auch auf dem Pontus bestätigen. Nicht der leiseste Hauch kräuselte die Spiegelfläche des Meeres, das Segel hing schlaff am Maste herab. Die abgehärteten, anatolischen Seeleute liessen sich durch die entsetzliche Hitze keineswegs in ihren lebhaften Gesprächen stören; ab und zu pfiffen sie eintönig und lange, sie wollten damit den Wind heraufbeschwören. Doch half Alles nichts. Erst spät Abends betrat ich die Küste bei Suchum und athmete am Lande eine noch drückendere, gewitterschwere, überaus schwüle Luft ein. Man weiss nicht, wo hier die ersehnte Erquickung zu holen ist; man geräth in Zweifel, ob das Meer am Tage entsetzlicher quält, oder das Land selbst auch am Abend. Doch thut auch in diesem Falle Gewohnheit viel und die Empfindungen solcher und anderer Uebelstände bleiben relativ.

Der zuvorkommenden Güte des Herrn Obersten Koniar, der gegenwärtig Chef von Abchasien war, verdankte ich die schleunigsten und zweckmässigsten Maassnahmen für meine Weiterreise. Einem abchasischen Fürsten, der lange Zeit schon in Russischen Militairdiensten stand, einen bedeutenden Einfluss im untern Abchasien besass und natürlich als Landeskind die meisten Fürsten seiner Heimath kannte, wurde ich für die Folge anvertraut und Fürst Rostom Marschani, so nannte sich mein neuer Schutzherr, erledigte sich der ihm gewordenen Aufträge mit grösster Sorgfalt und unverdrossener Mühe.

Am 31. Juli waren alle Vorbereitungen zur Weiterreise beendet. Im Gefolge von einigen Dienern, die den Fürsten Rostom Marschani begleiteten, begaben wir uns mit unsern Packthieren zunächst auf dessen Gut, welches etwa in 20 Werst Ferne von Suchum, nicht weit vom rechten Kodor-Ufer auf der letzten Anhöhe gelegen ist, mit welcher das Gebirge das Flachland erreicht. Wir bewegten uns nur langsam dem Strande entlang, überschritten den Kelasurbach und blieben fast beständig in der Ebene, welche bald von dichterer Waldung, bald von verwilderten Gärten, in denen hohe Nussbäume und wilder Wein wachsen, bedeckt war. Nach mehrstündigem Ritte in der Richtung gegen Süden wendeten wir dann ostwärts und näherten uns so mehr und mehr dem Kodor an der Stelle, wo er in die Ebene tritt. Hier befand sich auf den Höhen der rechten Uferseite das Gut des Fürsten Rostom Marschani, genannt Kala-Serglata. Auf dem Wege zu ihm bewegten wir uns eine Zeitlang durch den herrlichsten Urwald, riesige alte Kastanien und Eichen bildeten ihn. Wir erstiegen sodann zwei abschüssige Terrassen und kamen auf der Höhe der oberen zu einer freundlichen Lichtung im Walde, auf welcher die hölzernen Häuser des Fürsten standen und wo er von dem grossen Theile seiner Bauern erwartet wurde. Seine beiden Frauen harrten seiner ebenfalls hier. Man sah auch auf dem Hofe dieses Fürsten keine anderen Culturzustände, als die in Abchasien sonst üblichen. Im wilden, urwüchsigen Walde, der in der Nähe der Wohnungen etwas gelichtet hatte, lag die Besitzung; die Maisfelder der Bauern waren zerstreut über die Abhänge vertheilt; in tiefen Pfützen, deren lehmiges Wasser immer auf's Neue durchwühlt wird, ruhete ein halbes Dutzend fetter Büffel und über ihren einfältigen Häuptern wölbten die pontische Alpenrose und Azalea das schützende Blattdach. Wir mussten bis zum Mittage des nächsten Tages hier warten. Die gesammte Dienerschaft vereinigte sich um ihren Herrn und dieser traf alle nöthigen Bestimmungen für die Weiterreise. Acht Mann folgten ihm, es hatte ein jeder von ihnen, wie das auch bei den mingrelischen Fürsten der Fall ist, seinen besondern Dienst. Der eine bereitete die Schlafstelle, der andere besorgte das Pferd, ein dritter schürte das Feuer, ein vierter reichte die Waffen, u. s. w. ja es fand sich sogar ein Aequivalent für den Hofnarren, ein spitzkinniger, rothhaariger, kleiner Abchase, mit köstlich verschmitztem Gesichte. Er belustigte pflichtmässig die Anwesenden und seine wirklich gelungene Lieblingsdarstellung bestand in einer treuen Copie der Mimik des Zebeldin'schen Kreishauptmanns (Pristaw's), der über die unbändigen Zebeldiner in Zorn gerieth.

Am 1. August betraten wir, von Kuta-Serglata aufbrechend den steilen Reitpfad, welcher im üppigsten Laubholzhochwalde gegen Norden führt. Das Apianscha Gebirge musste erreicht und überstiegen werden, um nach Zebelda zu gelangen. Man durchzieht, nachdem der beiderseits steile Pass Parhmatschu im Kastanien-Walde erreicht ist, die Gordscoli (Gersauli) Landschaft, in welcher eine breite Strasse, die nach Suchum-Kale leitet, gebahnt ist. Die Gegend ist reizend und das Thal öffnet sich gegen Westen, es lebte hier jedoch Niemand. Das steile Apianscha Gebirge wurde nun erstiegen; nahe seiner Höhe, auf der Nordseite, stehen die [illegible] Brüder-Buchen, die eine herrliche Gruppe bilden. Man lässt sich sodann, ostwärts wendend, auf bequemen Reitwegen allmählich abwärts, schöne Wiesen gewinnen an Umfang, auf ihnen wurde jetzt durch die Zebeldin'schen Kosaken die Heuernte besorgt. Gegen Abend erreichten wir die Zebeldin'sche Festung, welche sammt einigen hohen Baumgruppen an der Ostseite eines sanftgewölbten Hügels steht und nur eine niedrige Mauer besitzt. Höher gelegen als die Festung ist das neue, grosse Gebäude, in welchem der Verwaltungschef von Zebelda residirt und die gerichtlichen Angelegenheiten entschieden werden. Die Höhe dieses Ortes über dem Meere wurde zu 1568' engl. ermittelt. Das Bette des Kodor, welches gegen Osten 2 Werste entfernt sich befindet, liegt wohl 500' tiefer. Es vereinigen sich dort der aus Osten kommende Kodor mit dem direct von Norden herfliessenden, bedeutenden Amtkhal (Amtkjal), um zusammen dann den Lauf gegen SSW. fortzusetzen. Nach den von mir barometrisch ermittelten Höhen im Kodorthale lässt sich folgendes Nivellement für diesen reissenden Gebirgsfluss combiniren. Die Gefälle pro Werst sind nach den annähernd abgeschätzten Distanzen gefolgert und diese wieder nach den neuesten Aufnahmen dieser Gegenden, die im Sommer 1865 durch den Topographen-Offizier, Herrn Kosmin, ausgeführt wurden, gemessen.

Die Berechnungen der mitgebrachten Beobachtungen hatte Herr Oberst Stebnitsky die Güte zu veranlassen.

	Entfernung.	Abs. Höhe.	Unterschied je zweier auf einander folgenden Orte. Meeresspiegel 0.	Fall pro Werst.
Von Lata bis zur Mündung des Kodor	52 W.	1142' engl.	1142' engl.	22'
12 Werste höher als Lata . . .	12 „	1431' „	289' „	24'
Ort Akarmara	25 „	2587' „	1156' „	46'
Platz Chadshidshchu	10 „	3650' „	1063' „	106'
Vom Platze Chadshidshchu bis zum untern Drittel des Nachar-Gebirges	10 „	7032' „	3382' „	338'
Vom untern Drittel des Nachar-Gebirges zum Nachar-Passe .	4 „	9617' „	2568' „	642'

Die seitlichen Hauptquellen des Kodor, am Klychra Gletscher im Westen und die des Adschakaika im Osten, finden in noch bedeutenderen Höhen ihr beständiges Reservoir; an der Südseite der Uebergangsstelle des Nachar-Passes liegen die äussersten Quellbäche des Kodor jedoch etwas tiefer.

Nachdem im Verlaufe des 2. August in Zebelda die schliesslichen Vorbereitungen zur Weiterreise getroffen und sich Dolmetscher und Wegführer eingestellt hatten, konnten wir am 3. früh die Reise fortsetzen. Unsere Karawane war bereits bis auf 18 Mann und 20 Pferde angewachsen. Zunächst stiegen wir, gegen Norden reitend, allmählich von der Zebeldinischen Höhe zum Amtkjal Thale herab. Im NO. von uns lag ein gut bewaldetes, steiles Gebirge, auf dessen Höhe sich das kleine Dörfchen Pschau befindet, welchen Namen mir die Abchasen als dem Gebirge ebenfalls eigen bezeichneten. Man war gezwungen diesen Weg einzuschlagen, weil der frühere, welcher dem rechten Kodorufer entlang aufwärts führte und bis Lata nur 12 Werste Länge hatte, durch die Frühlingsfluthen des Kodor vollständig zerstört worden war. In ebenso bedeutenden Steilungen, wie wir bei Pschau die Höhe des Gebirges erstiegen hatten, liessen wir uns an der Ostseite desselben herab. Das Thal, in welches wir kamen wird von dem zweiten Quellbache des Amtkjal durchzogen, der gleichen Namen hat. Grüne Wiesen und einige Maisfelder umstehen auch hier elende Hütten. Vor uns im Osten lag nun ein schwer zu passirendes Gebirge, es trug überall den herrlichsten Laubwald und musste im Dahgerl-Passe überstiegen werden. Darauf verwendeten wir mehrere Stunden. Auf der Höhe des Dahgerl wachsen als Unterholz im Buchenwalde die üppigsten

Kirschlorbeergesträuche, diese Höhe ist mit 3000' nicht zu hoch angegeben. Es musste hier eine Stunde gerastet werden, bevor die steile Ostseite betreten wurde. Wir blieben an dieser gleichfalls immer im unberührten Laubholzhochwalde, die Rothbuche war in ihm der häufigste Baum. Der quellenreiche Boden erschwerte die Passage an vielen Stellen ungemein. Auf der Strecke bis Lata, dem Sitze des einflussreichen Fürsten (Namens Almacheid) im oberen Zebelda, waren im Laufe des heutigen Tages noch drei Wildbäche zu überschreiten und die sie trennenden Gebirgszüge boten bei dem Uebersteigen immerhin Schwierigkeiten genug, wenn schon sie sich den beiden erstern bei den Amtkjalbächen weder an Höhe noch an Steilheit messen können. Die Ansiedelung Lata, in welcher der Fürst Almacheid mit seinem jüngern Bruder wohnen, erreichten wir erst Abends, sie ist auf dem rechten hohen Koduruser in schönen Baumgruppen gelegen und steht 1152' engl. über dem Meere. Wir wurden sehr gastfrei empfangen. Der Fürst liess sogar ein grosses Rind für die vielen Abchasen und Zebeldiner schlachten, die mich begleiteten und der Schmaus währte bis tief in die Nacht hinein. Die in Abchasien üblichen Nationalspeisen wurden uns auch hier in grosser Menge gereicht. Unter dem Namen Otschomuqua präsentirte man einen zähen Hirsebrei, der mit frischem gekochten Käse vollständig durchknetet wird und sich in lange Fäden ausziehen lässt. Das zerhackte Schaffleisch, welches stark mit spanischem Pfeffer in Form einer dünnen Sauce gereicht wird und ausserordentlich pikant und wohlschmeckend ist, hat in der abchasischen Kochkunst den Namen: Adshgogo. Mit dem Ausdrucke Kiaftu bezeichnet man kleine runde Fleischkügelchen, die überreich mit Zwiebeln durchknetet sind und in Fett schwimmen. Zum Schlusse des Gelages werden vortreffliche saure Milch (gekochte) und Honigwaben gereicht, wozu man ungesalzenen, abgekochten Reis isst. Es wurde noch während der Mahlzeit beschlossen, dass der jüngere Bruder Almacheid's uns das fernere Geleit im obern Kodor-Thale und über den Nachar-Pass geben sollte, und da dieser nach üblichem Gebrauche wieder eine Anzahl Diener mitnehmen musste, so wurde die in der That ganz unnöthige Vergrösserung unserer Karawane, die sich nun auf 31 Mann und etwa 20 Pferde belief, bedenklich, da die sorglosen Abchasen keineswegs an die nöthige Verproviantirung dachten, welche im menschenleeren Quellthale des Kodor unumgänglich nöthig war. Doch darf man sich den tiefgewurzelten Landesgebräuchen als Reisender niemals schroff widersetzen und so fügte auch ich mich den Rathschlägen und Beschlüssen der wild durcheinander schreienden Abchasen. Am 4. verliessen wir Lata erst gegen 9 Uhr. Es ist keine Einigkeit unter den Abchasen zu erzielen. Ewiges Streiten, Schreien, Lachen; von Autorität ist keine Rede, man muss sich in Geduld fügen. Die Gebiete oberhalb Lata am Kodor besitzen an seinen beiderseitigen Ufern bis zur Einmündung des von rechts her kommenden Tschchalta Baches nur wenig Flachländchen. Acht Werste oberhalb Lata geht es wieder an's Bergsteigen. Man bewegt sich meistens hart am Rande des oft jäh abstürzenden rechten Ufers und bleibt beständig im Walde. Einzelne sanftere, seitliche Gebirgsgehänge bieten herrliche Wiesenflecken, doch behauptet der Laubwald durchweg die Oberherrschaft. Erst zwischen Tschchalta und dem Akarmara Platze durchschreitet man nicht selten grössere Flachuferstrecken, die für birgige Verhältnisse gut angebaut und bewohnt sind. Das steile, einer tief eingewaschenen Engschlucht gleichende, Quellthal des Kodor beginnt erst oberhalb der Vereinigung des Sekén (auch Sakén) mit dem Kodor, der bis dahin von seiner mittlern Quelle am Nachar den Namen Klitsch hat. Diese mittlere Quelle ist die geringere. Tschchalta und Sekén bilden die eigentliche Quellgabel des Kodor, zwischen welcher die Klutsch Quelle gelegen ist. Der Theil des Kodorlaufes von der Vereinigung des Sekén abwärts, bis zum Eintritte in die flachere Zebeldinische Hügellandschaft, wird gewöhnlich als Dal'sche Engschlucht bezeichnet. Nicht fern von Lata, etwa nach zweistündigem Marsche, betraten wir die Wopa-Gegend, die auf einer theilweise nur bestrauchten, mit magerer Weide besetzten Ufererhöhung rechterseits dem Kodor entlang sich hinzieht. Immer noch befanden wir uns im Laubwalde, ja an den beiderseits nahetretenden Gebirgsstellungen sah man selbst in den höhern Etagen derselben keine Zapfenbäume. An geschützten Orten, die wir bei der Ueberschreitung einzelner, bewaldeter Gebirgsvorsprünge zu durchstreifen hatten, machte sich das entschiedene Vorwalten der süssen Kastanien im Walde bemerkbar und in der Nähe einiger verlassener abchasischer Hütten standen alte, dicke Feigenbäume; wir befanden uns hier in einer Höhe von circa 1300′ über dem Meere. Langsam nur ging es vorwärts. Ein guter Theil der begleitenden Abchasen verlor sich nach und nach, als wir uns der Gegend Kobachera nahten, wo die einzelnen, versprengt liegenden Ansiedelungen sie besonders anzogen, weil sie in ihnen Bekannte fanden. Wie viel eifriger sind auf den Reisen die Swanen im Vergleiche zu den Abchasen. Die letztern kennen auch auf dem Wege keine schweren Anstrengungen; sie sehen das Reisen als eine Art Spaziergang an, bei dem sie gerne in jede vorkommende Hütte einkehren möchten, unbekümmert um Zeit und Zweck, um Weg und Ziel. Sie verrathen auch hierin ihre ächte Südländer Natur, die, unbesorgt um das Kommende, nur dem Augenblicke mit grosser Gemächlichkeit lebt. Der Swane besitzt trotz seiner ungezügelten Rohheit doch auch die Festigkeit des Willens in hohem Grade, er gleicht in der That als Bewohner des Hochgebirges, dem zähen, entschlussfähigen Nordländer, der das gesteckte Ziel nicht aus dem Auge lässt und unbekümmert um die Nebenumstände es erstrebt. So umging ich mit nur zweien swanischen Führern und gleich grossem Gepäcke, als wir es jetzt mitführten, 1864 die äussersten beiden Tekenis-Tscali Quellen rasch und glücklich; jetzt wurde mit den 24 Abchasen das Uebersteigen des Nachar im Kodorthale schwerer, als jene selten betretene Passage des Ntschka-Gebirges.

Es dauerte lange ehe wir uns auf dem Platze Kobachera unter herrlichen, alten Wallnussbäumen zusammenfanden und dort einige Zeit ausruhten. Gegen 3 Uhr brachen wir wieder auf und erreichten Abends zur guten Stunde den von rechts her in den Kodor fallenden Tschchalta Bach, über welchen eine Brücke leitet und auf dessen hohem linken Ufer, da, wo er sich in den Kodor ergiesst, die Ruinen der Tschertukcha-Ibu Burg stehen. Dieselben sind zu Ehren einer Frau Tschertukcha also benannt, wie die Sage berichtet, haben jetzt aber nur sehr dürftige Ueberreste aus der Vorzeit zurückgelassen. Das Wort „Ibu“ ist gleichbedeutend mit Burg. Es betheiligen sich die von der Tschchalta aus zu bemerkenden Gebirge auf beiden Seiten des Kodor mit ihren höchsten Schroffungen bereits an der Schnee- und Gletscherregion. So wird man in der Ferne auf linker Kodorseite das gletscherführende Alkopatscha Gebirge gewahr, dem auf der entgegengesetzten (rechten Uferseite des Kodor) das Aräsch Gebirge entspricht, von welchem ein Thal, Namens Augaropiata zum Fusse des nördlich gelegenen Marucha Passes sich dehnen soll. Noch ehe wir die Brücke von Tschchalta passirten bezeichneten mir meine Führer, ein jähes, in den oberen Partien nacktes, Ufergebirge der linken Kodorseite als Achadaswods. Sie knüpften an dasselbe eine ihnen selbst durch die Ueberlieferung unklar gewordene Sage, die darauf hindeutet, dass in frühern kriegerischen Zeiten dieses schwer zugängliche Gebirge überstiegen wurde; seine Benennung bedeutet etwa: Heldenberg. Auf dem Flachländchen, gleich oberhalb der Tschchalta Brücke, am rechten Kodorufer, schlugen wir unter üppigen Obstwildlingen das Nachtlager am 4. Abends auf. Schöne Wiesen hatte man hier sorgsam dem Heuschlage erhalten. Hohe Coronilla, Dorycnium, Vicia und Trifolium bildeten auf ihnen die vornehmlichsten Futterkräuter. Dem Kodorufer näher zog sich ein undurchdringliches Dickicht, fest in einander verwirrter Brombeersträucher, die übermässig viele Beeren trugen und von den Abchasen am Abend förmlich abgeweidet wurden. An diesem Platze hatten wir im Kodorthale nahezu die Höhe von 1767' engl. über dem Meere erreicht. Wir verliessen ihn am frühen Morgen des 5. August und hatten heute bis zur letzten Ansiedelung auf rechtem Kodorufer eine, für hiesiges Verständniss, leichte Passage, indem, wie schon oben bemerkt wurde, sich bis Akarmara meistentheils schmale, flache Uferstrecken, einige Faden höher, als der dahinströmende Kodor gelegen, ausdehnen. Mit dem Einfalle des Sekén (auch Sahén) von links her, welcher der bedeutendste Quellbach des Kodor ist, verschwinden die bisdahin beiderseitig gelegenen Uferflächländchen vollkommen, und man betritt nun die steilen Pfade der Klutsch-Engschlucht, welche am Nacharfusse ihren Anfang nimmt und dem in Wasserfällen und Cascaden hinschäumenden Kodor ein überall nur schmales und sehr steiles Felsengerinne im imposantesten Urwalde anweist. Im untern Theile des Sekén-Thales liegen einzelne herrliche Weideplätze und die dort befindliche äusserste menschliche Ansiedelung Fatmaarto liegt mit dem Orte Akarmara fast in gleicher Höhe. Mit der Höhe von Akarmara, die zu 2517' engl. bestimmt wurde, befindet man sich in diesem Theile der Südseite des kaukasischen Hauptgebirges an der äussersten Grenze der Mais-Cultur. Auch hier sind es locale Verhältnisse, welche das weitere Vordringen gegen Norden, nicht nur des Maises, sondern auch jeder andern Cerealie verhindern. Die Klutsch-Engschlucht bietet nirgend ackerbaufähigen Boden. Man hebt sich in ihr bis zum Fusse des Nachar-Passes rasch zur Höhe von circa 4000' über dem Meere und betritt dann sofort die üppigste sub-alpine Wiese, während man bisdahin in den dichtesten und grandiosesten gemischten Hochwäldern sich bewegte. Um wieviel höher steigt dagegen an der Nordseite desselben Nachar-Gebirges die Culturgrenze der nordischen Cerealien! Wir finden die letzten Gerstenfelder an den Kuban-Quellen noch in 5353' engl. Höhe, worauf ich später zurückkomme. Nach kurzer Rast in der letzten Hütte von Akarmara ging es mit neuen Kräften vorwärts. Der Platz Ilalusschhara war unser nächstes Ziel. Bei ihm führt ein gebrechlicher Steg zum linken Kodorufer, dem man dann weiter aufwärts folgt. Wenig oberhalb Akarmara vereinigt sich noch der wilde Gondra-bach (auch Gwandra) von links her dem Kodor. Mit unaufhörlichem Toben wälzen sich die Fluthen, ihren kochenden Gischt hoch an die Felsen emporwerfend, thalwärts. Der dumpfe Donnerton, den das Aneinanderprallen centnerschwerer Rollblöcke verursacht, lässt sich in dem betäubenden Lärm deutlich vernehmen. Doch in den herrlichen Urwäldern herrscht die vollkommenste Ruhe. Es triefen in ihnen die Kirschlorbeeren und Rhododendron-Gebüsche, die sich beide gerne mit den Ästen weit über den schwarzen Humusboden lagern, beständig von den nie abtrocknenden Thautropfen. An vielen Stellen wirft die Sonne nie einen verstohlenen Blick auf sie. Die Riesen der Nordmanns-Tanne *), welche ich hier zwar seltener, als in der Ingur-Engschlucht, doch in erstaunlicher Dicke und Höhe antraf, wölben förmlich ein schwarzgrünes und festgeschlossenes Dach über Alles, was ihnen zu Boden steht. Stämme dieser schönen Tanne, die über der Wurzel 6—7' Durchmesser hatten, wurden wenig oberhalb der Habuschhara-Brücke gefunden. Auf den natürlichen Treppen, die ihre von Erde entblössten, glattgetretenen Wurzeln bildeten, stiegen wir mühsam bergan; jedem Pferde und Maulesel musste hülfreich beigestanden werden: denn ein Fehltritt — und die schäumende Fluth des tief zu unsern Füssen hinstürzenden Kodor nimmt das Opfer ohne Rettung in sich auf. Jede bedeutendere Fernsicht ist in Folge der grossen Enge der Klütsch-Schlucht unmöglich. Wahrhaft grossartig und überreich an den imposantesten, variablen Bildern, ist die Hochgebirgslandschaft der beiderseitigen Steilufer; aber nur selten reichen einige Schneeklüfte an ihnen so tief abwärts, dass man sie im saftigen Grün der Waldzungen verschwinden sieht. Dagegen erblickt man viele Wasserfälle und hoch von den scharfen Karniesen einiger Gebirgspartien stürzen Staubbäche hinab in die dunklen Tannen-Colosse, die am Fusse dieser Felsen Jahrhundertelang ihr ungestörtes Dasein haben. Der schönste dieser Staubbäche, der reich gespeist, wohl in einer Höhe von mehr als 60 Faden vom rechten Ufergebirge herabfällt, hat den Namen Adsurdshera. Wir zogen an ihm vorüber (auf linker Uferseite), als wir die Habuschhara-Brücke mit allen unseren Packpferden glücklich überschritten hatten und nun immer langsam vorwärts strebten, um das Ziel unserer heutigen Reise, den Platz Chadshidokosha zu erreichen. Es dunkelte bereits, als wir am 5. August Abends an den Steilungen des linken Kodorufers ein kleines Uferländchen, mit Ellerngebüsch theilweise bestanden, betraten. Diesem gebührte der eben angeführte Namen: Chadshidokosha. Es liegt dasselbe in geringer Ferne abwärts von dem herrlichen Wasserfalle, den der Kodor selbst bildet und ist die letzte ebene Uferstrecke, welche man, aufwärts reisend, an diesem Flusse antrifft, weshalb sie auch meistens zum Ruhepunkte für die Reisenden, welche den Nachar-Pass zu übersteigen beabsichtigen, gewählt wird. Wir befanden uns an dieser Localität, unmittelbar am linken Kodorufer in 3035' engl. über dem Meere. Haseln und Kirschlorbeer bildeten nebst Bergellern und gewöhnlicher Alnus die dichten Unterhölzer, jedoch verbreiteten sich

*) Ungleich häufiger ist hier Abies orientalis.

die beiden erstern nicht aber das junge, vom Kodor angeschwemmte Geröllland. In den Hochwaldungen der uns gegenüberliegenden Schroffungen des rechten Koderufers walteten hier die Laubhölzer in den untern Etagen noch vor. Es schienen sogar, dem Laube nach zu urtheilen, die Eichen nicht selten zu sein. Ein Jungvieh, das wir unterwegs erhandelt hatten, wurde geschlachtet und um die grossen Nachtfeuer lagerten sich die Abchasen und Zebeldiner und lärmten bis in die späte Nacht. Am andern Morgen besass das Koderwasser nur eine Temperatur von 6° R.

Am 11. August sollte der Nachar-Pass überstiegen werden. Wir hatten uns von unserm zuletzt gewählten Lagerplatze noch an 6000' zu heben, um den Kamm der Hauptkette zu erreichen. Muthig ging es an's Werk. Alles wurde gepackt, die Nahrungsmittel waren vertheilt, die Lasten der Pferde und Maulesel verringert. Breite, mit Leder beschlagene Kisten, die je zu 2 von einem Lastthiere bisher geschleppt wurden, mussten nun einzeln auf den Rücken stämmiger Abchasen befördert werden. Scharf an den jäh herabstürzenden Rändern der linken Uferwände des Kodor, kletterten wir allmählich vorwärts. Sehr bald umhüllte uns ein dichter Nebel, wir hörten das donnernde Getöse, mit welchem der Kodor in seiner ganzen Wassermenge einen gewaltigen Fall macht. Der feinzertheilte Gischt des Flusses umhüllte uns, im Abgrunde vor uns schäumte die immer auf's Neue hinausgeführte Wassermenge wild auf. Sehr bald waren nun auch tiefe Schneerutschen zu überschreiten, welche vom östlichen, hohen Querjoche stammten, das die Gondra vom Kodor trennt. Die Schmelze hatte sie theils stark unterwölbt, theils schon sehr mürbe gemacht und so bedurfte es der grössesten Vorsicht, um namentlich die Lastthiere nicht in die Gefahr des Durchbrechens zu bringen. In hohem Grade hatten diese tief geratschten Schneefelder auch im Hochsommer die sie begrenzenden Gebiete erkaltet, so dass in ihrer Nähe viele alpine Pflanzen wuchsen. Aus den Felsenspalten, nahe dem Schnee, entwanden sich die grossen Blumen der Saxifraga sibirica L. Es wurde hier, ungeachtet die Karawane fortzog, fleissig botanisirt. Bei weiterem Verfolge des schmalen, ganz von subalpinen Pflanzen überwachsenen Pfades gegen Norden, sah man links von unserm Wege (d. h. jenseits am rechten Koderufer) das gletscherführende Smelitchapara-Gebirge, dem ein gleichmässiger Bach zum Kodor entströmt. Gegen 10 Uhr Vormittags erreichten wir den eigentlichen Fuss des Nachar-Passes. Die Südseite dieses Passes der kaukasischen Hauptkette, fällt in zwei sehr steilen Stufen, von denen die obere die bedeutend grössere ist, zum Kodor ab. Dagegen senkt sich die Nordseite zunächst in dreien, auf ihren Höhen sanft gewölbten, doch gegen Norden steil abfallenden, festen Gletschern zum sogenannten Nachar-See ab, dessen steiles Ostufer sich zum Nachar-Pik erhebt. Ein kaum 3' breiter Grat bildet die schmale Uebergangsstelle; östlich und westlich von ihr thürmen sich die granitischen Zähne des kaukasischen Hauptgebirges an. Erst, wenn man die Höhe der untern Stufe an der Südseite des Nachar erstiegen hat, kann man den Pass selbst bemerken. Unser um 10 Uhr erstrebter Standpunkt eröffnete uns gegen Osten und Westen zwei düstere, von unbedeutenden Gletschern gekrönte, sehr steile, nackte Gebirge. Dem östlichen gaben meine Führer den Namen Aschchakaika; ihm entfällt ein Bach, an dessen Ufer wir bei der Ersteigung der untern Stufe ruhten. Das westliche Gebirge heisst, wie das von ihm stürzende Wasser, Kluchra (auch Kluchara); dieses Gebirge ist passirbar, man gelangt im Norden der Kluchra in das Senta-Thal. An unserm Ruheplatze befanden wir uns in etwa 6000' Höhe über dem Meere, die üppigsten subalpinen Weideplätze bedeckten die weniger geneigten Gebirgsseiten und Bachränder, unter andern seltenen Pflanzen, die ich im Vorstehenden bereits aufführte, (pag. 135 et sqq.) wurde hier ein neuer Ranunculus (Ranunculus subtilis Trautv.) entdeckt. Gebüsche fehlten, jedoch stehen einige krüppelige Birkengehölze noch auf der Höhe der untern Terrasse, die mit 7018' zu notiren ist, wie meine Messung ergab. Diese Höhe wurde um 12 Uhr erreicht. Der Pfad zu ihr führt in vielfach geschlängelter Linie, immer zwischen hohen Kräutern, jedoch ist diese untere Nacharstufe überhaupt sehr unwegsam, da eine Menge Quellen ihr entrinnen. Nach einstündiger Ruhe traten wir die Reise zum Nachar Passe wieder an. Um 5 Uhr war die Höhe desselben erstiegen. Wir befanden uns da in 9017' Höhe über dem Meere. Auf den entblössten Graniten des Kammes standen einzelne Gruppen von Campanula Biebersteiniana R. et Sch. Saxifraga, Androsace, Sedum, Primula etc.; jedoch zog der Kamm gegen Norden hin die scharfe Linie für die Verbreitung dieser Pflanzen. In Bezug auf die botanische Ausbeute, welche hier und am Elbrus später gemacht wurde, verweise ich auf die bereits gegebenen Kataloge (vergl. pag. 135 et sqq.).

Unmittelbar an der Nordseite des Nachar-Passes betraten wir die Firnfelder der drei Gletscherstufen, welche diese Seite des Gebirges bis zum Fusse bedecken und deren Wasser den Utschkulan-Bach, als eine der südöstlichsten Kuban-Quellen, speisen. Ich gehe hier auf die überstandenen Mühen, welche die Passage des Nachar uns bot, nicht weiter ein. Mein Weg zum Elbrus und die Besteigung dieses Gebirges von seiner Nordseite bis auf Höhe von 14,000 schien mir weniger schwierig zu sein. Die Pfade, welche über den Nachar leiten, sind der Art, dass sie nur mit grosser Anstrengung und nur zu Fusse gemacht werden können; von Glück konnten wir sagen, dass nur zwei unserer Thiere den Dienst dabei vollständig versagten und ihrem Schicksale an der Südseite des Gebirges überlassen werden mussten. Dennoch wird dieser Pass von den Zebeldinern im Sommer oft überschritten, da sie immerhin mit den Karatschaiern kleine Geschäftsverbindungen unterhalten. Ende August aber setzt der auf den Höhen eintretende Winter der einigermassen gesicherten Communication mit den Bewohnern der Nordseite des Hauptgebirges eine Grenze; sie bleibt dann bis zum Ende des Mais geschlossen. Nicht selten ereignen sich Unglücksfälle für die armen Fussreisenden und in der Erinnerung der Zebeldiner leben noch zwei solcher schrecklichen Ereignisse. Bei dem einen kamen in den vierziger Jahren 8 Zebeldiner durch Lawinenstürze am Nachar um, bei einem zweiten erfroren vor wenigen Jahren im September 10 Menschen an den Quellen des Utschkulan, wo ihre Gräber jetzt noch zu sehen sind; sie wurden einzeln im Schnee aufgefunden. Die muthige Schaar hatte bereits den Pass überstiegen, wurde aber an seiner Nordseite, schon im Gebiete der Kieferwälder vom Schneesturm überrascht und war nicht im Stande die menschlichen Ansiedelungen zu erreichen.

Wir eilten trotz grosser Ermüdung, um vor dem Dunkelwerden Weideland zu erreichen, da unsere abgetriebenen Thiere nicht ohne Futter bleiben konnten. Die drei steilen Gletscherstufen waren glücklich überstiegen; es dämmerte schon im Utschkulan-Thale, in dessen Tiefe wir einige schwarze Baumgruppen bemerkten, welche die Baumgrenze andeuteten und uns für die Nacht die erwünschte Feuerung bieten konnten. Jedoch überraschte uns die Dunkelheit und wir mussten, vom Fusse der untern Gletscherstufe etwa eine Werst in NO. entfernt, mit einer mässig grossen alpinen Halde vorlieb nehmen. In der Höhe von 7722' engl. über dem Meere richteten wir, so gut es gehen wollte, unser Lager ein. Wie ganz anders hatte sich hier an der Nordseite die Natur in der Nähe der erkältenden Gletscher gebildet; ein niedriger Rasen, dürftig von Potentillen und Ranunceln durchwebt, über den sich hie und da kurze Carex und Luzula Arten erhoben, diente unsern Lastthieren zur Nahrung. An dem rasch aufflackernden Feuer der dürren Rhododendron Aeste brauten wir den Thee und suchten zwischen riesigen Granitfelsen, die einst vom südlich gelegenen hohen Nachar hierher gestürzt waren, einigen Schutz für die Nacht. Es fehlten die wärmenden Wachtfeuer. Ueber uns hing ein gewitterschwerer Himmel. Nach Umständen wurde alles Gepäck möglichst gut placirt, die Spalten der zertrümmerten Granite dienten uns zum Asyle, wo ihre Wände ein wenig nach oben hin vorragten, glaubte Jeder sich gut betten zu können und wenigstens einigermassen vor dem Regen sicher zu sein. Auf alle Fälle stellte man die Laternen aufrecht und bald schlief heute die sonst so schwatzhafte und lärmende Abchasen Gesellschaft fast ein. Wir waren alle erschöpft. Um 2 Uhr in der Nacht umtobte uns ein entsetzliches Hochwetter, die Blitze jagten wild um den Nachar-Pik und erleuchteten mit bleichem Scheine momentan seine starren, grauen Wände und Eissinken. Der Donner hallte in vielfachem Echo wieder, ein feiner Regen fiel beständig. Bald begann es von den natürlichen Carniesen der uns schützenden Granite zu rieseln und nun musste Rath für besseres Unterkommen geschafft werden. Mit Hülfe der angezündeten Lichte gelang es trockenere Plätze in den breiten Spalten der Felsen zu entdecken und dort erwarteten wir das ersehnte erste Grauen des Tages. Es wurde eiligst gesattelt. Immer noch regnete es heftig, die Höhen des Gebirges lagen im frischen Schnee. Bei Tagesanbruch überzeugte ich mich, dass die Kiefer (P. sylvestris) in einzelnen Krüppelhölzern sich bis nahe von unserem Lagerplatze (7722') auf den Gebirgen des linken Bachufers verbreitete. Sie fehlt jedoch im Thale selbst und wir mussten in diesem noch über 1000' abwärts steigen, dabei etwa 1 Werste dem Bächlein folgen, und das Hauptthal des Utschkulan betreten, um einige sehr alte und dicke Kiefern zu erreichen. Man hat nahe bei ihnen eine kleine, niedrige Hütte aus riesigen Stämmen zusammengefügt, um den Durchreisenden und Hirten Schutz zu schaffen. Hier flackerten bald, genährt vom harzigen Kiefernholze, hohe Flammen auf und wir erquickten uns an der Wärme, ehe die Reise fortgesetzt wurde. Die Höhe in welcher wir uns befanden wurde mit 6324' engl. berechnet. Im Verlaufe des Tages folgten wir dann dem Utschkulan, erreichten, zunächst vom linken zum rechten Ufer dieser Kuban-Quelle schreitend und dann auf dem letztern verbleibend, grössere Waldungen. Sie setzten sich vornehmlich aus Kiefern und Weissbirken zusammen und besassen auf zahlreichen Lichtungen treffliches Weideland. Alsdann passirten wir die Begräbnissplatze jener armen, verunglückten Zebeldiner und traten mit der Wendung des Utschkulan von N. nach NO. in sein geräumigeres Thal. Man bemerkt hier die ersten vereinzelten Gehöfte der Karatschaizen und die von nun an fortlaufenden, sorgfältigen Einzäunungen der Heuschläge und Ackerfelder deuteten auf den grossen Fleiss hin, mit dem die sesshaften Karatschaizen in diesen rauhen Gebirgsgegenden den Ertrag ihrer Felder sichern. Was man am obern Kodor gänzlich vermisste: die örtlich sich erweiternden Uferflächen, das hat hier an den Quellen des Kuban den Menschen gefesselt und die Verschiedenheiten in den Gefällverhältnissen der Oberläufe beider Flüsse, deren Quellen der Süd- und Nordseite des Nachar entspringen, so wie die Unterschiede in den obern Thalbildungen beider Gewässer, sind bestimmend geworden für das Gedeihen des Menschen an ihnen. Das Gefälle des Kodor habe ich bereits oben nach dem ermittelten barometrischen Nivellement besprochen. Die Utschkulan-Quelle des Kuban, die einerseits aus den Gletschern der Nordseite des Nachar gespeist wird, andererseits von den Eishöhen eben dieser Seite, welche der Klucha- und Gondra-Höhe entsprechen, herabkommt, tritt in der erwähnten Höhe von 7722' engl. in eine sich wenigstens streckenweise erweiternde Thalsohle. Auf den nächsten 4 Wersten (wir schätzen immer nur annäherungsweise) stürzt sie bis zur Höhe von 6824' engl. herab, hat also auf je 1 Werst circa 225' Fall. Von hier wird die Distanz bis zu den ersten Hütten der Karatschaizen und ihren benachbarten Gerstenfeldern auf 12 Werste veranschlagt. Die äusserste Culturgrenze der Cerealien in dieser Gegend bestimmte ich zu 5953' engl. über dem Meere; es hat also die Kuban-Quelle auf dieser Strecke ihres Laufes nur 72,6' Gefälle pro Werst. Zwölf Werste weiter flussabwärts, an dem Vereinigungspunkte des Utschkulan und Ullukam, wurde die Höhe des Dorfes Utschkulan*) mit 4671' engl. bestimmt; auf dieser Strecke hat der Fluss also nur 64,5' engl. Gefälle auf je eine Werst. Im Kodorthale stehen wir mit der Höhe des Ortes Akarmara (2587') an der äussersten Culturgrenze der südlichen Cerealien. Es fehlt dem Oberlaufe dieses Flusses jegliche Cultur und sein enges Querthal ist vollkommen unbewohnt. Es lässt sich daher das Kodorthal auch nicht gut vergleichungsweise den 3 colchischen Längenhochthälern des Ingur, Tskenis-Tsqali und des Rion zur Seite stellen. In Abchasien und Samursakan ist die dritte Culturzone von unten gerechnet, welche das alte Colchis in seinen Hochthälern besitzt und die ich als die Culturzone der nordischen Cerealien (im Gegensatze zu der der südlichen, Mais, Panicum italicum) bezeichnet, nicht vorhanden. Legt sich das kaukasische Hauptgebirge mit seinen unübersteigbaren Höhen und schwer zu erklimmenden Pässen hier als eine scharfe Scheide in Bezug auf die Verbreitungshöhe der Culturgewächse; so trennt dasselbe in nicht weniger auffallender Weise die Völker der Nord- und Südseite nach ihrer Lebensweise, ihren Sitten und Gewohnheiten von einander. Der Abchase und Zebeldiner hat sich grösstentheils nur einige äussere Formen der Lehre Mohameds be-

*) Ich las an der Moschee dieses grossen Dorfes ab, von der aus man die freie Aussicht in das Chursuk-Thal hat. Das Bette beider Flüsse, des Chursuk und Utschkulan liegt circa 40' tiefer.

wahrt und hält auch diese nicht besonders heilig. Fleiss ist ihnen beiden, wie auch dem formell wenigstens zum Christenthume bekehrten Samurzakanen, fremd. Im wahrsten Sinne des Wortes sind diese Völker, was ihr unbesorgtes Nichtsthun anbelangt, Südländer. In Streit und ewiger Fehde leben sie miteinander, sind halbverwildert in einer üppigen, freigiebigen Natur. Dagegen ist der Karatschaier ein strenggläubiger Mohamedaner, den der Priester, wie üblich, 5 mal in 24 Stunden vom hohen (hier hölzernen, sehr mangelhaft erbauten) Minaret zur Waschung und zum Gebete einladet. Er ist ein fleissiger, ernster, reinlicher, dienstfertiger Mensch, der alles aufbietet, um mehr zu besitzen, als nöthig für eine dürftige Existenz ist. Das Land, welches er bewohnt, ist nichts weniger als reich von der Natur ausgestattet zu nennen. Die alpinen Triften bieten zwar für die kurze Sommerzeit herrliche Weiden, aber es will jedes einigermassen geeignete Stückchen Land der tiefern Gebiete auf das Sorgfältigste bearbeitet werden, wenn der Heuschlag und die Gersten-Ernte auf ihm ergiebig sein soll. Ueberall müssen die vielen Steintrümmer zusammengesammelt werden, bevor ein Feld bestellt, oder eine Wiese verbessert werden kann. Der lange und strenge Winter erfordert für den Menschen und sein Hausthier grosse Vorräthe an Nahrungsmitteln und diese sind in der im Gebirge so sehr verkürzten Erntezeit nur durch die angestrengteste Arbeit zu besorgen. Deshalb schliesst sich das Weib bei den unbemittelten Karatschaiern nirgend von der Feldarbeit aus; ja es wird nicht selten von den Frauen die ganze Ernte besorgt. Die Mädchen schont man, da sie den Hochzeitspreis nach dem mohamedanischen Gesetze erstehen müssen und man sie, bis das geschehen, nicht gerne übermässig anstrengt.

Der eine Mensch, an der Südseite des Gebirges, unter der heissen Sonne Abchasiens geboren, kennt ernstliche körperliche Anstrengung wohl nur selten; mit saurer Milch, Maiskolben, schlechten Maiskuchen, fristet er genügsam sein Leben, jeder Schmauserei, jedem Gelage seiner Fürsten, seiner Verwandten etc. wohnt er gerne bei; seine Hütte ist elend, gewährt wenig Schutz und steht vereinzelt in den Wäldern. Der andere Mensch, unter dem rauhen Himmel der Nordseite des Gebirges, Angesichts des Elbrus geboren, wächst unter der Strenge der Lehre Mohameds bei Arbeit und Mühe auf, hängt seinem Glauben, von dem der Abchase wenig weiss, ja selbst die Kirche nicht besitzt, treu an; lebt gesellschaftlich in grossen Dörfern fast durchweg im verdienten Wohlstande, der sich bei Vielen bis zu bedeutendem Reichthume steigerte und weiss durch die Kunsterzeugnisse seines Fleisses die Bewohner weit entfernter Gaue der Südseite des Gebirges an sich zum Handel zu locken *).

Ich erreichte am 7. Abends das Dorf Utschkulan und wurde von den freundlichen Karatschaiern in einem neben ihrem Gotteshause erbauten Gebäude, welches für Fremde bestimmt ist, einquartirt. Am nächsten Tage präsentirte sich uns gegen Osten, wenn das Auge dem Chursuk-Thale aufwärts folgte, der Elbrus in voller Majestät. Er erscheint von hier

*) Ich traf im Dorfe Utschkulan mehrere Bewohner aus Gebi und Glola (Rion-Quelle) an, welche über Wladikawkas hierher gekommen waren, um bei den Karatschaiern gegen Kupfergeräthe Tuch und fertige Anzüge, so wie Burka's einzutauschen. Sie brauchen 12 Tage, um von den Rion-Quellen hierher zu gelangen.

aus gesehen als stumpfer, weisser Conus mit zwei sanft gewölbten Spitzen, zwischen denen ein anscheinend schwarzer Sattel gelegen ist. Doch deuten die schwarzen, steilen, eis- und schneefreien Seiten des Gebirges, die vor dem Sattel und seitlich von ihm zu sehen sind, den einst hier stattgehabten Kratereinsturz deutlich an. Nordwestlich von der Spitze sieht man, etwa in halber Höhe des gesammten Kegels, noch einen Absatz an seiner Contour. Diese Höhe war es, welche ich am 10. August 2 Uhr Nachmittags erstieg. Im Chursuk-Thale wird die Hochgebirgslandschaft da, wo beide Minitau-s'u Quellen, die den Chursuk bilden, zusammenfallen, durch nackte, stark zerklüftete Gebirge begrenzt. Gegen N. O. von unserm Standpunkte sollen die Trümmer einer ehemaligen Burg, Namens Kalabasche, auf dem erwähnten Gebirge noch vorhanden sein. Ihnen gegenüber liegt das Utschkuruk-Gebirge mit gleichnamigem Bache. Ich benutzte den sonnenklaren Morgen, um hier die erste Aufnahme einer genauen Zeichnung des Elbrus zu besorgen. Später versammelten sich die Aeltesten des Dorfes bei mir, schöne, kräftige Männer mit wettergebräunten Gesichten, in stattlichen Tscherkessen Kostümen und wir beriethen gemeinschaftlich, wie am besten die Reise zum Elbrus zu machen sei. Unsere Weiterreise wurde auf den nächsten Tag festgesetzt. Vier handfeste Karatschaizen traten jetzt an die Stelle der mir bis dahin gefolgten Abchasen, welche letzteren von ihren Bekannten im Dorfe festlich bewirthet wurden. Am 9. August traten wir die Reise zu Pferde an. Der Elbrus hatte sich gänzlich in Wolken gehüllt. Wir verfolgten das linke, hohe Ulukamufer, es wird aus sterilem, steinigen Boden gebildet, der nur hie und da bereits der Cultur zugänglich gemacht war. Unzählige Alpenkrähen (Fregilus Graculus) hatten sich hier versammelt und lärmten bei unserer Ankunft. In der Nähe des Dorfes Chursuk überschritten wir den Ulukam auf guter Brücke und mussten ein Paar Stunden im Dorfe verweilen, weil einer unserer Begleiter noch nicht zu uns gestossen war. Ueberall erntete man jetzt hier die Gerste, welche zwar kurz im Halm, aber sehr schön im Korn gediehen war. Erst Nachmittags konnten wir weiter ziehen. Sobald wir die letzten Wohnungen des Dorfes hinter uns hatten, bewegten wir uns an den abschüssigen Gehängen des rechten Chursukufers. Die mich begleitenden Karatschaizen nannten hier schon den Bach Minitau-s'u d. h. das Elbrus-Wasser. Sie kennen den Namen Elbrus ebensowenig, als die Abchasen. Bei den letztern heisst dieses Gebirge: Urtschibitunor, bei den erstern Minitau. Ich habe für beide Worte keine Uebersetzung ermitteln können. An diesen Ufergehängen des Minitau-s'u, bis zur Höhe von circa 6500' über dem Meere, lebten in grosser Menge, wo der Boden trocken und waldfrei war, die kleinen alpinen Zieselmäuse (Spermophilus musicus Ménétr), welche Ménétriés am Kasbek entdeckt hat. Es scheint mir sicher, dass diese Nager nirgend die Kette des kaukasischen Hauptgebirges überschreiten, wenigstens habe ich sie auf den oft von mir besuchten alpinen Gebieten Hochswaniens und nun auch in Abchasien nirgend angetroffen. Doch ist ihr Vorkommen an der Nordseite auch keineswegs ein allgemeines. Dieser Nager wurde, als wir höher im Minitau-s'u Thale stiegen und auch bei der Passage des schmalen Querjoches, welches sich von der Nordseite des Elbrus gegen Norden abzweigt, nicht mehr bemerkt. Freilich dürfte daran sich vielleicht die eintretende ungünstige Witterung am 10.

August beleidigt haben, die bekanntlich auf die Zieselmäuse selbst in den flachen Steppen sehr influirt. Das schmale, von der Westseite des Elbrus kommende Minitau-s'u Thal ist in seinem untern Theile noch ziemlich gut mit oft verkrüppeltem Schwarzwalde (Kiefer) bestanden, der Ackerboden aber mangelt ihm schon und nur herrliche Heuschläge sieht man hie und da eingerahmt. Von seltenen Pflanzen wurde hier die durch C. A. Meyer entdeckte Salvia canescens (leider fast ganz verblüht) gesammelt und Aconitum Anthora gehörte nicht zu den Raritäten. Abends erreichten wir an der Zusammenflussstelle der beiden Quellbäche des Minitau-s'u (sie haben beide denselben Namen) zwei Sennhütten. Der Platz auf dem sie standen führt gleichfalls den Namen Utschkulak. Er befindet sich in 7066' engl. über dem Meere. Die Kiefergehölze in seiner nächsten Umgegend sind schon sehr spärlich und krüppelhaft.

Mit Tagesanbruch am 10. August ging es weiter. Obgleich stark erkältet, fühlte ich mich doch kräftig und wohlgestimmt für die heute zu vollbringende Tour. Es galt entweder bis 2 Uhr nur eine solche Höhe auf dem Elbrus zu erreichen, von der man zur Nacht noch in die Waldgebiete, oder doch wenigstens zu einer Sennhütte gelangen konnte; oder im Minitau-s'u-Thale bis zur letzten Sennhütte zu steigen, dort zu bleiben und erst am 11. die Besteigung des Elbrus zu versuchen. Seitdem wir das enge Chursuk-Thal betreten hatten, wurde uns der Anblick des Elbrus durch die Nähe seiner steilen Vorberge verdeckt, wir wollten also, erst, wenn wir mit der Minitau-s'u Quelle seine volle Westseite wieder zu Gesichte bekommen würden, uns darüber weiter berathen, was zu thun sei. Bis 8 Uhr Morgens gelang es uns, meistens schon zu Fusse, diese letzte Sennhütte an der Quelle des Minitau-s'u zu erreichen. Wir hatten zu dem Zwecke einige sehr steile Uferpartien (rechts) des Baches zu erklettern und befanden uns auf schöner alpiner Trift, nicht weiter als drei Werste vom westlichen Fusse des Elbrus selbst und wohl nicht mehr, als 5 Werst von seinen beiden Spitzen. Es lag der Coloss nun so nahe vor uns, und wenn schon vom Chursuk-Thale aus es den Anschein hatte, dass das Ersteigen des stumpfen Kegels von dieser Seite möglich sein würde, so sahen wir uns jetzt in der Nähe des Gebirges in dieser Voraussetzung vollkommen getäuscht. Nirgend war hier ein tief thalwärts gerutschter Gletscher zu bemerken. Die Westseite zeigte uns überall steile, von frischem Firn bedeckte Eismeere, aus denen die schwarzen, senkrechten, vielfach zerrissenen Kraterränder empor stiegen. Sie traten natürlich an der gegen Norden gelegenen Elbrus-Seite sehr deutlich hervor und boten eine grosse Anzahl feiner Zinken, Zahnungen und Nadeln. Wir befanden uns noch im Bereiche der kaukasischen Alpenrose, sie war in einzelnen dicht gestellten Gruppen hier an den Ostgehängen der obern Minitau-s'u Quelle zu finden. Hier lebten jetzt viele Ringdrosseln, (Turdus torquatus) *) welche während der Sommerzeit nur den Gürtel des Hochgebirges von circa 7500—9000' Höhe bewohnen und in dem Dickicht der niedrigen Rhododendron-Gebüsche nisten, sie hatten jetzt ihre Brut flügge erzogen. Die Amsel, das Aequivalent für die Ringdrossel in den tiefern Ge-

*) Die ich in gleicher Höhe auch in den Achalzich'schen Grenzgebirgen antraf.

bieten, übersteigt nicht leicht die Höhe von 5000' im Gebirge und nimmt an Häufigkeit in den stark bebuschten tiefergelegenen Gegenden, namentlich den Flussläufen entlang in den Paliurus Gebüschen Transkaukasiens zu. Dem zusammenhängenden Hochwalde dieser Länder gehören zur Sommerzeit bis zur Baumgrenze hinauf Turdus pilaris und T. viscivorus als Brutvögel an. Von dem erstrebten Standpunkte unweit der letzten Sennhütte im Minitau-s'u Thale, am linken, hohen Ufer dieses Baches, entwarf ich eine Zeichnung von der Westseite des Elbrus und, nachdem dieses geschehen, folgte ich dem Rathe meiner Führer, die sich entschlossen hatten von hier aus zunächst zur Nordseite des Gebirges vorzudringen und dort den hohen granitischen Grat zu erklettern, der sich, gegen N. verlaufend, von der nördlichen Elbrusspitze abzweigt und als hohe, schmale Scheide sich zunächst zwischen Balyk (gegen N. O. zur Malka, also Tereksystcm) und Chuden und Minitau-s'u (gegen N. W. zum Kubansystem) legt.

Bis jetzt war uns das Wetter recht günstig. Der Himmel war noch vollkommen wolkenfrei, ein starker Westwind wehete beständig. Wir stiegen nun immer im Bereiche der hochalpinen Flora zuerst über die Höhen, welche die Chudenquelle vom Minitau-s'u trennen, die Richtung hielten wir nördlich ein. Im Thale der Chudenquelle angelangt, lag nun die steile Westseite der erwähnten schmalkammigen, nördlichen Abzweigung des Elbrus vor uns und diese erkletterten wir. Die Höhe dieses Kammes zeigte jetzt nur wenige Schneespuren, an ihrem südlichen Ende stieg die weisse Nordspitze des Elbrus an und formte sich zu einer sanft gewölbten Calotte, deren südlich gelegene Hälfte dem Anscheine nach eingestürzt war, da auch hier die scharfzackigen, schwarzen Ränder jähe Abstürze krönten. Langsam ging es jetzt in vielfachen Wendungen, welche das steile Terrain bedingte, vorwärts. Der zusammenhängende Rasen fehlte bereits. Wir befanden uns schon höher als 10,000' über dem Meere, als wir die Chudenquelle verliessen. Die niedrigen, hochalpinen Pflanzen standen immer vereinzelter gruppenweise nebeneinander. Nach Möglichkeit wurden sie auf dem beschwerlichen Marsche eingesammelt. Bald schwanden die reizenden Zwergformen der Pedicularis und Gentianen. Die intensiv chromgelben Flecken, welche die Blüthen von Saxifraga flagellaris auf dem steinigen Boden verursachten, lagen schon tief zu unseren Füssen. Alsine und Cerastium schmückten die einzeln vertheilten Gruppen durch ihre ausserordentlich grossen weissen Blumen*). Draba araben C. A. Mey. blühete jetzt und Lamium tomentosum hatte die leichtbrechenden, bleichen Stengel unter den Steinen an vielen Stellen hervorgetrieben. Ich begnüge mich in diesem Berichte der bedeutenden Höhe zu gedenken, bis zu welcher sich an der Nordseite des Elbrus die hochalpine Vegetation verbreitet. Als wir die Kammhöhe gegen Mittag erklettert hatten, befanden wir uns der gemachten Messung zu Folge in 12,345' engl. über dem Meere. Bis etwa 12,000' über dem Meere wurden die letzten Exemplare einer prachtvollen Cerastium Art (Cerastium purpurascens Adam) nebst sehr vereinzelten und schwächlichen Exemplaren von Lamium tomentosum beobachtet. Soweit

*) Die vornehmlichsten Arten sind bereits oben angeführt worden.

mir die Südseite des kaukasischen Hochgebirges bekannt ist, (ich sah das gesammte colchische Hochgebirge, also die Quellhöhen des Rion, Tskenis-Tsqali, Ingur und Kodor) so hebt sich dort nirgend die äusserste Grenze des phanerogamen Kräuterwuchses und die untere Schneelinie zu einer so bedeutenden Höhe. Die letztere freilich ist sehr bedeutenden localen Schwankungen ausgesetzt und steigt an manchen Stellen der Westseite des Elbrus sicher unter 10,000′ über dem Meere herab. Es scheint jedoch das hohe Heraufsteigen der äussersten Vegetationslinie an der Nordseite nicht ein Gleiches bei den tiefern Vegetationsgürteln desselben zu bedingen. Die Baumgrenzenhöhen und die für Rhododendron caucasicum stimmen gut mit den an der Südseite des Hochgebirges ermittelten Ziffern für diese Vegetationsgürtel.

Auf der Höhe des schmalen Kammes angelangt, eröffnete sich gegen Osten die freie Aussicht für uns in die schmalen Querthäler des Balyk und ihre Höhen präsentirten zwei der prächtigsten, beweglichen Gletscher, welche tief thalwärts gerutscht waren und mächtige seitliche Moränen besassen. Vor uns gegen Süden dagegen strebte in blendendem Weiss die vordere Elbrusspitze an. Ein heftiger Westwind war anhaltend geworden. Wir ruheten eine geraume Zeit, der Müdigkeit gesellte sich der Schwindel bei zweien meiner Begleiter und bei mir zu und eine eigenthümliche Schwäche der Kniegelenke befiel uns alle; sie steigerte sich für Augenblicke bis zum vollständigen Versagen der Bewegung. Ein frugaler Imbiss, etwas Ziegenkäse, Brod, Rum, wurde gemacht. Die Elbrushöhen lagen noch klar im Sonnenschein mit ihren Eismeeren vor uns; jedoch krönte ein winziges Wölkchen die südliche flache Kuppel und obgleich dasselbe völlig stille zu stehen schien, so meinten doch meine erfahrenen Karatschaisen, dass dies kein gutes Ereigniss sei und dass wohl sehr bald ein allgemeiner Nebel uns umgeben würde. Indessen wollte ich doch mein Möglichstes thun, obgleich ich mich davon überzeugt hatte, dass von dieser Seite her höchstens die vordere Spitze des Elbrus erstiegen werden könne und dass, wenn man mit geringerer Mühe die südlicher gelegene, grösste Höhe erreichen will, von der Ostseite her die Besteigung betrieben werden muss. Dort heben sich sehr allmählich die tief thalwärts vorgeschrittenen Balyk-gletscher, denen man aufwärts folgen kann. Wir lenkten uns bald, nachdem das Ende der erwähnten Kammhöhe gegen Süden erreicht wurde, dem Anschluss des steilern, festen Firnfeldes und müheten uns auf ihm langsam vorwärts kletternd ab. Der Firn war grobkörnig und hart in dem untern Theile des Feldes. Nur in sehr geringen Zeitintervallen konnten wir uns bewegen. Schwindel und Schwäche der Kniee nahmen zu, eine entsetzliche Müdigkeit bemächtigte sich meiner. Unterdessen traf die Prophezeihung der Führer ein. Um 1 Uhr lagen die Eishöhen des Elbrus verschleiert im Nebel. Es wurde Rath gehalten. Die Führer drängten zur Rückkehr und zwar zur Ostseite des Gebirges. Gegen 2 Uhr hüllten auch uns die Nebel ein. Das Barometer wurde hier zum letzten Male abgelesen. Die Berechnung ergab die Höhe von 11,205′ engl. über dem Meere. Eilig ging es nun zum Kamme des Gebirges gegen Norden zurück. Unser Zustand war in der That etwas bedenklich. Nur zwei der stämmigen Karatschaiten, von denen der eine fast ein Greis, ein erprobter Steinbockjäger war, der eine ru-

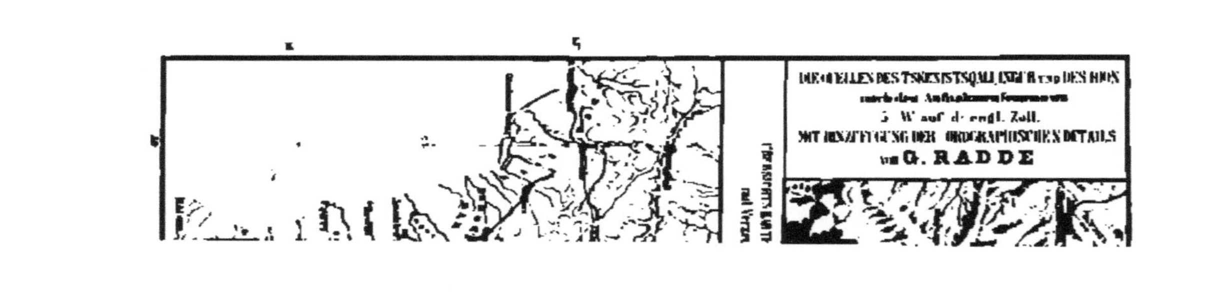

G. RADDE

baute Gestalt und den unbezwinglichsten Humor von der Welt hatte, befanden sich wohl auf. Die andern und ich waren ganz erschöpft und wir schleppten uns mit grosser Mühe zum Ostfusse des öfters schon erwähnten Scheidegebirges zwischen dem Minitau-s'u und Balyk. Auf dieser Strecke fand ich das herrliche Delphinium caucasicum. C. A. M. mit fast azurnem Blüthenstande *) und grossen hellblauen Blumen. Es war 3 Uhr, als wir am rechten Ufer der Balykquelle uns eine halbe Stunde Ruhe gönnten und alle einschliefen. Bald ging es wieder rüstig fort. Die beiden Sennhütten am Zusammenflusse beider Minitau-s'u Quellen, mussten heute, wenn auch spät, erreicht werden, wir eilten nach Möglichkeit, um, nachdem einige hohe Querrippen passirt waren, welche die Balykquellen von einander trennen, den Hauptkamm zum 3-ten Male zu übersteigen. Unser jetziger Uebergangspunkt lag bedeutend nördlicher, als der am Mittage überstiegene. Die Nebel hatten sich seitdem tief gesenkt. Wir bewegten uns beständig in den schweren Wolken. Gegen Abend stiessen wir auf eine Heerde von kaukasischen Steinböcken, die auffallender Weise mit dem Winde (von W. nach O.) forteilten und mit ausserordentlicher Hast und Leichtigkeit die steilen Gebirge erkletterten, welche uns so grosse Mühe machten. Bis zur Dämmerung hielten wir immer die Richtung nach West ein, verfolgten dann ein tiefes, schmales, gegen S. sich öffnendes Thal, in welchem wir zum Minitau-s'u gelangten, wo das Nachtlager in einer der Sennhütten aufgeschlagen wurde.

Wir hatten also am 10. August die Nordseite des Elbrus zweimal umgangen und waren zu seiner Westseite jetzt zurückgekehrt. Die Ersteigung dieses Gebirges ist, wenn das Wetter günstig, allein von der N. O. Seite mit Erfolg zu betreiben. Es ist aber nöthig dazu in der Weise ausgestattet zu sein, dass eine Nacht auf den Gletscherhöhen des Balyk zugebracht werden kann. Zehn bis zwölf handfeste Karatschaiern, von denen einige den nöthigen Kohlenvorrath, andere dicke Filzdecken und wieder andere Provision transportiren, endlich zwei sich mit dünnen Brettern und Leinen auf alle Fälle für die Ueberbrückungen der Spalten versehen, sind hinreichend, um bei günstigem Wetter die 18,000' hohe Elbrus-Spitze zu ersteigen. Geldprämien müssen vorher für diese Leute festgesetzt werden, um ihren Eifer zu steigern und vor allem ist am Morgen des letzten Tages zu eilen, an welchem bis etwa 11 Uhr Vormittags die Höhe erreicht sein muss; da eine Verspätung, falls es am Tage warm wird, den Besteigern die grossen Hindernisse der Schmelze sicher bringt. Das erfuhren im Jahre 1829 die Mitglieder der Expedition, welche unter dem Generalen Emanuel von der N. O. Seite den Elbrus ersteigen wollten. Einer der Wenigen, die damals dort waren, lebt noch. Er war der Freund des damals durch die Besteigung des Elbrus bekannt gewordenen Killar; er lebte im Dorfe Churzuk, wo ich ihn sah. Die Gelehrten dieser Expedition sind alle schon gestorben.

*) Es wurden von dieser wundervollen Pflanze wohl an 20 der schönsten Exemplare mitgenommen, allein, als ich am 12. in Urusbiew die Pflanzen vom Elbrus einlegte, fehlten diese Exemplare, nur ein einziges fand sich vor. Der Karatschaier, welcher sie transportirt hatte, muss sie verloren haben.

BERICHT

über das Kaukasische Museum, am Tage seiner offiziellen Eröffnung (2. Januar 1867)

vorgelegt

vom Direktor desselben.

Die Idee der Begründung eines allgemeinen Kaukasischen Museums, dessen Bestimmung es ist, nicht allein die Naturerzeugnisse des Kaukasus, sondern auch die ethnographischen Objecte der Gegenwart und Vergangenheit dieses grossen Gebirgslandes in sich aufzunehmen, ist keineswegs neu. Sie gehört bereits der Zeit an, in welcher Fürst Woronzoff der Statthalterschaft im südlichen Russland vorstand. Doch hat die Ausführung derselben, sich der Zeit und den Umständen anpassend, nicht immer eine gleichmässige und nachhaltende Anregung gefunden und je nachdem einflussreiche Männer mit Interesse für diese Sache kamen, oder schieden, nahmen die projectirten Pläne eines Kaukasischen Museums bald einen erfreulichen Fortschritt, bald auch verhüllten sie sich wieder unter dem Schleier allgemeiner Gleichgültigkeit und das bereits Angestrebte fiel für längere Zeit dem Vergessen anheim. Ein solches Wanken und Schwanken in der Ausführung einer an und für sich so trefflichen Idee, liesse sich kaum entschuldigen, wenn in Erwägung der allgemeinen Zustände der Kaukasus-Länder in jenen erwähnten Zeiten, sich nicht manches Moment hervorheben würde, welches überhaupt jeder Blüthe geistigen, friedlichen Lebens die Existenz erschwerte, oder sie ganz und gar verhinderte. Es musste jederzeit zunächst die Frage aufgeworfen und debattirt werden: ob in einem Lande, dessen Boden damals noch beständig durch das Blut seiner Krieger gefärbt wurde, — dessen augenblickliche Bedürfnisse vor allem Anderen fast beständig und ausschliesslich der Erstrebung von Ruhe nach Aussen und Innen hin zugekehrt waren, — dessen zeitgemässe Anforderungen, mit einem Worte, in einer unzähligen Menge von fundamentalen administrativen Maassregeln bestanden, die mitten im Kriegslärm und Schlachtgetümmel Asiens Gewohnheitsrechte beseitigen und europäische Gesetze geltend machen konnten; — es musste die Frage aufgeworfen werden: ob in einem solchen Lande überhaupt der Wissenschaft ein Platz angewiesen werden konnte, oder, ob sie nicht durch die Unzahl drängender sonstiger Tagesbedürfnisse für's Erste von diesem Schauplatze sich fern zu halten habe.

In der Verknüpfung jener angedeuteten ungünstigen Verhältnisse haben wir denn den Grund zu suchen, weshalb die Kaukasusländer verhältnissmässig, trotz der so naheliegenden, grossen Interessen, wenig zu wissenschaftlichen Zwecken bereist wurden. Bis vor wenigen Jahren sah sich der Reisende, durchglüht von dem heiligsten Eifer für seine Wissenschaft, oft plötzlich an den Grenzen seiner Thätigkeit. Ein damals noch nicht unterworfener Stamm der Gebirgsvölker, ein aufständiges Häuflein gefürchteter Bergbewohner, vernichtete die Pläne seiner Forschungslust und das rechte Ufer irgend eines kleinen Baches, der Nordabhang eines Gebirges, schloss für ihn Gefahren und unüberwindliche Hindernisse ein, während ihm Gastfreundschaft auf dem linken Ufer wurde und er ungestört am Südgehänge desselben Gebirges wandern konnte. Nur ausnahmsweise günstigen, seltenen Verhältnissen verdanken wir die Ergebnisse der Reisen zu Ende des vorigen Jahrhunderts. Die Reisegebiete, welche bis zum Jahre 1864 betreten wurden, umfassen nicht den gesammten Kaukasus, dieser erschloss sich erst und wurde zugänglich, seitdem Schamyl und seine Muriden nicht mehr da sind und seitdem die Bewohner des westlichen Kaukasus ihre Waffen für immer streckten.

Mit diesem Momente änderte sich die bis dahin eingenommene Stellung der Kaukasusländer sowohl zu ihrem Mutterlande, wie auch nach aussen hin; mit diesem Momente traten andere Bedürfnisse des Landes selbst in den Vordergrund und erforderten die angestrengte Energie der Regierung in anderer Richtung als bis dahin. Russland erbaute auf den sonst so blutigen Schauplatz seiner mehr als halbhundertjährigen Kriege mit dem Siegesbewusstsein der endlichen Unterwerfung; mit dem festen Willen jetzt europäische Zustände dort einzuführen, wo Barbarenthum geherrscht hatte. Die Wunde der Achillesferse des Riesen, der Politik der Westmächte ein willkommener Schaden, auf welche, fast willenlos, ein Spiel jener Mächte, bald die Türkei, bald auch Persien zielte, vernarbte. Man konnte von dieser Seite her nicht mehr die Fehden und Kriege im Kaukasus benutzen, seitdem das bunte Gemisch seiner Bevölkerung äusserlich wenigstens zu einer beruhigten, homogenen Masse verschmolzen war; seitdem des Zaren Scepter den gesammten Kaukasus beherrschte. Dieser Bevölkerung auch durch die Segnungen des Friedens, durch die Einführung neuer socialer Grundlagen, durch das Einbürgern einer soliden Gerechtigkeitspflege den intimen innern Zusammenhang zu gewähren und sie nach und nach aus den verrotteten, mittelalterlichen Zuständen, welche bis dahin grösstentheils auf ihr gelastet hatten, in die beglückenden Verhältnisse modern-europäischer Civilisation hinüberzuführen; das ist im Wesentlichen die grosse Aufgabe, deren Lösung man im Kaukasus jetzt anstrebt und sie zu erreichen nicht Arbeit, nicht Mittel scheut. Der Wissenschaft ist damit mehr denn jemals der Weg geöffnet und, wenn man von einer Seite her zugeben muss, dass die grosse Anzahl brennender, administrativer Tagesfragen immerhin jedes rein wissenschaftliche Interesse naturgemäss in den Hintergrund drängt; so wird man doch andererseits eingestehen müssen, dass sich das Be-

Bedürfniss einer möglichst vielseitigen Untersuchung der Kaukasusländer jetzt gerade geltend macht und demgemäss auch angestrebt werden muss. Russland hat stets seinen neueroberten Landen wissenschaftliche Kräfte zugeführt. Es existirte noch kein Tractat von Aigun, als die Expeditionen der Kaiserlichen Akademie der Wissenschaften, des Botanischen Gartens und der Geographischen-Gesellschaft am Amur schon thätig waren und Ssemenoff recognoscirte bereits einen Theil des Tian-schan noch ehe die russischen Pikets bis zum Issikul vorgeschoben waren.

So kam es, dass dem Unterzeichneten mit dem Beginne des Jahres 1864 der Auftrag ertheilt wurde, die Kaukasusländer in biologisch-geographischer Hinsicht zu untersuchen. Ueber den Plan dieser Untersuchungen habe ich mich in der Vorrede zu diesem Bande ausführlich geäussert. Schon nach Beendigung der ersten Reise musste entschieden werden, was mit den zusammengebrachten Sammlungen geschehen sollte. Es war sicher, dass im Laufe der Zeit sich dieselben sehr bedeutend vergrössern mussten, dass sie zu einer möglichst vollständigen Collection aller Naturgegenstände der Kaukasusländer heranwachsen würden. Sie sollten alle Belege für die erzielten Resultate enthalten, die in übersichtlichen Suiten und Bestimmungen nicht allein dem Fachmanne von grossem Interesse, sondern auch in vorkommenden Fällen für die alltägliche Praxis von Werth sein mussten. Seit dem Jahre 1861 war das sogenannte frühere Museum so gut wie der Vergessenheit anheimgefallen. Ein Theil jener Männer, die früher schon die Gründung des Kaukasischen Museums angestrebt hatten, existirte nicht mehr, ein anderer Theil hatte lange schon diese Gebiete verlassen, wenige Anwesende, die gerne fördernd gewirkt hätten, waren durch dienstliche Verhältnisse daran verhindert. Es lag jetzt nahe der Sache eine neue, nachhaltende Anregung zu geben und sie zu fördern. Die darauf hin projectirten Pläne, welche, was den Kostenpunkt anbelangte, die allerbescheidensten Grenzen nicht überschreiten durften, wurden von Sr. Kais. Hoheit genehmigt und am 3. Juni 1865 Allerhöchst bestätigt. So kam die Sache zu Stande, freilich nur spärlich genährt durch die pecuniären Hülfsmittel; doch mit Liebe und Sorgfalt gepflegt. Es liegt in dem kleinen Anfange nichts Abschreckendes. Viele dergleichen nützliche, gute Einrichtungen wurden ja unter Mühen und in Dürftigkeit geboren und entwickelten sich zu grossen, selbst glänzenden Instituten. Das hoffen auch wir vom Kaukasischen Museum und werden jede Gelegenheit ergreifen es zu fördern.

In dem nachstehenden Berichte über das Kaukasische Museum theile ich zunächst Alles dasjenige mit, was sich mit Bestimmtheit über seine frühere Existenz vom Jahre 1838 an, bis zum Tage der Allerhöchsten Bestätigung, hat ermitteln lassen. Hieran knüpfte ich die eingehenderen Mittheilungen über Alles, was vom Tage jener Bestätigung bis zum Tage der Eröffnung geschah und schliesse mit der Erwähnung dessen, was mir als besonders nöthig und wünschenswerth für die nächste Zukunft des Museums erscheint. In der Comité-Sitzung der Kaukasischen Zweigabtheilung der Kais. Geographischen Gesellschaft am 10. Mai 1852 *)

—.

*) Vergl. Erstes Buch der Berichte dieser Gesellschaft (in Russ. Sprache) p. 225.

regte zuerst Graf Wladimir Alexandrowitsch Sollogub die Museums Angelegenheiten an. Es wurde beschlossen ein passendes Local zu suchen, Instructionen und Programme für diejenigen Personen zu entwerfen, welche sich in Zukunft bei dem Sammeln von Gegenständen betheiligen könnten. Schon am 31. Mai desselben Jahres bewilligte das Comite dem österreichischen Unterthan Friedrich Bayer 325 Rbl. Slb., gegen welche er sich verpflichtete bis zum 1. Nov. naturhistorische Sammlungen (welcher Art, wird nicht erwähnt, vergl. 2. Buch der Berichte pag. 185) der Gesellschaft zu übergeben. Ein engerer Ausschuss aus den Mitgliedern der Gesellschaft wurde gebildet, um sich speciell für die Ethnographie der Kaukasusländer zu interessiren, es waren die Herren: Sollogub, Iwanitzky, Tokareff, Bergé und Tscholokajeff. Herr Tokareff übernahm es in der Stellung eines Secretairs dieses Ausschusses die bezüglichen Beschlüsse desselben zur Ausführung zu bringen. In der allgemeinen Sitzung der Gesellschaft am 27. Januar 1853 wurde als erster Beitrag für das zukünftige Museum durch den H. Statthalter Fürsten M. S. Woronzoff eine Sammlung schöner kaukasischer Alpenpflanzen demselben überwiesen *) und auf Vorschlag des Grafen Sollogub eine aus mehreren Mitgliedern bestehende Direktion gewählt, welcher die ferneren Museums-Angelegenheiten übertragen wurden. Unter dem Vorsitze des Herrn E. S. Andrejefski vereinigten sich als Direktorium des Museums die Herrn Sollogub und Tschernak. Am 7. April desselben Jahres machte diese Direktion in der allgemeinen Sitzung der Gesellschaft den Vorschlag, Herrn Bayer die Conservatorstelle bei dem Museum zu übertragen und 300 Rbl. Slb. jährlich zur Deckung der kleinern, laufenden Ausgaben zu bewilligen. Bis zum Jahre 1856 nahm sodann die Museums-Angelegenheit ihren allmählichen Fortgang. Es bethätigte sich namentlich für die Ethnographie ein lebhaftes Interesse. Durch das Scheiden des Grafen Sollogub im Herbste 1855, welcher den Kaukasus verliess, verlor das Museum einen seiner bedeutendsten Gönner, an seine Stelle trat Herr I. A. Bartholomäi. Während dieser Zeit wurden die ethnographischen Sammlungen durch manche schöne Geschenke bereichert; über die Förderung sonstiger Sammlungen erfahren wir jedoch so gut wie nichts. Besonders erwähnenswerth sind aus dieser Zeit die Beiträge für die Ethnographie der Herrn: Raphael Eristaff, Tokareff, Makinsoff, Bergé, Romanoff, Charitonoff und Grammatin. Nicht zu gedenken der zahlreichen Objecte, (meistens Schmucksachen der Kaukasischen Völker) welche H. Graf Sollogub nach und nach dem Museum geschenkt hatte. Eine Sammlung kostbarer Alterthümer aus den Umgegenden von Kertsch wurde von dem Fürsten M. S. Woronzoff dem Museum überwiesen. Selbst Damen nahmen Theil an der Förderung des Museums, so schenkte Mad. Reschetow ein Album mit 40 Zeichnungen. Im August 1854 hatte die Gesellschaft den Tod des Herrn Tokareff zu beklagen; an seiner Stelle trat H. Ad. Bergé, der es sich besonders angelegen sein liess die ethnographische Sammlung zu fördern. Sehr geringen Fortschritt machten indessen die zoologischen und botanischen Sammlungen. Zwar wird einer Schenkung vom 18. Nov. 1854 des Herrn Baron

*) Dieselben sind mir bei Uebernahme der Sammlungen der Geographischen Gesellschaft nicht zu Gesicht gekommen, ebenso die später erwähnten Zeichnungen der Mad. Reschetow und die 3 Kisten Insecten des H. Baron v. Wrangell.

A. K. von Wrangell von 774 kaukasischen Insekten erwähnt, doch fand sich von ihnen nichts mehr vor, als ich Anfangs dieses Jahres (1865) die Sammlungen der Geographischen-Gesellschaft übernahm. Auch scheint es, dass der Vorschlag des jetzt in Abchasien getödteten Herrn Tschernjajeff: ornithologische Objecte dem Museum zu liefern, keine weiteren Früchte getragen hat, obgleich er wenigstens das Engagement eines beständigen Präparators bei dem Museum anregte. Seit dem 5. Mai 1856 wurden die so zusammengebrachten Sammlungen an den Sonntagen von 12—2 Uhr dem Publicum auf Wunsch gezeigt. In diesem Jahre schenkte der Baron Wrewsky (später an der lesginischen Linie getödtet) eine Anzahl interessanter Alterthümer, die an den Quellen der Valerien (Tschatschan) gefunden waren. Man hätte, veranlasst durch dergleichen Entdeckungen, gerne den Vorschlag des Herrn Tschilajeff: Ausgrabungen im grösseren Umfange und mit Befolg gewisser systematischer Anordnung im Kaukasus zu veranstalten, — in Ausführung gebracht; doch erlaubten dies die geringen Mittel, über welche das Museum zu verfügen hatte, nicht. In der Folge jedoch wurden aus andern Localitäten des Kaukasus verschiedene, meistens in Bronze gearbeitete Alterthümer zu Tage gefördert. So überreichte der General Babatoff eine Collection solcher Gegenstände, die an der Laba aufgefunden worden waren. Andererseits förderte Herr Makinoff die ethnographischen Sammlungen durch Beiträge werthvoller persischer Sachen, die theilweise chinesischen und indischen Ursprung verriethen. Zum Schlusse dieses Jahres stellte Herr v. Wrewsky eine vollständige Sammlung der Ordenszeichen Schamyls dem Museum vor.

Seit 1857 jedoch verlor sich das Interesse am Museum mehr und mehr. Es wird nur eines bei Stawropol am 21. März gefallenen Aërolithen erwähnt, der von dem Kronsbauern Kalaschnikoff auf der Besitzung Schwidinni, unweit von Petrowskoje gefunden worden war. Weiter erfahren wir auch aus den folgenden Jahren nichts. Das Directorium löste sich im Mai 1861 auf und die Sammlungen erfreuten sich in der Folge keiner besondern Pflege mehr.

Im Plane der mir zu Anfang des Jahres 1864 aufgetragenen biologisch-geographischen Untersuchungen der Kaukasusländer lag es im Laufe der Zeit ein grosses zoologisches und botanisches Material aus diesen Ländern zusammen zu bringen, welches der allmählichen systematischen Bearbeitung harrend, wohlerhalten aufbewahrt werden musste. Schon die Ergebnisse der ersten Reise, die es sich zur Aufgabe machte die colchischen Längenhochthäler eingehender zu erforschen, wiesen darauf hin, dass sich die zusammengebrachten Materialien sehr bald in solcher Weise häufen würden, dass es den schwachen Kräften eines Privatmannes nicht anzumuthen sei, sie als Ganzes der Wissenschaft in zweckmässiger Weise zu erhalten. Es war jetzt gerade der geeignetste Zeitpunkt daran zu denken ein umfangreiches Kaukasisches Museum zu gründen. Die Verhältnisse des Landes selbst waren der Ausführung dieser Idee günstig. Die Unterwerfung des westlichen Kaukasus hatte der bisdahin vorwaltend kriegerischen Thätigkeit im Kaukasus ein Ende gemacht. Es traten die schon in den einleitenden Worten dieses Berichtes angedeuteten friedlichen Interessen des Landes in den Vordergrund. Nachdem der Etat des Kaukasischen Museums auf Vorlage Sr. Excellenz des H. Baron A. P. v. Nicolai von Sr. Kaiserl. Hoheit am 2. Juni 1865 bestätigt worden war, konnte des Weiteren in Angriff genommen werden. Erst im October wurden die einstweilen gemietheten Räume bezogen, da die Vollendung des Neubaues des betreffenden Gebäudes sich bis dahin verzögert hatte. Die Sammlungen der Kaukasischen Abtheilung der Kaisl. Geographischen Gesellschaft empfing ich im November und im Febr. 1868 waren sie gereinigt, aufgestellt und soweit thunlich ergänzt. Zu Ende desselben Monats traf Herr Müller aus Stuttgart, den ich für die Präparanten-Stelle gewonnen hatte, ein und jetzt konnten wir daran gehen die zoologischen Sammlungen in Angriff zu nehmen.

Nach diesen einleitenden Worten erörtere ich im Wesentlichen und Allgemeinen die Sammlungen der vier Abtheilungen des Kaukasischen Museums.

I. Die ethnographische Abtheilung.

Alle ethnographischen Objecte sind bisjetzt in einem der drei Säle des Museums aufgestellt worden, doch konnte aus Mangel an Platz die so wünschenswerthe systematische Classification nach Zeit und Gegenstand bei deren Aufstellung nicht beobachtet werden. Dieses wird sofort geschehen, wenn die nöthigen Räumlichkeiten dem Museum angewiesen werden.

Es befinden sich in der ethnographischen Sammlung Repräsentanten der ältesten Culturepochen des Menschengeschlechtes. Zwar sind dieselben nur gering: einige Steinhämmer aus den Umgegenden Kulpi's, doch gewinnen sie in ihrem Werthe dadurch besonders, da man im Kaukasus von andern Localitäten dergleichen noch nicht kennt. Das Zeitalter der Bronze ist ziemlich reichlich vertreten, theils in Schmuck, theils auch in Waffenstücken. Nur ist es zu bedauern, dass bei den, von der Geographischen Gesellschaft übernommenen, Gegenständen dieser Kategorie fast immer die genauern Angaben über Fundorte und detaillirte Mittheilungen der Einzelnheiten ganz fehlen, ein Umstand, welcher den Werth dieser Objecte wesentlich beeinträchtigt. In diese Zeit gehören auch eine Menge, namentlich in Ossetien und am Kuban aufgefundene, kleine Bronzefiguren, die man wohl mit Recht als Gegenstände religiöser Verehrung ansehen darf. Nur wenige Belegstücke aus der ältesten Zeit der Eisen-Periode besitzt bisjetzt das Museum, es sind meistens Pfeilspitzen. Bevor ich hier der Denkmähler menschlichen Kunstsinnes historischer Zeit erwähne, muss ich noch einige Andeutungen über solche Gegenstände machen, welche auf das Vorhandensein von Küchenresten und vielleicht auch auf Pfahlbauten im Kaukasus schliessen lassen. Bei dem grossen Interesse, welches man seit den Entdeckungen in der Schweiz und im Gebiete der Ostsee diesen Denkmählern schenkt, liegt es nahe sich auf einem Terrain danach umzusehen, das seit den ältesten Zeiten historischer Ueberlieferungen gerade als vermittelndes Glied zwischen Europa und Asien gedient hat und über welches sich, von Ost nach West vordringend, damals die Wohlthaten der Civilisation ergossen. Die Auffindung enorm grosser Hirschgeweihe im Gokstschai See, wo sie mit dem Netze gefischt wurden und nach der Aussage des Herrn Architecten Naumenko in grosser Zahl vorhanden sein sollen, scheint mit einiger Gewissheit darauf hinzudeuten, dass hier ebenso ähnliche Verhältnisse stattfanden, wie an den Seen der Schweiz. Geweihe in der Grösse, wie die im Gokhtschai See gefischten, kommen wohl kaum am jetzt noch lebenden Hirsche des Kaukasus vor, sie gehören aber eben dieser Art und keiner diluvialen Hirschform an. Fast alle Leimtheile sind aus ihnen in Folge der langen unterseeischen Maceration verschwunden, doch halten sie durch die äusseren, festeren Gewebschichten ziemlich fest zusammen und konnten wenigstens aus den Bruchstücken richtig construirt werden. Sie sind äusserlich fast vollkommen weiss. Herr Kasmenko fand jedoch bei dem Fischen derselben keine sonstigen Thierüberreste, auch keine gespaltenen, markführenden Hohlknochen oder gar Andeutungen künstlicher Werkzeuge. Es wäre also immerhin möglich die Gokhtschai-Geweihe auf irgend ein, vom Menschen ganz unabhängiges Naturereigniss zurückzuführen, welches den ehemals dort lebenden Edelhirschen in grosser Zahl den Garaus gemacht hatte. Nur die an Ort und Stelle anzustellenden, sorgsamen Untersuchungen werden im Stande sein die eine, oder die andere Thatsache zu bestätigen oder zu widerlegen. Sobald es die Zeit gestattet werde ich nicht unterlassen diese Untersuchungen zu machen und darüber zu berichten.

Aus alt historischer Zeit ist die scytho-hellenische Periode am besten im Museum vertreten. Nicht allein hat man neuerdings Fundstellen, welche werthvolle Alterthümer dieser Periode in sich schliessen in dem Kubangebiete ermittelt und diese ergiebigen Plätze besammelt, sondern auch die Halbinsel Taman bot dem Herrn Bergingenieur von Koschkul eine nicht geringe Ausbeute scytho-hellenischer Alterthümer, welche er sammt allen die Naphta anlangenden Belegstücken jener Gebiete freigiebig dem Museum schenkte. Speciell die Alterthümer vom Panticapaeum (Kertsch) anlangend, so hatte die Fürstin Woronzoff (senr.) schon früher eine sehr werthvolle Sammlung von dortigen antiken Gold-Sachen geschenkt, die theilweise Objecte aus der Epoche höchster Blüthe griechischer Kunst im Scythenlande enthält; gegenwärtig trafen nun auch die durch Herrn von Koschkul's Eifer in Kertsch zusammengebrachten antiken Gefässe ein und es sollen die nöthigen Schritte bald gethan werden, um aus dem dortigen Museum eine Anzahl dort zahlreich vorhandener Alterthümer noch für das Kaukasische Museum zu erhalten, welche, wenn man aus St. Petersburg die Erlaubniss dazu erhält, durch Herrn Lusenko, dem dortigen Director, bereitwilligst in Aussicht gestellt worden.

Was die moderne Ethnographie der gegenwärtig im Kaukasus wohnenden Völker anbelangt, so ist darin bisjetzt soviel für das Museum geleistet worden, als nur irgend die schwachen Geldmittel desselben zu thun gestatteten. Am eigenthümlichsten und sehr charakteristisch, wenngleich im Aeussern meistens unscheinbar, haben sich von Alters her bei den Bewohnern des Kaukasischen Hochgebirges einige ethnographische Gegenstände, Hausmeubles und musicalische Instrumente in ihrer ganzen Originalität erhalten. Wie überhaupt die der Hauptkette des Kaukasus zunächst wohnenden Bergvölker in jeder Hinsicht sich dem Einflusse der Türkei und Persiens, Grusiens und Armeniens entzogen und somit sammt ihrer früher meistentheils bewahrten politischen Selbstständigkeit, auch in allen ihren Gebräuchen,

Sitten, in ihrem Gemeinwesen eine gewisse feste Norm und nicht leicht zu beeinflussende Unabänderlichkeit behaupteten; so hat sich auch bei ihnen gerade, trotz Armuth und Rohheit manches Besondere erhalten, was die Aufmerksamkeit des Reisenden besonders in Anspruch nehmen muss. Die Harfen und Meubles der Ossen und Swanen sind z. B. solche Gegenstände, die Schneeschuhe und Waffen dieser Völker ebenfalls. Es ist daher den ethnographischen Sammlungen bei jenen Völkern auch eine ganz besondere Pflege seitens des Directors zugewendet worden und hat derselbe während seiner Reisen in Suchswanien bereits manche der erwähnten Gegenstände erworben.

Reich ist die Sammlung an Schmuckstücken, namentlich der tatarischen Völkerstämme, viele haben von ihnen neben dem Werthe als Kunstgegenstände oft auch bedeutenden Metallwerth. Die Waffensammlung schliesst besonders werthvolle persische Echantillons in sich und besitzt ausserdem eine grosse Auswahl meistens alter Rüstungen und Helme mit verschiedenen Inschriften. Ein Theil derselben wurde dem Museum durch das Arsenal in Tiflis auf Verfügung des höchsten Militair-Chefs überwiesen. Wir müssen hier noch eines werthvollen Waffenstückes, welches durch die Güte des Herrn General-Lieutenants v. Bartholomäi dem Museum zugeführt wurde, gedenken; es ist dies die vollständige Rüstung, nebst Panzer, einer geschichtlich bekannten Persönlichkeit, sie gehörte dem Fürsten Iwan Muchransky an, der unter dem Könige Heracle II von Georgien lebte (vor etwa 100 Jahren) und Hofminister war. Diese Rüstung besitzt sehr viele, in Gold gearbeitete Inschriften und steht es bevor für sie eine lebensgrosse Figur zu modelliren und sie, angethan mit den Waffenstücken, als ein Muster ritterlicher Kleidung damaliger Zeit im Museum zu bewahren.

Ein grosses Feld für zukünftige ethnographische Acquisitionen bieten die Erzeugnisse grusinischer, armenischer und turko-tatarischer Industrie Transkaukasiens. Der Umfang solcher Ankäufe hängt lediglich von der Museumskasse ab, da uns alle bezüglichen Quellen wohl bekannt sind. Jedoch ist die erwähnte Kasse gegenwärtig nicht nur völlig erschöpft, sondern es lastet eine Schuld von 1500 Rbl. noch auf dem Museum; da die Regierung in Hinsicht auf die anfänglich nur ganz spärlich bewilligten etatsmässigen Mittel, jene 1500 Rbl. mit der Bedingung vorschoss, dass sie, sobald Extra-Summen auf irgend eine Weise dem Museum zugehen, von diesen die Anleihe bezahlt werde.

Die Herstellung ganzer Figuren kaukasischer Völkerstämme, welche das richtige Costum tragen, ist im ersten Jahre der Existenz des Museums bereits in Angriff genommen. Vier solcher Figuren (Abchase, Achalzich'scher Armenier und Armenierin und Tuschin) sind vollendet. Mit der Zeit soll sich diese Collection bis auf 150 Exemplare vergrössern, da von jeder Nationalität Mann, Weib und Kind aufgestellt und die verschiedenen Völkerstämme zweckmässig gruppirt werden sollen. Ausserdem besitzt das Museum eine vollständige Sammlung der Repräsentanten Russischer Nationalitäten, wie sie aus der Werkstatt des Herrn Hauser (Tulserpa) in St. Petersburg hervorgehen. Diese Sammlung hat eine besondere Anziehungskraft für die Eingeborenen, die sich dadurch selbst mit den fernsten, im Osten Asiens und an der Westküste Amerikas wohnenden russischen Unterthanen einigermassen bekannt machen konnen. Ebenso verhält es sich mit den plastischen Darstellungen der 5 Blumenbach'schen Menschenraçen, die im Museum placirt wurden und ebenfalls käuflich bei Herrn Heuser erstanden wurden. *

In der Mitte des ethnographischen Saales sind die kaukasischen Photographien, aus dem Atelier des hiesigen Generalstabes hervorgegangen, auf beiderseits dachförmig geneigtem Gestelle placirt. Sie gestatten dem Besucher in übersichtlicher Aufeinanderfolge ebensowohl das Bekanntwerden mit den Gegenden, wie auch das mit den Bewohnern derselben. Diese Sammlung wird nach und nach vervollständigt und sobald sich das betreffende Material dazu genugsam angehäuft haben wird und mehr Platz geboten werden kann, soll die Aufeinanderfolge der Landschaften und ihrer Bewohner strenge nach den Distrikten und Gebieten geordnet werden; so dass mit Hülfe der Landkarten es dem Besucher des Museums möglich sein wird, sich, ohne Reisen zu machen, mit «Land und Leuten» genugsam bekannt zu machen.

II. Die zoologische Abtheilung.

Fast alle Objecte dieser Abtheilung wurden durch den Director seit dem Jahre 1864 gesammelt, mit Ausnahme einer reichen und schönen Collection, welche eine bedeutende Anzahl tropischer Typen in sich schliesst. Diese letztere befindet sich in einem besondern Schranke, sie enthält Repräsentanten der vornehmlichsten Abtheilungen des Thierreiches und hat einen doppelten Zweck. Einmal wird sie als ein treffliches Mittel das Interesse, namentlich bei den Eingeborenen, an den glänzenden Naturobjecten wecken helfen und neben der Neugierde gewiss auch bei Einzelnen die Wissbegierde anregen; zweitens aber soll sie bei etwa später zu haltenden Vorträgen zum Demonstriren dienen und dabei das Gesagte zur Anschauung bringen. Die Sammlung wurde dem Museum von der Kaiserlichen Akademie der Wissenschaften geschenkt, mit welcher sich in dieser Hinsicht der Director in Verbindung gesetzt hatte. Er hält sich verpflichtet im Laufe der Zeit als Revanche für diese generöse Schenkung eine passende Auswahl naturhistorischer Gegenstände aus den Vorräthen des Museums der Akademie der Wissenschaften zu übersenden und so einen lebhaften Tausch mit ihr anzubahnen.

Die speziell kaukasischen zoologischen Sammlungen schliessen, obgleich noch in ihrer Kindheit begriffen, doch schon Vieles und einzelne grosse Seltenheiten der kaukasischen Fauna in sich. Die Wirbelthiere sind darin besonders stark vertreten. Von den grossen Vierfüssern fehlt nur das Stachelschwein (Hystrix). Die imposanten Katzen- und Hunde-Arten mit Einschluss der Hyänen sind reichlich vorhanden, die Wiederkäuer fast alle. Doch liegen die meisten Häute dieser grossen Thiere noch im Sale und können erst nach und nach aufgestellt werden; um so mehr, als fast alle freistehend auf nachgebildetem Boden gruppirt werden sollen. Seit dem 1. Juni 1868 sind bisjetzt fertig geworden: eine grosse Tigergruppe, eine Hirschgruppe, eine Gemsengruppe und eine [illegible]gruppe, einzeln stehen noch im Museum vertheilt: ein Bär, eine Antilope, Luchse und kleinere Raubthiere. Für die nächste Zukunft kommen der kaukasische Auerochs und eine Ebergruppe in Arbeit. Die vorhandenen Häute der Säugethiere, welche des Aufstellens harren, belaufen sich bis auf 100. Die Materialien an kleinern Vierfüssern, welche namentlich die Handflügler und Nager betreffen, sind verhältnissmässig noch gering und wir benutzen diese Gelegenheit, um an die Bewohner der Kaukasus-Länder mit der Bitte zu richten, in dieser Hinsicht dem Museum und der Wissenschaft wesentliche Dienste zu leisten. Es ist bekannt, dass aus der Familie der Nager sehr viele Arten zu den schädlichen Thieren gehören, da sie in Folge ihres massenhaften, oft nur zeitweisen Vorkommens die Mühen des Land- und Forstmannes sehr beeinträchtigen, ja sogar vollkommen zerstören. Es knüpft sich also an die genaue Kenntniss dieser Thiere ein besonderes Interesse, welches einen praktischen Werth besitzt. Thiere der Art sind auch nicht so schwer zu erhalten, als die grossen. Die Feldmäuse und eigentlichen Mäuse, die Hamster und Springhasen, die Spitzmäuse und Fledermäuse, welchen man, wenn sie frisch gefangen sind, einen Hautschnitt der Länge nach auf der Bauchseite machen muss, sind dann in mässig starken, aber mit Salz vollkommen gesättigten Spiritus zu legen und halten sich so an kühlen Orten sehr lange. Das Salz darf man nicht vergessen und es muss im Ueberschuss zur Flüssigkeit gethan werden. Dergleichen Präparate sind dem Museum jederzeit sehr erwünscht und zwar in recht grosser Individuenzahl, da diese für die spätere wissenschaftliche Bearbeitung der kaukasischen Fauna nie zu gross sein kann und eine solche Arbeit um so erschöpfender sein wird, je grösser die Suiten der vorliegenden Arten sind.

Die bisherige Sammlung der Säugethiere hat bereits die Veranlassung zu einer craniologischen Sammlung gegeben. In dieser finden auch Menschenschädel ihren Platz. Da die Thiere im Kaukasischen Museum an Stelle ihrer wirklichen Schädel gewöhnlich Gypsmodelle erhalten, so gehen die ersteren dem osteologischen Studium nicht verloren. Vollständige Thierschädel, namentlich, wenn sie von genauen Angaben über das Geschlecht der betreffenden Individuen begleitet sind, haben grossen Werth, derselbe wird noch erhöht, wenn sie verschiedene Altersstufen einer Art repräsentiren und also auch verschiedene Phasen des Knochenbaues aufweisen. Bis jetzt sind fast alle im Museum vorhandenen Säugethiere auch in der Schädelsammlung vertreten und sobald sich Zeit findet sollen kleinere Skelette in Angriff genommen werden. In dieser Abtheilung befinden sich auch die werthvollen Mammuth-Reste, die neuerdings an der Nordseite des Kaukasus (Kuban Gebiet) gefunden wurden; so wie ein Backenzahn desselben Thieres aus den Umgegenden von Dargo. Die ersteren schenkte der Herr Graf Sumarokoff-Elston, den letztern Herr General-Lieutenant von Chodzko dem Museum.

Der Kürze dieses Berichtes Rechnung tragend, enthalten wir uns hier und in den folgenden Abtheilungen, die einzelnen Thiere namhaft zu machen und verweisen in dieser Hinsicht auf die später zu edirenden Spezial-Cataloge.

Die ornithologische Sammlung besteht aus mehr denn 500 kaukasischen Vögeln (mit Einschluss aller Dubletten). Sie enthält vornehmlich die Vögel der südwestlichen Caspi-Gegenden und also auch schon manche der asiatischen Repräsentanten. Durchweg sind die

Exemplare schon, etwa 100 von ihnen wurden aufgestellt, die anderen liegen in Bälgen geordnet in den Schränken, die Doubletten gesondert in Kisten. Einzelne Jugendzustände, besonders der wenig gekannten Species, werden in Spiritus erhalten, so z. B. die Flaumkleider des im Hochgebirge lebenden Megaloperdix. Die oologische Sammlung ist zwar nur klein, doch enthält sie nur sicher bestimmte Eier, welche während der Reisen im lenkoranschen Gebiete vom Director selbst gesammelt wurden. Ausserdem hat er seine Sammlung der europäischen Sylvien, die recht vollständig ist, gesondert aufgestellt und als werthvolles vergleichendes Material einstweilen dem Museum einverleibt.

Für die Reptilien und Fische ist ein besonderer Schrank bestimmt. Diese Sammlungen sind verhältnissmässig schon sehr bedeutend, sie enthalten eine fast vollständige Collection der Fische des Schwarzen Meeres in Spiritus, der sich die Fischfauna des Caspi anschliesst. Grössere Exemplare werden nach und nach aufgestellt, so die Acipenser und Silurus-Arten, wie auch die grossen Cyprinoiden besonders des Caspi-Gebietes. Die dahin einschlagenden Materialien wurden zum Theil schon beschafft. Die Sammlung kaukasischer Reptilien ist fast vollständig; die persischen Grenzländer werden sie jedoch gewiss noch in Zukunft um Vieles erweitern. Von den Schildkröten besitzt das Museum sehr bedeutende Suiten in den hier vorkommenden 4 Arten, von denen 2 zu den Landschildkröten und 2 zu den Süsswasserformen dieser Thierklasse gehören. Die Saurier sind durch zahlreiche Exemplare ebensowohl der Eidechsen-Arten (4 kaukasische), wie auch namentlich durch die Gruppe der Stellionen und Stummelfüsser repräsentirt. Unter den Schlangen finden sich die Geschlechter der Nattern (Tropidonotus, Coluber, Coronella, Coelopeltis) am besten in der Sammlung vertreten; eigentliche Giftschlangen besitzt sie nur aus dem Gebiete der subalpinen Wiese, wo sich die gewöhnliche Vipper (Pelias) recht häufig findet. Weniger zahlreich, als in den drei erwähnten Abtheilungen der Reptilien, sind die Arten der vierten, d. h. der Batrachier, gesammelt worden. Zwar besitzt das Museum eine ansehnliche Zahl von Fröschen, Laubfröschen und einige Kröten; jedoch sind die Salamander nur durch eine Triton-Art aus den Sümpfen Lenkorans vertreten und dürften gerade diese Thiere besondere Aufmerksamkeit in Zukunft verdienen, da es sehr wahrscheinlich ist, dass der südlichen Lage der kaukasischen Grenzländer gemäss, sich dort noch namhafte Bereicherungen erwarten lassen. Die Behandlung der Reptilien, um sie gut erhalten dem Museum zuzustellen, ist ganz ebenso, wie die schon oben, bei Gelegenheit der Mäuse und kleinen Säugethiere, angegebene.

Was den zweiten grossen Kreis des Thierreiches, die sogenannten Gliederthiere, anbelangt, so ist das im Museum bisjetzt davon Vorhandene nur als ein kleiner Anfang der in Aussicht stehenden Sammlungen zu betrachten. Doch wurde hier das Princip strenge befolgt: nur gut erhaltene, wenn auch nicht immer vollständige Exemplare zu besitzen, um sich der zeitraubenden, spätern Säuberung einmal vernachlässigter Collectionen nicht unterziehen zu dürfen. Der grösste Theil der Insecten ist bestimmt. Die Coleopteren bezogen vornehmlich ihr Hauptcontingent aus der alpinen Region des Hochgebirges und schliessen die Suiten charakteristischer Carabiciden in sich. Die Collection der Schmetterlinge wurde in den Umgegenden Bauhauses gemacht, sie beläuft sich auf 600 Exemplare und enthält grösstentheils die Tagfalter des bewaldeten Gebirges in 2—3000' Höhe über dem Meere. Die anderen Insectenklassen sind bis Dato nur schwach repräsentirt, doch hoffe ich, wenn erst eine gewisse Ordnung in der alljährlichen Sammelfolge möglich sein wird, (bis jetzt konnte man an eine derartige, zweckmässige Zeiteintheilung in Folge der vielen nöthigen, sonstigen Arbeiten nicht denken) auch hierin Manches zu fördern und die angeknüpften Verbindungen mit den Special-Entomologen des In- und Auslandes gehörig zu benutzen. Ein namhaftes Geschenk erhielt das Museum für diese seine Abtheilung durch Herrn Akademiker v. Abich, es umfasst die vornehmlichsten Repräsentanten der sogenannten schädlichen Insecten Süddeutschlands aus allen Insecten-Klassen und theilweise mit den bezüglichen Metamorphosen. Von den drei übrigen grossen Klassen der Gliederthiere besitzt das Museum nur wenig, erwähnenswerth sind die Exemplare des bekanntlich sehr variablen Flusskrebses von den verschiedenen Localitäten des Kaukasus, so wie mehrere Landkrabben (Telphusa).

Die Vertreter der Weichthiere sind reichlich vorhanden. Es ist ebensowohl eine ziemlich vollständige Sammlung der Land-Conchylien, wie auch eine der Süss-und Salzwasser-Muscheln aufgestellt. Bei den letztern wird als grundsätzliche Norm festgehalten, die Formen des Schwarzen Meeres von denen des Caspi genau getrennt zu halten, um die Unterschiede beider malacozoischen Faunen recht augenfällig darzustellen. Auch müssen die Vorräthe solcher Conchylien in recht vielen Exemplaren von den verschiedensten Localitäten beigebracht werden, um die Artenübergänge und Varietäten richtig zu beurtheilen und zu erkennen.

Wir werden in der seiner Zeit zu publicirenden Bearbeitung der Gegenstände des Kaukasischen Museums, die etwa in Form eines Catalogue raisonné edirt werden soll, jederzeit bei den betreffenden Exemplaren die Geber und Einsender erwähnen, worauf wir uns hier nicht einlassen können.

III. Die botanische Abtheilung.

Sie enthält:

1) eine dendrologische Sammlung, welche aus fast allen kaukasischen Baumarten und den vorzüglichsten Straucharten zusammengesetzt ist. Theils sind diese Durchschnitte auf den Quer-und-Längenflächen polirt, theils blieben sie roh. Bis auf Weiteres ist es der Zweck dieser Sammlung nur die Arten kennen zu lehren, ohne alle Rücksicht auf ihre technische und forstwirthschaftliche Bedeutung. Es muss der Zukunft überlassen bleiben die speziell forstwirthschaftlichen Fragen, wie z. B. die Stärke des Wachsthums, oder die so interessanten Drehungsgesetze der Hauptaxe, etc., zur Anschauung zu bringen, zu welchem Zwecke jedes einschlagende Material sehr erwünscht wäre. Mit den Holzproben, die durch die Herrn Hartmann, Scharrer, Sitowsky und den Director beschafft wurden, befinden sich auch etliche Torfproben aus den Kaukasus Ländern in demselben Schranke. An diesen Bildungen betheiligen sich in den Gebieten der Laubwälder ohne jegliches Zuthun der eigentlichen, nordi-

echten Torfpflanzen (die in ihnen gänzlich fehlen) die Wurzelstöcke der Farne; jedoch fehlt diesen das für die Torfmoore so unerlässliche rasche Reproductionsvermögen ihrer Wurzeltheile und die Farrentorfe werden deshalb nie von anhaltend praktischer Bedeutung sein können.

Von den Pflanzensammlungen hat die von Herrn Hohenacker einst im Kaukasus gemachte Collection, über 2000 Arten, incl. Formen, den grössten wissenschaftlichen Werth, da die meisten dieser Pflanzen durch die verstorbenen Botaniker v. Fischer und C. A. v. Meyer bestimmt wurden. Es ist daher dieses Hohenacker'sche Herbarium (kostete mit Transport und Cours-Verlust 413 Rbl. Silb.) als ein classisches Original-Herbarium gesondert aufgestellt und wird in der Folge die wesentlichsten Dienste bei schwierigen Bestimmungen leisten. Ihm schliessen sich die vom Director gemachten Sammlungen an, deren grösster Theil bereits bestimmt ist. Sie entstammen der Waldflora an der oberen Kura (2100—2800'), dem colchischen und abchasischen Hochgebirge und dem Elbrus, ferner den türkischen Grenzhöhen, die eine überaus reiche basalalpine Vegetation besitzen. Von den neuen Arten, die in den Sammlungen des Directors sich befanden, ist die 1. Decade bereits durch Herrn von Trautvetter beschrieben, eine 2. steht wohl noch in Aussicht. Die Herren Owerin, Scharojan und Abel haben kleinere Beiträge von Localfloren dem Museum geschenkt und solche auch in Zukunft in Aussicht gestellt. Das taurische Herbarium, welches während der Jahre 1852—54 incl. in der Krimm gesammelt und meistens durch den verstorbenen Botaniker Christian v. Steven bestimmt wurde, befindet sich ebenfalls im Museum und bietet treffliche Vergleichungspuncte für die kaukasische Flora bis zur Höhe der basalalpinen Region. Ausserdem besitzt das Museum eine schöne Sammlung officineller und gewöhnlicher Garten-Cultur-Pflanzen, die es käuflich bei Herrn Hohenacker erstand und die in vorkommenden Fällen, z. B. den Herren Aerzten etc. zur Benutzung vorgelegt werden können.

Alle Herbarien des Kaukasischen Museums müssen sobald als möglich durchgesehen und zweckmässig aufgestellt werden, wozu es bisjetzt noch an Zeit fehlte. Vor dem Winter 1867—68 kann das nicht geschehen. Die Sammlung der europäischen Coniferenzapfen enthält ebensowohl die Früchte der in Europa wilden Zapfenbaumarten, wie auch die vorzüglichsten der fremden, aber in Cultur genommenen. Die kaukasischen Arten sind darin reichlich vorhanden. Ebenso ist eine zur Zeit noch unbestimmte Collection kaukasischer Moose bereits gesammelt und theilweise in Belegstücken an H. v. Ruprecht zur Determination gesandt worden.

Es ist ferner eine Arbeit in Angriff genommen, welche den Zweck hat, die charakteristischen Pflanzen für die verschiedenen Vegetationszonen im Kaukasus Jedem bequem zur Anschauung zu bringen. Dazu wurden die betreffenden Arten jeder Zone auf grosse Cartenbogen geklebt, subsignirt und die Verbreitungshöhen dabei notirt. Diese Blätter beginnen mit der hochalpinen Flora am Nord-Abhange des Elbrus in der Höhe von 12,000' über dem Meere. Das erste von ihnen zeigt die Phanerogamen von 12—10,000' Höhe über dem Meere; es beginnt mit Eunomia rotundifolia C. A. Meyer und schliesst mit Gentiana septemfida. Pall.

11. Die geologische Abtheilung.

Sie enthält:

1) Die Jura und Kreide-Formation aus dem Daghestan, eine Sammlung, die dem Museum durch die kaukasische Zweigabtheilung der Russischen Geographischen Gesellschaft übergeben wurde und die neuerdings durch reichliche, zum Theile noch unbestimmte Beiträge, die Herr General Lieutenant von Chodsko schenkte, vervollständigt wurde. Bei dieser Sammlung befindet sich ein ausführlicher Catalog, der seiner Zeit durch Herrn Akademiker v. Abich zusammengestellt wurde.

2) Eine bedeutende petrographische Sammlung des Tertiärbeckens von Achalzich und der dasselbe umgrenzenden vulkanischen Gebilde.

3) Die gesondert aufgestellten Versteinerungen der tertiären Formation von Achalzich mit Bestimmung der Genera und einiger Arten. In eben diesem Schranke wurden neuerdings noch die schönen Sammlungen des Herrn Bergingenieuren von Koschkul vom Nordgestade des Pontus, meistens der tertiären Formation angehörend, placirt. Dieselben enthalten herrliche, gut bestimmte Exemplare der charakteristischen Conchylien und bedeutende Wirbelreste vom Cetotherium, die unweit von Kertsch gefunden wurden.

4) Alle Belegstücke, die Beziehung auf die Naphta und ihr Vorkommen im westlichen Kaukasus haben, ebensowohl aus dem Kuban-Gebiete, wie auch von der Halbinsel Taman. Dieser Sammlung reiht sich ein im verjüngten Maassstabe dargestelltes Bohrloch von 300' Tiefe, mit den, während der Arbeit des Bohrens erhaltenen Schichtenproben an. Dieselben sind in Holz eingelassen und die Dicken der Schichten nebenbei notirt. Einige bezügliche Photographien tragen dazu bei die oberflächliche Erdbildung an Ort und Stelle zu erläutern, so wie die über der Erde aufgeführten Bauten zur Anschauung zu bringen.

5) Alles, was in Bezug auf die Steinkohlen des Kaukasus dem Museum zugewendet wurde, ist in einem besondern Schranke aufgestellt worden, namentlich sind die schönen Tkwibula-Kohlen (Kutais) darin mehrfach vorhanden.

6) Diverse metallurgische Belegstücke. Der zuvorkommenden Güte des Herrn Obersten v. Steinmann, jetzigem Chef des Bergwesens im Kaukasus, hoffen wir in Zukunft namentlich die Bereicherung durch metallurgische Suiten zu verdanken. Derselbe, so wie auch einige Privatbesitzer von Minen haben dergleichen erwünschte Beiträge in Aussicht gestellt.

Ich gehe schliesslich zur Erörterung Desjenigen über, was für die rasche und zweckmässige Förderung des Kaukasischen Museums in Zukunft von grösster Wichtigkeit ist.

a) Die rasche, fernere Förderung des ethnographischen Kabinettes erfordert unbedingt einen Zuschuss an Geldmitteln. Das Museum verfügt gegenwärtig nur über eine so kleine Summe, die zur Acquisition von „Seltenheiten und Materialien" bestimmt ist, dass es sich bei dem Ankaufe ethnographischer Objecte auf jedem Schritte und Tritte ausserordentlich beengt sieht. Die gesammte Summe, welche dem Museum zum Ankaufe von Seltenheiten und Materialien verabfolgt wird, nebst den Remonte-Geldern, beträgt jährlich nur 600 Rbl. S.;

von ihnen kommen 120 auf die Beheizung des ganzen Institutes und mit 100 Rubeln werden die Remonte-Bedürfnisse des Laboratoriums bestritten. Es verbleiben also für sämmtliche Ankäufe nur 380 Rbl. Silb. — Wir enthalten uns jeder weitern Explication über die Unzulänglichkeit dieser Mittel, da Zahlen für sich selbst schon sprechen; auch hat es uns keineswegs abgeschreckt die gute Sache mit so kleinen Mitteln zu beginnen; lehrt doch die alltägliche Erfahrung, dass nicht selten nach den bescheidensten Anfängen sich in der Folge grosse und reiche Institute entwickeln; wie auch andererseits oft mit enormen Mitteln nichts, oder wenig erzielt wird. Nur muss in Bezug auf das Kaukasische Museum bemerkt werden, dass, da sich im Laufe des ersten Jahres seiner Existenz mehrere Gelegenheiten zu billigen Ankäufen höchst werthvoller Gegenstände boten, die wohl schwerlich in Zukunft sich wiederholen dürften, sich der Director genöthigt sah eine Anleihe zu machen, die sich auf 1500 Rbl. Silb. beläuft. Andererseits erheischte gerade die erste Zeit der Existenz des Museums eine Menge von Ausgaben, die später selbstverständlich fortbleiben.

Aus welchen Mitteln das Museum seine Schuld in Zukunft zu decken im Stande ist, bleibt für den Augenblick noch unentschieden. Man darf wohl mit Recht an das Interesse und die Pflege des Publicums appelliren. Die Regierung hat das Ihrige nach Möglichkeit gethan und den Impuls gegeben, sie unterhält auch in Zukunft die Anstalt, doch wird eine jede Gabe, sei sie direct von Werth für die Sammlungen, sei sie ein erwünschtes Mittel zu ferneren Ankäufen, mit Dank entgegengenommen und jederzeit zur Kenntniss der höchsten Chefs gebracht werden *).

b) Die vorhandenen Räumlichkeiten des Museums sind unzulänglich.—Schon jetzt, nachdem die Arbeiten kaum ein Jahr gedauert, bieten sich für viele Gegenstände, um sie zu placiren, Schwierigkeiten. Das zweckmässige Aufstellen der Thier- und Menschengruppen wird sehr bald nicht mehr möglich sein; ja selbst die streng durchgeführte systematische Aufstellung des Vorhandenen, ist nicht überall zu erreichen. Die Erweiterung des jetzigen Locals, welche vielleicht möglich, würde indessen den Miethzins so sehr erhöhen, dass die Hälfte desjenigen Capitals, dessen Zinsen à 5°/o er repräsentirt, mehr als hinreichend wäre, ein passendes Museum zu bauen. Es scheint mir, falls diese Idee zur Ausführung kommen sollte, sowohl im Interesse der Regierung, wie auch in dem der Sache zu liegen, nachstehenden Plan zu befolgen: Der im Alexander-Parke gelegenen öffentlichen Bibliothek wird ein ihr räumlich entsprechender Neubau hinzugefügt und beide Gebäude durch Portal und Galerie vereinigt, beiden auch eine möglichst ornamentale Façade gegeben. In der obern Etage des so hergestellten, vereinigten Baues, befinden sich die Bibliothek und das Museum, in der untern wohnen die angestellten Beamten, es wird das Laboratorium und die Dienerschaft darin untergebracht. Dadurch wird es nicht allein möglich das ohnedies nahe zu einander Gehörende und sich gegenseitig Ergänzende beieinander zu haben; sondern durch die Vereinfachung der Verwaltung, die bisjetzt für jedes dieser Institute eine gesonderte war, gewinnt die

*) In jüngster Zeit schenkte Herr Sarkisoff dem Museum 2000 Rbl. Silb.

Regierung gerade Mittel, die als Zuschlag zu den bisherigen, als ansehnliche Ankaufssumme sehr erwünscht waren. Auch wird es möglich durch die Anstellung eines Directors-Gehülfen, der als Bibliothekar fungirt, zur Zeit der Abwesenheit des Directors das Museum dem Publicum dennoch zugänglich zu lassen. Die zur Ausführung dieser Idee entworfenen Pläne wurden, nebst andern, welche den Neubau eines gesonderten Museums in Eisen und Glas veranschaulichten, am Tage der Eröffnung zur Ansichtsnahme vorgelegt.

c) Es liegt endlich im Interesse der Sache, dem Kaukasischen Museum alle in Tiflis bisjetzt hie und da noch zerstreut vertheilten Sammlungen, soweit sie die Naturhistorie und Ethnographie des Kaukasus anbelangen, zu vereinen; ohne dabei irgend Jemanden, der etwa bisjetzt in besonderem Verhältnisse zu dergleichen Sammlungen steht, im Geringsten beeinträchtigen zu wollen. Auf diese Weise wird in Zukunft das Kaukasische Museum zum natürlichen Centrum, dem Alles das zufliesst, was von „Land und Leuten" wissenswerth ist und wo man Alles dies übersichtlich beisammen findet. Wenn hierin ein Vortheil für die Sache besteht, so sind ausserdem noch die betreffenden Institute der fernern Unkosten überhoben, welche das Erhalten jeder grössern Sammlung verursacht.

Wie wir oben schon bemerkten, so hat die hiesige Geographische Gesellschaft das Ihrige in dieser Hinsicht auf das Bereitwilligste bereits gethan, ebenso gab das Tifliser Arsenal alle diejenigen Gegenstände, welche dem Museum nützlich, demselben ab; auch andere Institute, so namentlich die photographische Abtheilung des Kaukasischen-Generalstabes und die topographische Abtheilung desselben, steuern bereitwilligst bei. Wir glauben in Zukunft auch auf die Beihülfe der Herrn Bergingenieure und einiger Privat-Bergleute rechnen zu dürfen und werden jederzeit mit Dank das Dargebrachte entgegennehmen und es zweckmässig aufstellen. Sollte es in Zukunft der in Tiflis residirenden Oekonomischen-Gesellschaft genehm sein, auch ihre Sammlungen dem Kaukasischen Museum zu vereinen, so werden dieselben jederzeit, nach vorhergegangener Sichtung und Scheidung des Brauchbaren vom etwa Unbrauchbaren, Verdorbenen, entgegengenommen und in systematischer Reihenfolge dem Vorhandenen einverleibt werden.

Tiflis 23 Januar 1867. **Dr. G. Radde.**

Der Druck des vorliegenden Werkes hat sich durch Umstände verzögert, deren Abhülfe nicht in der Macht des Verfassers lag. Die Kräfte der Druckerei sind fast ausschliesslich durch Arbeiten für die Regierung in Anspruch genommen. Die zu diesem Werke gebrauchte Schrift wurde in Tiflis gegossen; nur einer der vielen angestellten Schriftsetzer versteht den deutschen Text. Wir glauben in Erwägung dieser und vieler anderer erschwerender Umstände mit einer um so grössern Freude das fertige Buch in die Welt senden zu können. Es ist wohl das erste deutsche, gut ausgestattete Werk, welches in Vorder-Asien geboren, seinen Weg nach Westen nimmt.

Tiflis, im Februar 1867. **Der Verfasser.**

Erklärung der Tafeln.

Frontispice: *Dadeschi Apraside*, Swanin im Dorfe Pari, im alten Kostüm, welches gegenwärtig nur selten getragen wird; es deutet auf grusinischen Ursprung.

Seite 40. *Die Muri-Burg und das Sakerin-Gebirge*, wurde am Westfusse dieser Burg gezeichnet, links sieht man einen Theil der As-chi Höhen.

Seite 62. *Blick von Dadiasch über den Gorwasch und Brotsch-mta zum Elbrus*. Der betreffende Text erläutert diese Zeichnung zur Genüge. Bei der Ausführung in St. Petersburg, die vom Verfasser nicht geleitet werden konnte, blieben die Horizontconturen zu hart.

Seite 68. *Der Lapuri-Gletscher, südliche Quelle des Tskenis-Tsquali*, stellt zugleich im Vordergrunde den Vegetationstyp auf dem Terrain der späten Schneeschmelze dar. Rechts schliesst sich der Pass-mta an den Lapuri (Lapali).

Seite 76. *Swanen-Physiognomien*. In den Unterschriften muss es anstatt Dadeschkilian, Dadischkilian heissen. № 3, ist Muhamedaner, № 10 trägt die kaum 3 Zoll im Durchmesser fassende Swanen-Mütze und erinnert an hiclaramischen Typ. № 9 trägt die umgekehrte Tscherkessen-Mütze (im Sommer der Hitze wegen). № 6 und 7 haben die in Swanien gemachten Filzhüte, № 8 einer der ältesten Greise in Swanien mit wahrer Apostel-Physiognomie, № 4 kröpfig und fast Cretin.

Seite 110. *Das Laila Gebirge von Pari gesehen*, stellt die N. Seite dieses Gebirges dar und wurde etwas östlich von Pari aufgenommen.

Seite 122. *Ethnographische Gegenstände aus Swanien*. 1. Die alten 7-saitigen Harfen, Tschangi, vergl. p. 91; sind nicht häufig. 2, Der Schneeschuh, Thilmare, bietet dem Fusse nur eine grössere Fläche und verhindert das Einsinken in den Schnee. 3. Pulverhorn. Oft sind dergleichen Hörner mit schönen Chagrin-Häuten bezogen, die keineswegs den Haien des Schwarzen Meeres angehören. 4—10. Einzelne Stücke in natürlicher Grösse des Silberschmuckes am alten Kostüm.

Seite 139. *Ansicht des Tschoisturis-mta in der Schoda-Kette von dem Dorfe Glola aus gesehen*, wurde am Fusse der Burgruinen gleich oberhalb Glola gezeichnet.

Seite 143. *Ansicht des Pass-mta, des Lapuri und des Edemis-mta von der Gwibolo-Höhe*, der Text erläutert das Nähere.

DRUCKFEHLER.

Seite 6, 7, 22 und 34 Laurus Cerasus	lies: Prunus Laurocerasus.
„ 17 Michael	„ Michail.
„ 23 offenförmiges	„ ofenförmiges.
„ 24 selbs	„ selbst.
„ 20 Buxux	„ Buxus.
„ 37 Westabhänge	„ Westabhänge.
„ 43 Laurusstämme	„ Kirschlorbeerstämme.
„ 46 nördlicheru	„ nördlichern.
„ — bei	„ beide.
„ 47 chliesst	„ schliesst.
„ 67 Karthi	„ Karthli.
„ 113 Dachkarniss	„ Dachkarniese.
„ 123 ienige	„ einige.
„ 193 Uschkulan	„ Utschkulan.

Alphabetisches Register.

Im nachfolgenden alphabetischen Register sind diejenigen Eigennamen der Gegenden, Völker etc., über welche fast das ganze Buch handelt, fortgelassen; weil sie beinahe auf jeder Seite mehrfach vorkommen. Also z. B. Colchis, Imeretien Mingrelien, Freies- und Dadianisches Swanien, Swanen, Mingrelier, Imereten, Ingur, Rion, Tskenis-Tsqali u. s. w. Ebenso konnten die im Zusammenhange aufgeführten Pflanzennamen und die Worte des swanischen Vocabulars nicht einzeln im alphabetischen Register nochmals erwähnt werden.

A.

D.

E.

F.

G.

H.

I.

J.

K.

L.

S.

T.

U.

V.

W.

X.

Z.

Lightning Source UK Ltd.
Milton Keynes UK
UKHW010941230123
415808UK00005B/1027

9 783741 144172